"十四五"职业教育国家规划教材

中式烹调工艺

基本技能训练

主编/鲁煊　谭顺捷　严学迎

西南交通大学出版社
·成　都·

图书在版编目（CIP）数据

中式烹调工艺：基本技能训练 / 鲁煊，谭顺捷，严学迎主编. —成都：西南交通大学出版社，2021.3（2024.7 重印）
ISBN 978-7-5643-7961-2

Ⅰ. ①中… Ⅱ. ①鲁… ②谭… ③严… Ⅲ. ①中式菜肴－烹饪－教材 Ⅳ. ①TS972.117

中国版本图书馆 CIP 数据核字（2020）第 269635 号

Zhongshi Pengtiao Gongyi: Jiben Jineng Xunlian

中式烹调工艺：基本技能训练

主　编 / 鲁　煊　谭顺捷　严学迎

策划编辑 / 赵玉婷
责任编辑 / 孟　媛
封面设计 / 原创动力

西南交通大学出版社出版发行
（四川省成都市金牛区二环路北一段 111 号西南交通大学创新大厦 21 楼　610031）
发行部电话：028-87600564　　028-87600533
网址：http://www.xnjdcbs.com
印刷：四川玖艺呈现印刷有限公司

成品尺寸　185 mm × 260 mm
印张　15.25　　字数　322 千
版次　2021 年 3 月第 1 版　　印次　2024 年 7 月第 6 次

书号　ISBN 978-7-5643-7961-2
定价　59.00 元

课件咨询电话：028-81435775
图书如有印装质量问题　本社负责退换

《中式烹调工艺：基本技能训练》
编委会

主　编：鲁　煊　谭顺捷　严学迎

副主编：周济扬　李小华　郭景鹏　蒋一畅

　　　　罗家斌　李洪磊　曹星星

参　编：朱香澔　黄玉叶　黄晓婷　代勇刚

　　　　罗　旭　吕志成　黎宏才　张井良

　　　　黄　隽　覃唯劲　郑思皇　王泓砚

　　　　陈　滋　罗　涛　梁宋尤　严　宇

　　　　李胜胜　袁德华　梁志勇　韦佩宏

　　　　黄　猛　蒋永坤　毛　富　苏广首

　　　　李战斌　冯振来　曾永南　蓝　祥

　　　　孟令涵　吴　强

前言

本书根据高等职业学校烹调工艺与营养专业教学标准确定的专业核心课程“中式烹调工艺”的主要教学内容，结合课程设置递进性与烹调技术习成的规律性，将“中式烹调工艺”教材分成了上下两册，上册为《中式烹调工艺：基本技能训练》，下册为《中式烹调工艺：烹调技法训练》。编者在认真学习领会了中共中央办公厅、国务院办公厅印发的《关于深化新时代学校思想政治理论课改革创新的若干意见》，国家教材委员会印发的《全国大中小学教材建设规划（2019—2022年）》和教育部印发的《职业院校教材管理办法》等文件后组织编写。在规划、编写、审核、出版等环节都严格执行相关文件精神，围绕培养高素质高技能型人才的目标，服务学生成长和就业创业。教材内容选取、编排形式和资源建设，充分体现职业院校教材的科学性、思想性、时代性、工具性、艺术性和引领性。本书具有以下几个显著特点：

一、有机融入思政元素，提升育人实效

本书深入贯彻落实习近平新时代中国特色社会主义思想、习近平总书记关于教育的重要论述和习近平总书记在中国共产党第二十次全国代表大会上的讲话精神。育人的根本任务在于立德，要全面贯彻党的教育方针，落实立德树人根本任务。本书根据烹饪教学实施步骤及内容特点在每个学习任务之后设置“思政小结”，使专业知识、专业技能的学习与德育内容有机融合、相互促进、协调发展，引导学生树立正确的世界观、人生观和价值观，实现知、情、意、行的统一。

二、编写团队组成合理，确保内容权威

编写团队由餐饮职业教育领域的专家、行业和企业专家、拥有丰富教学经验的一线教师和餐饮企业的一线技术人员组成。编写团队对当前职业教育“三教”改革、行业发展情况及烹调教学的特殊性与专业性都有较深的认识，对培养符合新时代发展所需要的餐饮从业人员

的素质有较全面的掌握，能将相关国家教学标准、职业标准（规范）和实际岗位典型任务有机地融入教材中，将“学”和“用”很好地统一起来。

三、编写内容科学先进，符合技术技能人才成长规律和学生认知特点

对接先进职业教育理念，适应人才培养模式创新和优化课程体系的需要，突出理论和实践相统一，强调实践性。理论知识立足基本概念、基础理论的介绍，以够用为度，加大操作技能标准化的内容比例。以满足岗位职业标准目标，以目标决定典型学习任务，达到学以致用、用以促学的职业技能学习要求。适应项目学习、案例学习、模块化学习等不同学习方式要求，注重以真实生产项目、典型工作任务、案例等为载体组织教学单元。

四、编排科学合理、梯度明晰，立体化教学配套资源丰富

教材达到图、文、表并茂的要求，具有生动活泼、形式新颖的显著特色。名称、名词、术语等符合国家、行业等有关标准和规范。依托现代信息技术，对课程进行立体化建设，从呈现形式、过程应用和成果评价三个维度入手。首先，提供丰富的立体化课程资源，使理论知识的讲授更清晰，实验操作的演示更形象；其次，在过程方法上应用APP技术实现信息化资源的一键式获取，实现知识、技能的学习不受时间、空间等因素的限制；最后，依托信息化教学平台，建立配套的立体化的教学平台，形成过程性评价。

本教材内容由绪论和四大学习模块组成。四大模块分别是模块一刀工操作技能实训、模块二原料初加工技能实训、模块三烹调辅助技能实训、模块四勺工技能实训。四大模块涵盖了烹调技术养成所需要掌握的核心基本技能点（学习任务），每个基本技能点都配备了操作过程图片及示范视频等资源，使学习者可以直观地感觉到知识、技能就在身边，易学易懂，学习积极性得到有效提高，获得感得到增强。

本教编写具体分工如下：绪论由鲁煊编写；模块一中的项目一、项目二和项目三由鲁煊编写，模块一中的项目四和项目五中的任务一和任务二由谭顺捷编写，模块一中的项目五中的任务三由孟令涵编写，模块一中的项目五中的任务四由吴强编写，模块一中的项目六中由周济扬编写；模块二中的项目一中的任务一和任务二由谭顺捷编写，模块二中的项目一中的任务三和任务四由蓝祥编写，模块二中的项目二由李小华编写，模块二中的项目三由黄玉叶、黄晓婷编写，模块二中的项目四由曹星星编写，模块二中的项目五由代勇刚、罗旭编写，模块二中的项目六由郭景鹏编写；模块三中的项目一由蒋一畅编写，模块三中的项目二和项目三由吕志成、黎宏才编写，模块三中的项目五由黄玉叶、苏广首编写；模块三中

的项目三由张井良、黄隽、覃唯劲编写；模块三中的项目四由罗家斌、朱香澔、郑思皇、王泓砚、陈滋、罗涛编写；模块四中的项目一由李洪磊编写，模块四中的项目二由梁宋尤、严宇、李胜胜、袁德华编写，模块四中的项目三由梁志勇、韦佩宏、黄猛、蒋永坤、毛富、苏广首、李战斌、冯振来、曾永南编写。全书由鲁煊、谭顺捷、严学迎负责统稿。

本教材的编写紧紧围绕"培养什么人、怎样培养人、为谁培养人"这一根本问题进行统筹组织。本教材是将思政元素、立体教学资源融入纸质教材编写的初步成果，难免存在着不足，加之中式烹调工艺涉及面广、内容丰富，编写团队难以做到面面俱到。为此，真诚地期待读者朋友们提出宝贵的建议，为后期教材的改版提供参考。我坚信，在所有关心职教发展的相关人员的共同推进下，一定能谱写新时代职高质量发展的绚丽篇章。

鲁　煊

2021年1月8日

多媒体资源目录

序号	模块	项目	资源名称	资源类型	页码
27	模块一　刀工操作技能实训	项目六　基本料型	各规格萝卜丝的成型	视频	050
28			各规格片的成型	视频	052
29			各规格块的成型	视频	056
30			各规格土豆条的成型	视频	058
31			各规格丁的成型	视频	061
32	模块二　原料初加工技能实训	项目一　蔬菜类原料初加工	常见代表性叶菜初加工	视频	066
33			常见代表性果菜初加工	视频	069
34			常见代表性花菜初加工	视频	071
35			常见代表性根茎蔬菜初加工	视频	073
36		项目二　家禽类原料初加工	鸡的宰杀加工	视频	076
37			鸡的煺毛	视频	078
38			鸡的开膛	视频	080
39			鸡内脏加工	视频	082
40		项目三　家禽内脏原料初加工	肥肠清洗	视频	085
41			猪肺清洗	视频	087
42			猪舌清洗	视频	089
43		项目四　水产原料初加工	草鱼、带鱼宰杀	视频	092
44			虾蟹类原料加工	视频	095
45			牡蛎、田螺初加工	视频	098
46		项目五　出肉、分档与整料出骨加工	鸡的出肉加工	视频	101
47			鱼的出肉加工	视频	103
48			鸡的分档取料	视频	106
49			鱼的分档取料	视频	109
50			整鸡出骨	视频	111
51			整鱼出骨	视频	113

序号	模块	项目	资源名称	资源类型	页码
52	模块二　原料初加工技能实训	项目六　干货原料涨发	冷水发冬菇	视频	116
53	模块二　原料初加工技能实训	项目六　干货原料涨发	一般热水发海带	视频	117
54	模块二　原料初加工技能实训	项目六　干货原料涨发	反复热水发海参	视频	119
55	模块二　原料初加工技能实训	项目六　干货原料涨发	油发蹄筋	视频	121
56	模块二　原料初加工技能实训	项目六　干货原料涨发	碱发鱿鱼	视频	124
57	模块三　烹调辅助技能实训	项目一　初熟处理	羊肉焯水	视频	130
58	模块三　烹调辅助技能实训	项目一　初熟处理	莴笋焯水	视频	131
59	模块三　烹调辅助技能实训	项目一　初熟处理	罗非鱼走油	视频	134
60	模块三　烹调辅助技能实训	项目一　初熟处理	牛肉丝滑油	视频	135
61	模块三　烹调辅助技能实训	项目一　初熟处理	整鸡汽蒸	视频	137
62	模块三　烹调辅助技能实训	项目一　初熟处理	乳鸽卤汁走红	视频	140
63	模块三　烹调辅助技能实训	项目一　初熟处理	整鸭过油走红	视频	141
64	模块三　烹调辅助技能实训	项目二　浆、糊与芡调制技能训练	常见浆调制	视频	144
65	模块三　烹调辅助技能实训	项目二　浆、糊与芡调制技能训练	常见糊调制	视频	147
66	模块三　烹调辅助技能实训	项目二　浆、糊与芡调制技能训练	常见芡调制	视频	150
67	模块三　烹调辅助技能实训	项目三　基础汤熬制技能实训	普通奶汤制作	视频	154
68	模块三　烹调辅助技能实训	项目三　基础汤熬制技能实训	特制奶汤制作	视频	155
69	模块三　烹调辅助技能实训	项目三　基础汤熬制技能实训	普通清汤制作	视频	159
70	模块三　烹调辅助技能实训	项目三　基础汤熬制技能实训	特制清汤制作	视频	160
71	模块三　烹调辅助技能实训	项目三　基础汤熬制技能实训	黄豆芽汤	视频	163
72	模块三　烹调辅助技能实训	项目四　常见热菜复合味汁调制实训	传统糖醋味汁调制	视频	165
73	模块三　烹调辅助技能实训	项目四　常见热菜复合味汁调制实训	茄汁调制	视频	167
74	模块三　烹调辅助技能实训	项目四　常见热菜复合味汁调制实训	西宁汁调制	视频	168
75	模块三　烹调辅助技能实训	项目四　常见热菜复合味汁调制实训	鱼香味汁调制	视频	171
76	模块三　烹调辅助技能实训	项目四　常见热菜复合味汁调制实训	辣椒酱调制	视频	173
77	模块三　烹调辅助技能实训	项目四　常见热菜复合味汁调制实训	黄辣奇味酱调制	视频	174

序号	模块	项目	资源名称	资源类型	页码
78	模块三　烹调辅助技能实训	项目四　常见热菜复合味汁调制实训	黑胡椒酱调制	视频	176
79			避风塘料调制	视频	178
80			蒸鱼鼓油皇调制	视频	181
81			麻辣油调制	视频	183
82	模块四　勺工技能实训	项目一　火力、油温识别	四种火力识别	视频	188
83			三种油温识别	视频	190
84		项目二　勺工基本技能训练	勺工操作姿势	视频	193
85			推勺、晃锅	视频	196
86			翻锅	视频	198
87			出锅装盘训练	视频	201
88		项目三　勺工综合技能训练	香菇焖鸡	视频	203
89			鱼香肉丝	视频	206
90			软炸里脊	视频	209
91			糖醋菊花鱼	视频	211
92			香煎豆腐	视频	214
93			干烧大黄鱼	视频	217
94			三鲜烩豆腐	视频	220
95			川香回锅肉	视频	222
96			爆炒虾仁	视频	225

多媒体资源使用帮助：

1. 请按照本书封底的操作提示，使用微信扫码并关注“交大 e 出版”微信公众号。

2. 点击弹出页面下方的“开通会员”链接，选择“使用购物码（兑换码）免费获得”，输入封底刮层下的 12 位序列号并确认。

3. 至此您已开通本书数字会员，可使用微信扫描书中任意二维码，免费畅享本书所有配套多媒体资源。您也可以通过手机各大应用市场搜索下载“学习通”APP 进行安装，扫描右方《中式烹调工艺：基本技能训练》课程二维码报名课程，让您的学习更加多元化。在使用过程中有任何疑问，可以拨打鲁老师电话（15994416446），为您的学习保驾护航。

课程评分系统使用说明

一、评价标准表格

评价主体	评价要素								比例	分值
	生产制作前		生产制作中			生产制作后		合计		
	资料查找 10%	项目分析 20%	原料准备 10%	生产规范 20%	成品质量 15%	清洁卫生 15%	实训报告 10%	100%		
自我评价									30%	
小组评价									30%	
教师评价									40%	
总 分									100%	

二、 线上课程评分系统（推荐使用）

（一）教师使用流程

1. 首次使用前请致电028-81435775，获取用户名和密码。
2. 登录网址http://cooking.xnjdcbs.com 或扫描下方二维码，进入线上课程评分系统。

线上课程评分系统

3. 线上课程评分系统操作流程：

登录 → 修改密码 → 选择评分项目 → 评分 → 查分

4. 本系统可实现以下功能：

灵活选择评分实训项目

自动计算单个实训项目得分

自动计算课程实训总分

根据实际评价需要自行选择评价主体

自选评价要素

教师

（二）学生使用流程

1．登录网址http://cooking.xnjdcbs.com 或扫描下方二维码，进入线上课程评分系统。

线上课程评分系统

2．线上课程评分系统操作流程：

登录 → 修改密码 → 选择身份（小组长/学生）选择评分项目 → 评分 → 查分

三、线下评分统计

若选择不采用线上课程评分系统，也可扫描下方二维码，下载 “评价标准表格（智能版）”，各评价主体手动填写分值，由电子表格自动计算单次实训项目得分。

评价标准表格（智能版）

目录

◎ 模块三　烹调辅助技能实训

◎ 模块四　勺工技能实训

绪论

厨师，是以烹饪为职业、以烹制菜点为主要工作内容的人。想成为一名厨师，需要一步一个脚印地学习，现代厨师队伍中的绝大多数都是先从职业学校系统地学习与烹饪相关的知识和技能。学习烹饪技能，首先得从烹饪基本技能学起，所谓烹饪基本技能，就是在烹饪加工过程的各个环节中必须熟练掌握的基础知识和技能技巧的综合运用能力。从事烹饪工作的相关人员，无一不把烹饪基本功当作必修课，常抓不懈。

一、烹饪基本技能训练的内容

工欲善其事，必先利其器。工匠想要把工作做好，一定要先让工具锋利。烹饪技能的学习也是同理，烹饪基本技能的掌握情况决定着学习其他课程的能力。烹饪基本技能训练是帮助初学者入门、入行的一门极为重要的专业基础课程，是烹调加工过程中必不可少的一项专门技能。因此，作为一名烹饪专业的学生，必须了解、掌握相关的基本知识，熟练掌握相关的实际操作技能。烹饪基本技能训练主要包含以下几方面的内容。

（一）刀工操作技能

刀工是菜肴烹制工艺流程中不可缺少的重要环节，刀工对菜肴形状的形成与确定起着重要的作用，所有美观的菜形，都要借助刀工才能体现出来。所以说，刀工技能的娴熟度直接影响菜肴的质量，而且对菜肴品种及风味的变化、加工工艺的拓展、菜肴创新等都具有十分重要的作用。

图 0-1　刀工技能代表——文思豆腐羹

（二）鲜活原料初加工技能

从市场购进的鲜活原料因卫生、形状等还不符合直接用于切配的要求，所以，必须对鲜活原料进行初加工，从而保证烹饪原料符合烹调的要求。鲜活原料加工技能是一项集知识性、技术性和经验性于一体的复杂工作，不同类别的烹饪原料初步加工选用的加工方式和方法应以科学原理为依据，如涉及植物学、动物解剖学、营养学学科的知识与技能。

（三）干货原料涨发

中餐烹调中会选用大量的经过脱水处理的动植物原料，经脱水干制后，容易储存保管，方便运输，而且还有独特风味。但是，这些干货在烹调时不可能直接用于菜肴制作，必须经过涨发加工的复杂程序，使干货重新吸收水分，最大限度地恢复原有形状、松软质地，并除去杂质和异味，才能适于切配和烹调食用。

图 0-2　干货代表——刺参

（四）勺工基本技能

菜肴烹制的过程中，始终都离不开锅具的使用，其中翻锅技艺对菜肴质量至关重要，直接影响到菜肴成品的质量。为了更好地烹调菜肴，需要掌握勺工基本技能。勺工基本技能是烹饪从业人员必须掌握的一项基本技能，此项技能对于菜肴的质量有决定性的影响。学习勺工基本技能后，可以使操作更加规范化，从而降低劳动强度，提高劳动效率。

（五）初步熟处理技能

不同的烹饪原料具有不同的性质和特点，不同菜肴的工艺操作流程也会不同，为了扬长避短，为正式烹调做准备，在正式烹调前，应对烹饪原料进行相应的初步熟处理。烹饪原料的初步熟处理，是根据菜肴制作的需要，在正式烹调前用水、油、蒸汽等传热介质对经刀工处理后的烹饪原料进行加热，使其达到半熟或刚熟状态的处理过程。它是正式烹调前的准备阶段，同菜肴的质量密切相关，因此，要学会准确把握加热和熟处理的程度，以达到菜肴色、香、味、形、质的最佳状态。

（六）浆、糊与芡调制技能

绝大多数油炸类菜肴在油炸前，原料往往需要进行挂糊、上浆等处理，而在菜肴制作末期，绝大多数都要进行勾芡处理，使成菜后达到酥脆、滑嫩的口感，增加菜肴汤汁的粘性和浓度，主料突出的要求。浆、糊与芡调制技能处理不好，将会直接影响菜肴的质量。

图 0-3　挂糊代表菜——糖醋黄河鲤鱼

（七）基础汤熬制技能

制汤是中式烹调工艺中的重要工艺环节，在传统的烹调技艺中，汤是制作菜肴的重要辅助原料，是形成菜肴风味特色的重要组成部分。制汤工艺在烹饪实践中极为受重视，无论是低档原料还是高档原料，都需要用高汤加以调配，味道才能更加鲜美。掌握常见基础汤的熬制技能，对学习菜肴制作，特别是高档菜肴的制作，有非常重要的意义。

（八）热菜复合味汁调制

菜肴制作的口味与特色，除了靠原材料的配置与利用外，还要靠合理地运用各种调味品和恰当的调味手段。历代厨师创制了众多特色鲜明的菜肴类型，沿用至今，仍值得我们加以利用和发扬。现在市场上单一的调味品或复合的现成调味品已不能满足调味的需要，还需要自行加工一些特制的复合调味汁，以区别市场其他菜品，创制出特色菜。作为烹饪专业的学生，更应不断加强学习，继承、开拓、创新中国菜肴。

二、学习烹饪基本技能的重要性

随着人们消费观念的转变，餐饮行业对厨师的要求也越来越高。这个要求不仅表现在对厨师数量的需求上，还表现在对厨师烹调水平和职业素质的要求上，这就给所有学习烹饪的人员提出了全新的要求。

（一）烹饪基本技能的掌握情况直接影响更高层次的专业技能学习

烹饪基本技能训练课程是烹饪专任课程体系中最基础的专业技能课程，烹饪基本技能是烹调专业的所有学生都必须认真对待，并牢牢掌握的一门专项技能。无论后期学习“烹调技法训练”“地方风味菜点制作”“中国名菜制作”“宴席菜肴设计与制作”等中式烹调课程，还是学习“西餐烹调工艺”“日韩料理”“亚洲菜制作技术”等西式烹调课程，都离不开烹饪基本技能。如果没有牢固掌握烹饪基本技能，其他专业技能课程的学习也会面临极大的困难，对职业的发展形成巨大的障碍，只有掌握了这些基本的技能，才能学习好其他课程，才能熟练地烹制出色、香、味、形俱佳的菜肴，创造出新菜点，才能在厨师职业发展的道路上越走越远。

图 0-4　艺术与技术融合——石榴球配鹅肝腐乳

（二）加强烹饪基本技能的学习有利于理论和实践的融合

理论和实践是辩证统一的关系，烹饪基础知识和烹饪基本技能的关系也是如此。因此，学习者应以基本技能学习为主，不仅不排斥基础知识的学习，为了更好地完成基本技能的学习任务，保证基本技能的学习质量，还必须加强烹饪基础知识的学习，确保掌握必不可少的烹饪基础知识。通过学习基本技能，把烹饪基础知识落实到技术操作中，充分发挥其对基本功的指导作用。

图 0-5　中西混搭融合——青苹果鱼籽配鹅肝慕斯

同时，学习者在学习基本技能的过程中，可以进一步加深了解基础知识，在实践的基础上共同提高。

（三）烹饪基本技能的掌握情况是衡量一名厨师是否合格的标准

对一个厨师来说，评价其是否合格或优秀的核心是看他有没有过硬的烹饪基本技能。许多传统名菜就需要非凡的烹饪技巧，这些菜品大多原料高档、制作讲究、实际操作难度较大，普通厨师在一般情况下很难完成。在平时的练习中，要强调姿势正确、动作规范、精益求精。正确的基本功姿势是以后能加工出合格的菜肴的重要保证，不规范的动作不仅无法加工出合格的菜肴，还会对操作者的身体造成损害。

（四）很长一段时间内机械设备都无法完全取代传统烹饪

当前，许多机械化烹饪设备被广泛应用于实际工作中，大大地降低了厨房工作者的劳动强度。在不少地方，搅拌机、切片机、压片机等成了厨师们常用的厨房设备。这些机器具有加工工艺优良、规格一致、加工速度快的特点，因而被广泛应用。面对这样的情况，烹饪基本技能的学习在一些年轻的厨师心目中逐渐弱化，严重影响到苦练烹饪基本功的热情。一些刚入门的厨师或准厨师们，甚至认为只要炒好几个菜肴就可以了，因而忽视了烹饪基本功的训练，务必要纠正这种错误的思想。“一菜一格，百菜百味”的中餐特点，决定了在今后很长一段时间内，手工操作仍然是主流。

三、学习烹饪基本技能训练课程的方法

中菜烹制主要靠烹饪基本功的手工制作，掌握烹饪基本功的技能需要很长时间，需要尊重技术习成规律，持续性练习。烹饪基本功技术性强，可塑性大，不同的人学习烹饪基本技能的方法会有一些差异，但从整体上看，需要把握以下几点。

（一）充分认识技能形成规律，养成良好的学习习惯

技能学习从来不是一件容易、轻松的事情，就像锻炼身体一样，需要持续付出。烹饪技能的形成过程是意识传输和身体感官训练的过程，不仅要注重知识的学习，还要进行身体感官的训练，从而使知识与技能达到完美的结合。掌握一项操作技术，从一步步有意识的尝试到熟练操作的形成是“刺激—反应”循环的结果。

首先是认识阶段。学习烹饪技能的初期，通过教师的语言讲解或示范操作，接受和掌握学习的任务及其要求。同时，也做一些初步尝试，把学习任务的分解动作组成一个整体，并主动地了解全部操作的内在联系。这一阶段的学习重点在于注意，提供以反应的线索。因此，将这一阶段的学习称为知觉学习。

其次是动作连贯阶段。在认识的基础上，将各种操作动作联系在一起，形成一个完整的操作技能。这一阶段的重点，则是将某种刺激与反应形成联系。例如，进行大翻勺训练时，将“推—拉—送—扬”这四个操作环节联系在一起，形成一个完整的大翻勺动作。这个大翻

勺的动作，则是烹饪技能中的一个操作单元。

最后是熟练阶段。烹饪技能学习进入这一阶段时，一长串的动作已成为一个有机的整体并固定下来。整个动作相互协调达到自如，无需特殊注意和纠正，不再需要考虑下一步的操作动作。烹饪技能的学习需要从领会动作要点和掌握局部操作要领开始，然后做到动作连贯，最后达到熟练。要完成这一过程，不仅要经过三个学习阶段，而且要在全过程中遵守学习规律和注意主客观因素作用的充分发挥，才能获得最高的学习效果。

（二）加强理论知识学习，用科学的理论指导实践

科学理论的价值在于它能够指导实践。理论指导实践的过程也是理论自身不断得到检验和发展的过程，没有理论指导的实践是盲目的实践。中式烹饪理论是中国历代厨师烹饪实践工作的结晶，只有认真学习这些理论知识，才能更好地进行实践操作。如果连哪个环节叫什么都不知道、相关专业基础知识都不懂，就无法操作，更无法判断、执行、决策。比如制作糖醋鲤鱼菜肴，需要经过宰杀、改花刀、挂糊、炸制等环节，加工中，如果不知道挂糊的基本定义，不清楚炸制时不同油温的表现状态，就无法烹制出合格的菜肴。因此，必须加强理论知识的学习，只有在科学理论的指导下进行规范的练习，才能掌握标准的技艺。

（三）养成良好的观察习惯，培养敏锐的观察能力

观察力是通过直接体验和积累对某一现象进行感性认识，应培养对事物进行科学观察的能力和习惯。观察力并不是与生俱来的，而是需要在学习中培养，在实践中锻炼得到的。对于烹饪技能来说，敏锐的观察力显得非常重要。当烹饪教师或者厨师在进行烹饪操作时，我们要认真地观察其每一个动作，在大脑中进行编码记忆，然后进行模仿操作。但是每个人的观察能力是有差异的，编码记忆能力也有差异，所以最后的结果也会有较大差异，因此，养成良好的观察习惯，培养敏锐的观察力也是学习好烹饪基本技能的重要方法。

（四）持之以恒，在练习上多下功夫

中餐烹饪以手工为主要特点，是“手上活”，手上功夫的高低与练习次数有密切的关系。虽然学习了大量的理论知识，观看了烹饪教师或者厨师的烹饪操作，但是要转变成自己的技能，就需要持之以恒，在练习上多下功夫。无论什么技能的学习都没有捷径，唯有勤奋和努力，才能成为真正的大师。

四、现代厨师必须遵循的职业道德规范

市场经济的发展为餐饮行业的发展提供了良好的机遇和条件，同时也对厨师的职业道德提出了更高的要求。

（一）遵纪守法、廉洁自律

遵纪守法、廉洁自律既是法律的要求，又是道德规范的基本要求，同时也是搞好企业经营管理、纠正不正之风的重要保证。制定法律的目的，在于确立和维护良好的工作秩序和生

活秩序。遵纪，就是遵守规定的行为规范；守法，就是遵守国家的法律、法规和政策。与烹饪直接相关的法律、法规有《中华人民共和国食品安全法》《中华人民共和国野生动物保护法》《中华人民共和国野生植物保护条例》等。廉洁自律就是不贪不占、不损人利己、不损公肥私，就是以人民的利益为最高利益。作为以制作营养美味菜点为己任的餐饮行业全体从业人员，更应该学法、懂法、守法。

（二）讲究卫生、保证健康

讲究卫生、保证健康是厨师职业道德的具体体现，厨房菜肴生产和对客服务工作人员必须持“健康证”上岗，严格遵守相关法律法规。要讲究个人卫生和食品卫生，个人卫生要做到勤洗手、勤剪指甲、勤洗澡、勤理发、勤洗换工作服。俗话说 “病从口入”，因此食品加工过程一定要遵守卫生制度，不加工变质原料、不加工不符合卫生标准的原料。工作时，工作服、工作帽必须穿戴整齐，不抽烟、不穿工作服到厕所等。

（三）敬业爱岗、忠于职守

敬业爱岗、忠于职守是烹饪职业道德最基本的规范，是成为一个合格的烹饪从业人员必须遵守的一条职业道德规范，是发挥从业人员潜在能力、提高服务质量的道德基础。敬业就是尊重所从事的烹饪事业，爱岗就是热爱自己的本职工作。忠于职守就是严格遵守职业纪律，尽职尽责，具有强烈的职业责任感和事业心。把自己从事的工作看成生命的一部分，并把自己的心血倾注到所从事的工作中去。这种事业心和敬业精神，是成为一个有高尚职业理想、合格的烹饪从业人员的道德基础。

（四）钻研业务、提高技能

钻研业务、提高技能是烹饪职业不可缺少的基本规范之一，是烹饪从业人员做好本职工作的关键。只有具有丰富的业务知识和熟练的职业技能以及过硬的基本功，才能为餐饮消费者提供优质的服务，才能尽到自己的责任，才能为企业赢得声誉，才能为我国烹饪行业的发展做出贡献。钻研业务、提高技能既是为了向顾客人提供优质服务、履行好职业责任，为国家和社会做贡献的前提，又是烹饪从业人员求得自身发展、进步的重要基础之一。

（五）热情友好、宾客之上

热情友好、宾客之上是烹饪职业道德中最基本和最具特色的一项道德规范。它是烹饪行业热诚欢迎宾客的直接表现，是烹饪从业人员敬业、乐业精神的具体体现，是发展我国烹饪行业的需要，也是我国烹饪行业指导方针和根本宗旨的重要体现。热情友好，既是一项道德情感，又是一种道德行为。要求从业者倾注满腔热情，真诚友好地接待每一位客人。宾客之上就是把宾客放在第一位。在烹饪活动中，从业人员是主人，把宾客放在首位，一切为宾客着想，一切使宾客满意，尽力为宾客服务，是每一个烹饪从业人员应尽的责任和义务。

模块一

刀工操作技能实训

学习目标

素质目标：

1. 树立正确的“三观”，塑造良好的人格。

2. 树立中华民族饮食文化的自豪感和自尊心。

3. 养成尊师重道、刻苦钻研、勤俭节约的品德。

4. 拥有坚定的理想信念与虚心向学及精益求精的工匠精神。

5. 养成终身学习、善思考、善观察和勤学好问的好习惯。

知识目标：

1. 了解磨刀石、刀具的分类。

2. 了解刀工处理的几点要求。

3. 熟悉刀具保养的正确方法。

4. 熟悉直刀法、平刀法、斜刀法、花刀工艺、基本料型的分类及定义。

5. 掌握直刀法、平刀法、斜刀法、花刀工艺、基本料型的切制步骤与注意事项。

能力目标：

1. 能正确地磨刀和规范检验刀具的锋利程度。

2. 能运用正确的刀工操作姿势切配原料。

3. 能运用直刀法、平刀法、斜刀法等技能、技巧将原料加工成丁、丝、条、片、块等基本料型。

4. 能运用花刀技能、技巧将原料加工成麦穗型、菊花型、蓑衣型、松鼠型等花刀。

5. 通过反复训练逐渐养成良好的刀工操作姿势和卫生习惯。

操作准备

任务一　磨刀

知识储备

◎ 知识点一：刀具的分类

按功能分：砍刀、片刀、蔬菜刀、刨皮刀、火腿刀、番茄刀、西瓜刀、面包刀、多用刀等；按刃口分：一体刚刀和夹钢刀；按材料分：碳钢、不锈钢、高碳不锈钢刀等。现在许多的品牌刀具都是成套的，一般成套的刀具还包括磨刀棒和刀架。

◎ 知识点二：磨刀石的种类

磨刀石主要有两种，一种是天然石，另一种是工业加工品。天然的一般有青石岩和石英砂岩，一般石英砂岩比较粗，用来磨菜刀，青石岩里有一种浆岩，非常的细腻，常用来磨较为细小的刀具，如雕刻刀。工业加工的品种比较多，一般有绿碳化硅、白钢玉、碳化硼、红宝石等。天然磨刀石由于开采及后期加工原因，现在市面上比较少见，市面上以工业加工的产品为主。

◎ 知识点三：刀具保养

首先，注意不同刀具的不同用途，有的是用于切菜的，有的则是用于剁肉馅或者砍骨头的，一旦混了，就会损伤刀具。其次，注意打磨，刀具用久了会钝，经常被打磨的菜刀才好用，切菜更节省时间也更加安全。再次，预防生锈，特别是铁刀，使用后用清洁的抹布擦去油脂与水分，尤其在切割富含盐分或黏稠性的食材后。若长时间不用，可在表面涂一层油。最后，合理放置，刀用完后，要插在刀架上，不要随手乱丢，避免碰损刃口。

磨刀实训案例——片刀磨法

扫一扫在线观看
"片刀磨法"视频

【训练器具】

磨刀石、片刀、水盆、抹布等。

【训练流程】

右手握刀柄在磨刀石上磨→左手将刀身按紧在磨刀石上→淋少

许水→前推后拉→单面磨锋利→翻过来再磨另一面→两面都磨锋利后用抹布擦干净。

图 1-1-1　磨刀用具

【训练要求】

熟练掌握正确的磨刀方法和姿势，并能熟练应用。

【训练步骤】

1. 准备磨刀石。准备一块细腻的磨刀石。如果刀刃线较粗大，还要准备一块粗糙的磨刀石，用来快速磨刀。如果没有固定的磨刀架，可以找一块厚布或毛巾垫在磨刀石下面。在磨刀石上浇一些水（见图1–1–1）。

图 1-1-2　磨刀手法

2. 磨刀的动作。磨刀时，两脚自然分开或一前一后站稳，胸略向前倾斜，右手持刀，左手按住刀面的前端，刀口向外，平放在磨刀石上（见图1–1–2）。

3. 磨刀的过程。在刀面或磨刀石上面撒上水，将刀面紧紧贴在磨刀石上，后部略翘起后，进行推拉磨刀。磨刀时要用力均匀，等磨刀石表面起沙浆时再洒水，刀的两面、前后和中部要轮流均匀地磨到，只有这样才能保持刀刃平直、锋利。磨完刀后要用清水洗净，擦干。

4. 精磨。换细腻的磨刀石直至磨利。

【训练要领】

1. 磨刀石面起砂浆时就需要淋水，保持磨刀石表面湿润不干。

2. 不断翻转刀刃，两面所磨次数基本相等。

3. 手腕平稳准确，两手用力均匀、柔和、一致。

4. 刀具往返于磨刀石的前后两端，要把刀刃推过磨刀石的前端，以刀面不过石为宜。

5. 磨到刀刃发涩、锋利为止。

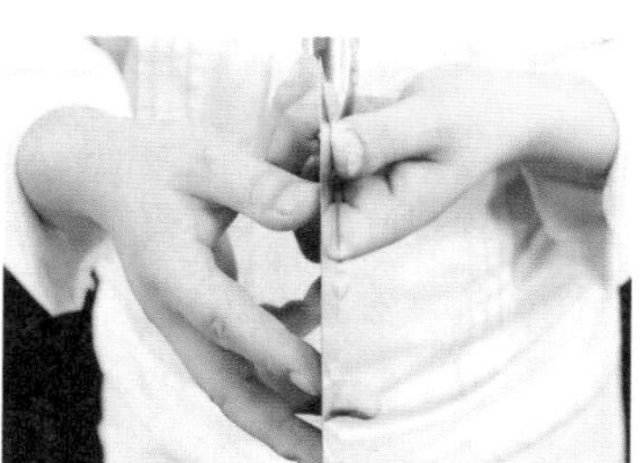
图 1-1-3　两眼直视检验刀具

【检验标准】

1. 刀刃朝上，两眼直视刀刃，如见一道看不出反光的细线，就表明刀已磨锋利了；如有白光，则表明刀刃不锋利（见图1–1–3）。

2. 把刀刃放在大拇指下轻轻一拉，如有涩感则表明刀刃锋利；如感觉光滑，表明刀刃不够锋利（见图1–1–4）。

3. 刀面平整，无卷口和毛边，两侧对称，重量均等。

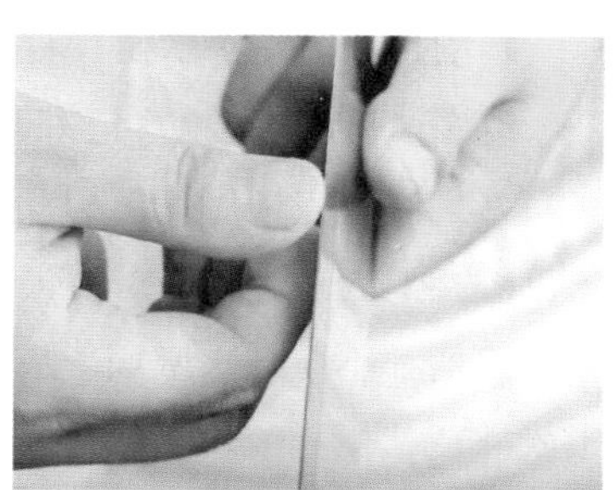
图 1-1-4　大拇指触碰检验刀具

思政小结——磨刀不误砍柴工

【小结导入】从前两个樵夫一起上山砍柴，两个人都想着多砍点柴，多赚点钱。阿德早上很早起来砍柴，一刻不停，而阿财比阿德晚上山，却很快就赶上了阿德的进度。一天结束，阿财砍了九捆柴，而阿德砍了六捆柴，阿德疑惑不解，阿财就告诉他，刀锋锋利的话可以砍更多柴，斧头钝，砍的柴当然就少。

【思考讨论】上山早、多花力气、砍柴少的是阿德，上山晚、少花力气、砍柴多的是阿财，为什么差别这么大呢？

【分析强调】埋头苦干是很好的做事态度，可是，这并不意味着只要我们花上大量时间，就会收获很多。实践告诉我们：不是不做事，也不是只做事，而是要注意做事的方式和方法"。烹任操作也一样，保持刀具的锋利是刀工训练的基本前提。

任务二　刀工操作姿势

知识储备

◎ 知识点一：学习刀工的基本要求

刀工操作需要较好的身体素质，在日常训练中应加强身体锻炼，特别是臂力和腕力的灵活性训练。在进行刀工操作的过程中，注意力应高度集中，做到眼、手、心三合一，左右手配合协调。熟悉各类刀法的合理运用，提高卫生意识。

刀工训练时，砧板要安放平稳，操作者要精神集中，目不旁视，两脚分立站稳，上身略向前倾，前胸稍挺，不要弯腰曲背，两肩要保持平稳，不能有高有低，腹部与工作台之间保持一拳的距离。左手拿物，右手拿刀，切时要求稳、准、快。

◎ 知识点二：放刀与携刀标准

刀具使用完毕后，刀刃朝外，放置墩面中央（见图1–1–5）。前不出刀尖，后不露刀柄，刀背、刀柄都不应露出墩面。应当避免用刀尖、刀跟砍插在砧板上或用刀刃砍插在砧板边缘等，这些不良放刀方式既伤刀，又伤砧板。携刀时，刀柄向下，刀刃向后，右手紧握刀柄，紧贴腹部右

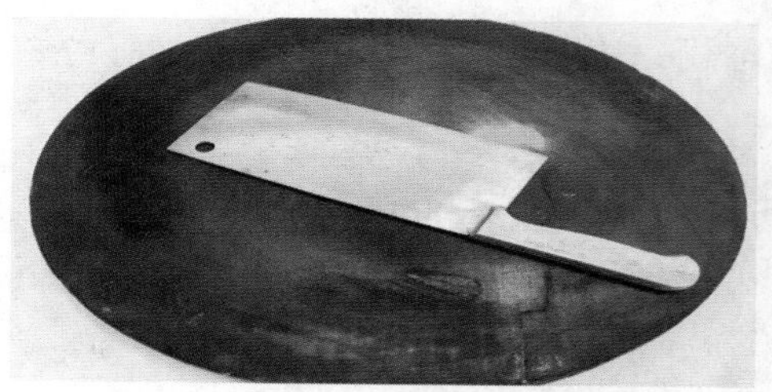

图 1–1–5　刀具摆放标准

侧（见图1-1-6）。切忌手舞足蹈，以免误伤他人。

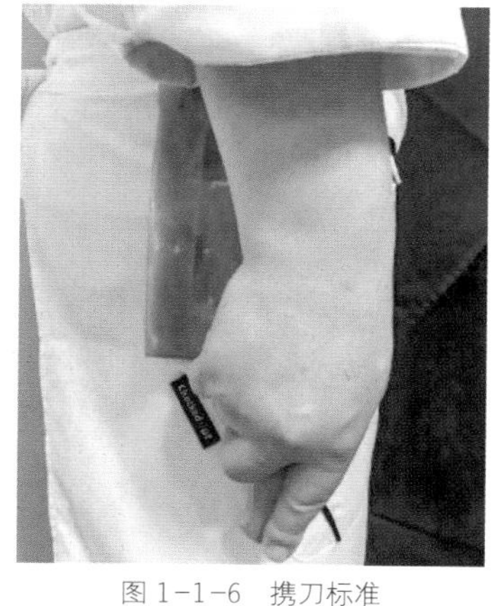
图 1-1-6　携刀标准

◎ 知识点三：刀工处理的意义与要求

刀工就是根据烹调或食用的要求，运用各种不同的刀法（根据刀与砧板接触时所组成的角度，可将刀法分为直刀法、平刀法、斜刀法、花刀工艺等四种），将原料切成一定形状的过程。采用不同的刀法将原料加工成一定规格、形状后才符合烹调的要求或食用的需要，使制成的菜肴不仅滋味可口，而且形象美观、绚丽多彩，更具艺术性。

在进行刀工处理时要求做到以下几点：

（1）整齐划一。无论将原料切成什么形状，都必须大小相同、厚薄均匀、长短一致等。

（2）干劲利落。所有条、丝、片、块等形状不能出现似断非断的现象。

（3）合理使用原料。必须注意计划用料，量材使用，做到大材大用，小材小用，综合利用，物尽其用。

（4）适应烹调方法的需要。由于菜肴有多种烹调方法，这就要求原料的形状也要适应烹调方法的需要。

（5）掌握原料的不同质地。不同的原料其质地差异较大，必须根据原料质地的不同运用不同的刀法处理。

实训案例——刀工操作姿势

【训练器具】

砧板、片刀、盛器、蔬菜（白菜、菜心、白萝卜等）。

【训练流程】

原料放置在案板上→两脚自然分开，身体保持直立→左手按稳白菜→右手持刀→选用刀法进行加工。

【训练要求】

严格按照刀工训练姿势进行训练，做好每一个动作，做好动作之间的衔接，协调性要强，最终掌握刀工训练的技能和技巧。

扫一扫在线观看
“刀工操作姿势”视频

【训练步骤】

1. 将蔬菜放置于砧板上。

2. 站立在案板前，双脚自然分立，呈与肩同宽的外八字形或稍息状态。身体保持自然直立，略含胸，头不歪，眼睛正视训练的双手部位，身体重心始终保持与地面垂直，腹部不可紧贴训练台，一般与工作台之间保持一拳的距离（见图1–1–7）。

3．右手持刀，右手食指弯曲成钩状与大拇指共同夹紧刀身，其余三指弯曲握住刀柄，左手按稳白菜，然后运用不同的刀法加工白菜（见图1–1–8）。

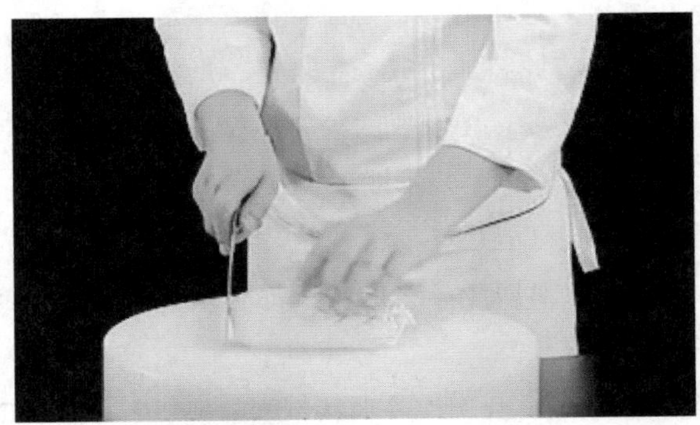

图 1–1–7　标准操作站姿

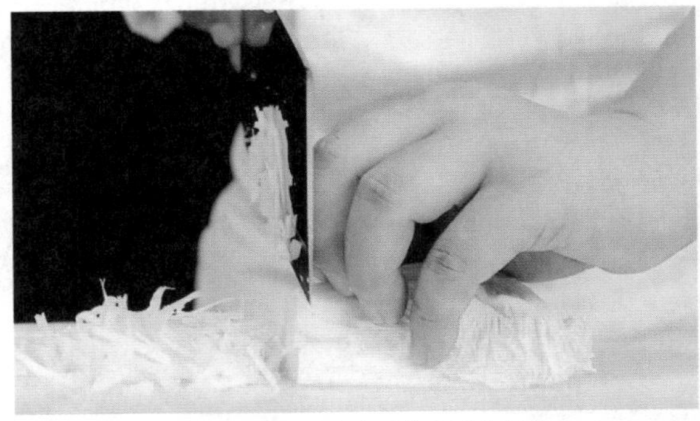

图 1–1–8　左右手协调配合标准

【训练要领】

1．训练时一般用腕力和小臂的力量。左手控制原料，随刀的起落均匀地向后移动。

2．一般刀刃高度不能超过左手指的第一关节。

3．手持物要稳，右手落刀要准，两手的配合要紧密而有节奏。

思政小结——站如松、坐如钟、行如风、卧如弓

【小结导入】在中国传统文化中，“站如松、坐如钟、行如风、卧如弓”这四个姿态被古人所称道，体现出威仪肃穆、修炼有素的形象。

【思考讨论】作为新时代的烹饪技艺传承人，我们应该怎么做呢？

【分析强调】想在刀工技能方面有所突破，就必须掌握标准的刀工操作姿势。

项目二　直刀法

直刀法是刀法中较复杂，也是最主要的一类刀法。直刀法就是在操作时刀刃向下、刀身向菜墩平面做垂直运动的一类运刀方法。直刀法操作灵活多变、简练快捷，适用范围广。食物原料种类不同，质地各异，各种烹调方法对原料加工成形的要求不同，依据用力程度，直刀法可分为切、剁、斩、砍等几种操作方法。

任务一　切

知识储备

◎ 知识点一：切法的定义

切是左手按稳原料，右手持刀，近距离从原料上部向原料底部运动的刀法。切时以腕力为主、小臂力为辅运刀，一般适用于加工植物性原料和无骨的动物性原料。

◎ 知识点二：切法的分类

切可分为直切、推切、拉切、推拉切、铡切、滚料切。用力垂直向下，切断原料，不移动切料位置即叫直切；连续迅速切断原料叫跳切；推切是运用推力切料的方法，刀刃垂直向下，向前运行切断原料；运用拉力切料，刀刃垂直向下，向后运行切断原料叫拉切；推拉切又称锯切，是运刀方向为前后来回推拉的切法；铡切是将刀刃贴近原料表面，由上至下用力，以刀刃的两端分别为支点双手摆动刀身，使刀刃切断原料；滚切又称滚料切，是指所切原料滚动一次切一刀的连续切法。

跳切实训案例——跳切西葫芦瓜片

【原料配备】

新鲜西葫芦1条。

【训练流程】

选取西葫芦→将西葫芦洗净→放在砧板上从中间剖开→左手按稳→右手持刀→跳切加工西葫芦→原料成形。

扫一扫在线观看
“跳切西葫芦瓜片”视频

【训练要求】

训练姿势正确、动作规范，坚持训练直至掌握训练要领。

【训练步骤】

1. 将西葫芦瓜洗净后，放在砧板上；先用刀切去头尾老硬部分，然后将西葫芦瓜从中间纵向一剖两瓣（见图1–2–1）。

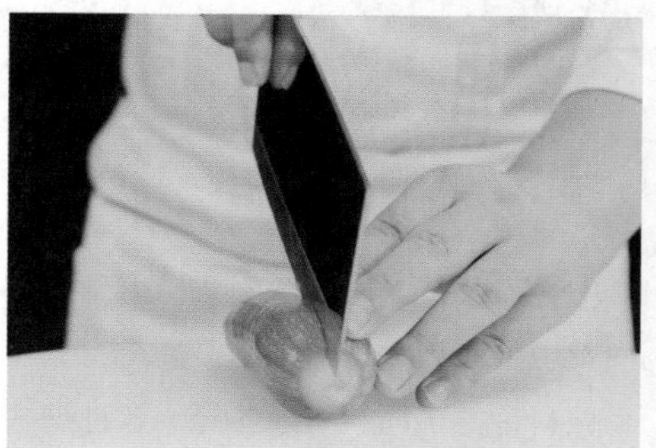
图 1-2-1　剖开西葫芦瓜

2. 以右手持刀，左手五指指尖轻轻按在西葫芦瓜表面，用指背抵住刀身，刀刃中前部对准西葫芦被切部位，刀体垂直一刀一刀垂直落下，将原料切开（见图1–2–2）。

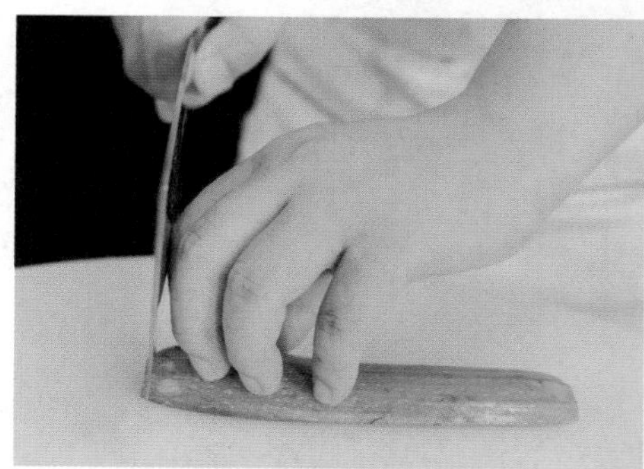
图 1-2-2　跳切西葫芦瓜

3. 随着右手持刀不断地切割，左手应不断地随之后移，每次后移的距离应当相等，防止西葫芦片有厚有薄。

【训练要领】

1. 两手配合要协调一致，行刀要稳健有力，持刀要稳，左手要按稳原料。

2. 右手控制刀身，垂直下刀，使刀身与砧板始终保持垂直状态，不可偏里或偏外。

3. 跳切时，要用刀刃前中部进行切制。

4. 要等距离地从右向左移动，否则切出的原料厚薄不均匀。

推切实训案例——推切猪肉片

【原料配备】

新鲜猪里脊250 g。

【训练流程】

选取猪肉→将猪肉洗净→左手按稳猪肉→右手持刀→推切加工猪肉→原料成形。

【训练要求】

训练姿势正确、动作规范，坚持训练直至掌握训练要领。

【训练步骤】

1. 将猪里脊肉洗涤干净后放置于砧板上。根据原料的大小和成

扫一扫在线观看
“推切猪肉片”视频

菜的标准对原料进行分块（见图1–2–3）。

2．右手持刀，左手五指指尖轻轻按猪肉，用指背抵住刀身，用刀刃前部对准猪肉被切部位，刀体刀身的后上方向前下方推切下去，直至猪肉断开，然后刀身向右边倒下，使切断的肉片粘贴在砧板上，然后再切，刀身再次向右边倒下，使切断的肉片粘贴在上一刀切断的肉片上，依此方法，将肉切完（见图1–2–4）。

3．随着右手持刀不断地切制，左手应不断地随之后移，每次后移的距离应当相等，防止猪肉片有厚有薄（见图1–2–5）。

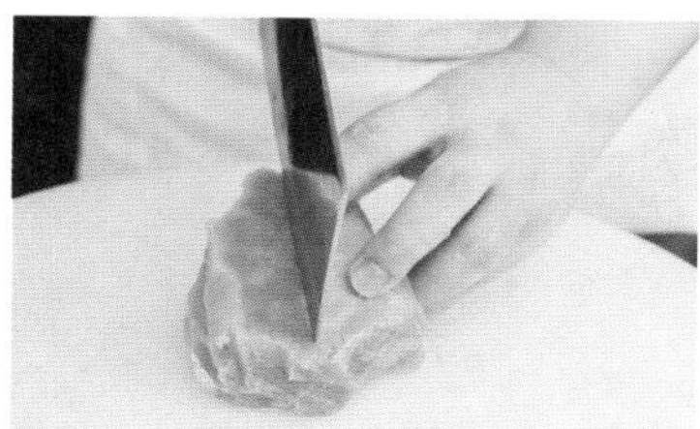

图 1–2–3　猪肉分块

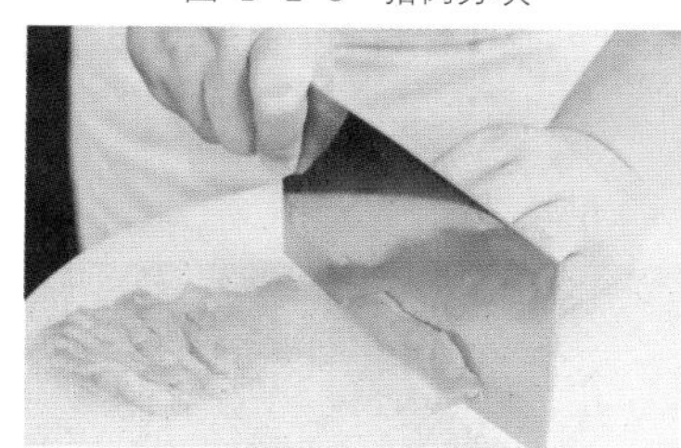

图 1–2–4　猪肉切片

图 1–2–5　推切猪肉片成品

【训练要领】

1．两手配合要协调一致，行刀要稳健有力，持刀要稳，左手要按稳猪肉。

2．右手控制刀身，使刀身与砧板始终保持垂直状态，刀刃从右后方向左前方推切下去，不可偏里或偏外。

3．要等距离地从右向左移动，否则肉片厚薄不均匀。

拉切实训案例——拉切黄瓜片

【原料配备】

新鲜黄瓜1条。

【训练流程】

选取黄瓜→将黄瓜洗净→左手按稳黄瓜→右手持刀→拉切加工黄瓜→原料成形。

扫一扫在线观看
“拉切黄瓜片”视频

【训练要求】

训练姿势正确、动作规范，坚持训练直至掌握训练要领。

【训练步骤】

1. 将黄瓜洗涤干净后放置于砧板上。用刀切去头尾老硬部分，然后将黄瓜从中间纵向一剖两瓣（见图1-2-6）。

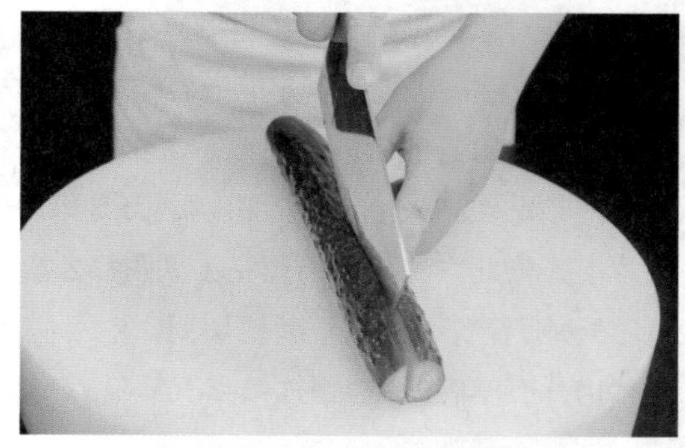
图 1-2-6　黄瓜一剖两瓣

2. 右手持刀，左手五指指尖轻轻按黄瓜，用指背抵住刀身，刀尖轻贴砧板，刀刃对准黄瓜被切部位，刀体从前至后运动，用力将黄瓜拉切断开，提起刀，再次将刀尖轻贴砧板，刀刃对准黄瓜被切部位，刀体由前至后运动，用力将黄瓜拉切断开，连续不断地重复此动作，将黄瓜按标准切完（见图1-2-7）。

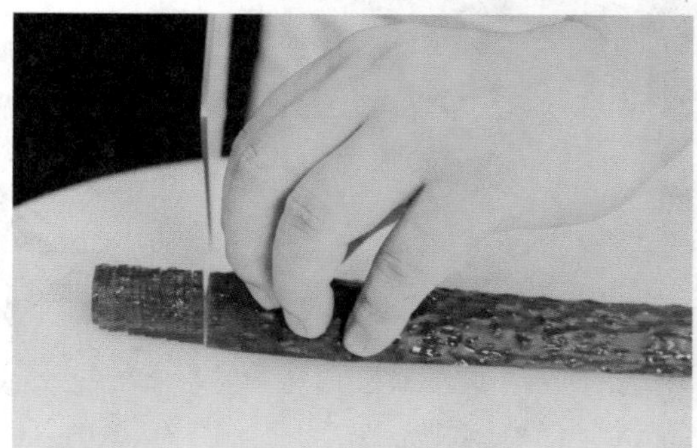
图 1-2-7　拉切黄瓜片

3. 随着右手持刀不断地切割，左手应不断地随之后移，每次后移的距离应当相等，防止黄瓜片厚薄不一致（见图 1-2-8）。

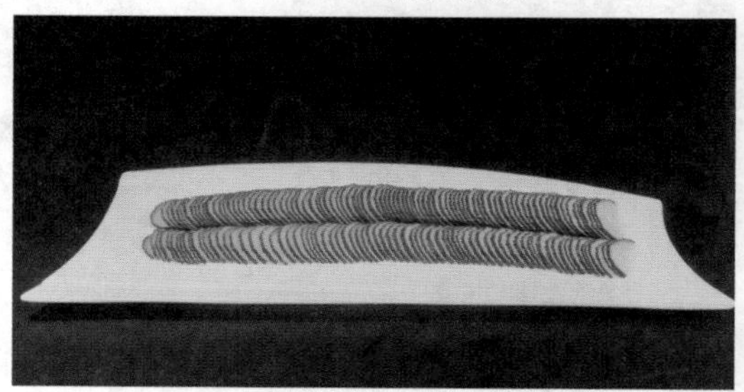
图 1-2-8　拉切黄瓜片成品

【训练要领】

1. 两手配合要协调一致，行刀要稳健有力，持刀要稳，左手要按稳黄瓜。

2. 右手控制刀身，刀体从前至后运动，不可偏里或偏外。

3. 要等距离地从右向左移动，否则黄瓜片厚薄不均匀。

推拉切实训案例——推拉切鱼肉片

【原料配备】

草鱼肉1块。

【训练流程】

选取鱼肉→将鱼肉洗净→左手按稳鱼肉→右手持刀→推拉切加工鱼肉→原料成形。

扫一扫在线观看
“推拉切鱼肉片”视频

【训练要求】

训练姿势正确、动作规范，坚持训练直至掌握训练要领。

【训练步骤】

1．将草鱼肉去骨、去皮，然后清洗干净后放在砧板上。

2．右手持刀，左手五指指尖轻轻按在鱼肉上，用指背抵住刀身，用刀刃中部对准鱼肉被切部位，刀体由上至下，前、后方向运动，间距均等，用力将鱼肉推拉切断（见图1-2-9）。刀身向右边倒下，使切断的鱼片粘贴在砧板上（见图1-2-10），然后再切，刀身再次向右边倒下，使切断的鱼片粘贴在上一刀切断的鱼片上，依此方法，将鱼肉切完。

3．随着右手持刀不断地切制，左手应不断地随之后移，每次后移的距离应当相等，防止鱼肉片厚薄不均匀（见图1-2-11）。

【训练要领】

1．两手配合要协调一致，行刀要稳健有力，持刀要稳，左手要按稳鱼肉。

2．右手控制刀身，刀体由上至下，前、后方向运动，不可偏里或偏外。

3．推拉切时，要用刀刃中部进行切配。

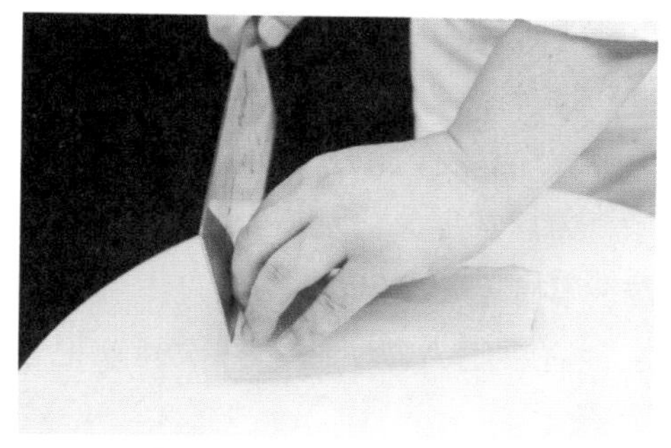

图 1-2-9　翻刀使鱼片贴砧板

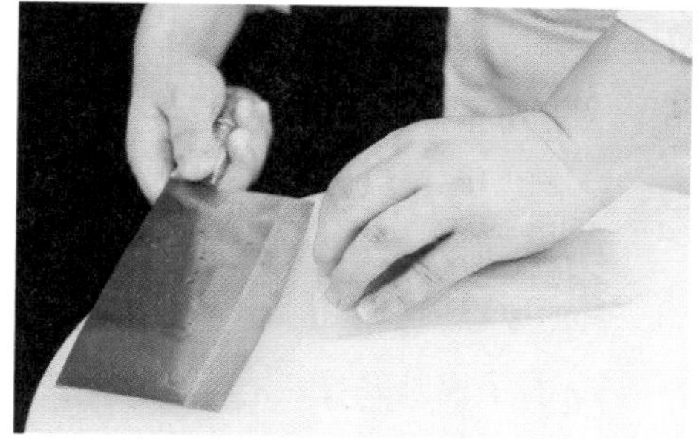

图 1-2-10　左右手配合切断鱼片

图 1-2-11　翻刀切鱼片成品

铡切实训案例——铡切花生碎

【原料配备】

熟花生仁100 g。

【训练流程】

选取熟花生仁→放在砧板上→右手握刀柄→左手按住刀背前端→刀跟刀尖交替提起压下，切压花生仁→原料成形。

【训练要求】

训练姿势正确、动作规范，坚持训练直至掌握训练要领。

扫一扫在线观看
“铡切花生碎”视频

【训练步骤】

1．将熟花生仁放在案板上。

2．右手握住刀柄，刀刃前端垂落贴近砧墩，刀后部提起，左手握在刀背的前端，刀面与身体平行，花生仁在刀刃中部下方的砧板上，右手用力压下去，一次性地把原料切断（见图1–2–12）。

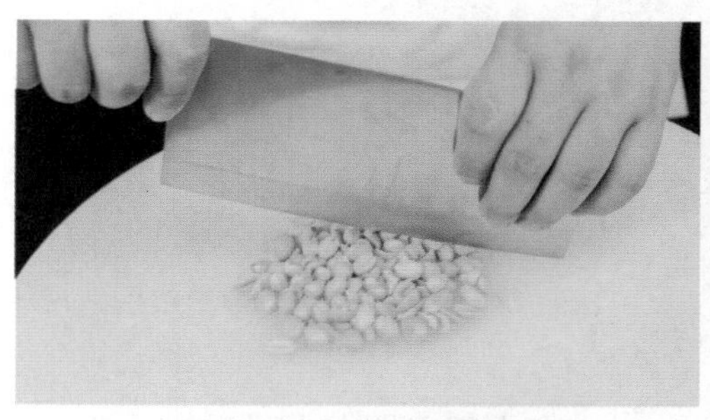
图 1-2-12　铡切标准

3．依此方法，左右手不断地协调配合，将花生仁铡切至标准碎度（见图1–2–13）。

图 1-2-13　铡切成品

【训练要领】

1．铡切原料数量不宜过多。

2．两手配合要协调一致，行刀要稳健有力，持刀要稳。

3．右手控制刀身，垂直下刀，使刀刃成直线，不可偏里或偏外。

4．铡切时，要用刀刃中部进行切压。

滚切实训案例——滚切胡萝卜

【原料配备】

胡萝卜1条。

扫一扫在线观看
“滚切胡萝卜”视频

【训练流程】

选取胡萝卜→洗涤后放在砧板上→左手按稳胡萝卜→右手持刀→滚切加工胡萝卜→原料成形。

【训练要求】

训练姿势正确、动作规范，坚持训练直至掌握训练要领。

【训练步骤】

1．将胡萝卜洗净后放在砧板上，用刀切去头尾部分。

2．右手持刀，左手五指指尖轻轻按住胡萝卜，用指背抵住刀身，刀身与胡萝卜构成约45°夹角（见图1–2–14）。

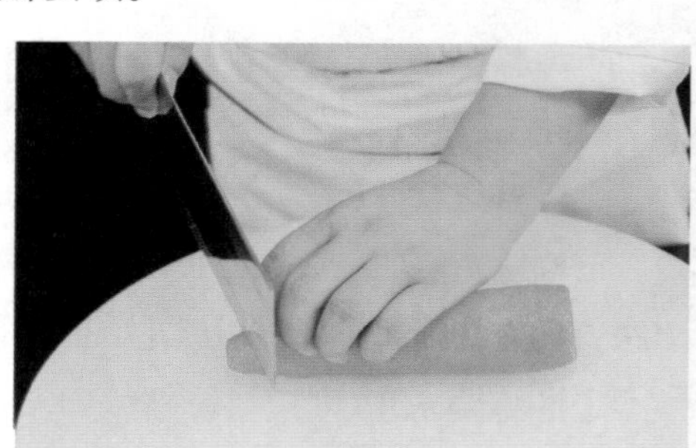
图 1-2-14　刀、手、胡萝卜位置

3．右手用刀切断原料后，左手将胡萝卜向

内滚动一次，约90°，右手再用刀切断原料（见图1–2–15）。

4. 依此方法，左右手不断地协调配合，将胡萝卜切完。

图 1-2-15 滚动切制原料

【训练要领】

1. 两手配合要协调一致，行刀要稳健有力，持刀要稳。

2. 滚切时，要用刀刃中部进行切制。

3. 要等距离地从前向后滚动，否则切出的成品大小不一。

思政小结——工匠精神的培养：厨师还有未来吗？

【小结导入】机器人“爱可”外形似一台大冰箱，它掌握中国烹饪工艺的“十八般武艺”，能顺溜地晃锅、颠勺、划散、倾倒，还能娴熟地炒、爆、煸、烧、熘等。“爱可”还内置了菜单，不管是鲁菜、川菜、粤菜，只要给它放入特制的菜料并启动，几分钟后，热气腾腾的菜肴就“出炉”了。

【思考讨论】随着机器人研发技术的不断提高，未来厨师职业会被机器人取代吗？

【分析强调】对于厨房里一些比较简单的工作，机器人也许可以取代，但厨师能够自主学习，具有创造性，所以“机器替代人”主要是替代“人干不了”“人干不好”“人不想干”的工作，并非替代厨师这一职业，我们要树立信心，刻苦学习，勇于攀登。

任务二 剁

知识储备

◎ 知识点一：剁法的定义

剁是将无骨的原料用单刀或双刀制成泥、茸、末状的一种刀法。右手拿一把刀剁原料的加工方法称单刀剁；左右手各持一把刀剁原料的加工方法称双刀剁或排剁。

◎ 知识点二：练习方法

（1）单刀剁时应将原料放在砧板中间，左手扶墩边，右手持刀，用刀刃的中前部对准原料，用力剁碎。当原料剁到一定程度时，将原料铲起归堆，再反复剁碎直至达到加工要求。

（2）双刀剁时应将原料放在砧板中央，左右两手各持一把刀，两刀之间要间隔一段距离，两刀一上一下，从左往右，再从右到左，反复剁，剁到一定程度时要翻动原料，直至原料被剁至细而均匀的泥茸状。

单刀剁实训案例——单刀剁鸡胸肉茸

【原料配备】

鸡胸肉1块（约300 g）。

【训练流程】

选取鸡胸肉→洗净鸡胸肉→放在砧板上→切成小块状→单刀剁鸡胸肉→原料成形。

扫一扫在线观看
“单刀剁鸡胸肉茸”视频

【训练要求】

训练姿势正确、动作规范，坚持训练直至掌握训练要领。

【训练步骤】

1．将鸡胸肉洗净后放在砧板中间切成小块状（见图1-2-16）。

2．左手扶砧板边缘，右手持刀，用刀刃的中前部对准鸡胸肉，用力剁碎（见图1-2-17）。

3．当鸡胸肉剁到一定程度时，将鸡胸肉铲起归堆，再反复剁碎直至鸡胸肉达到加工要求。

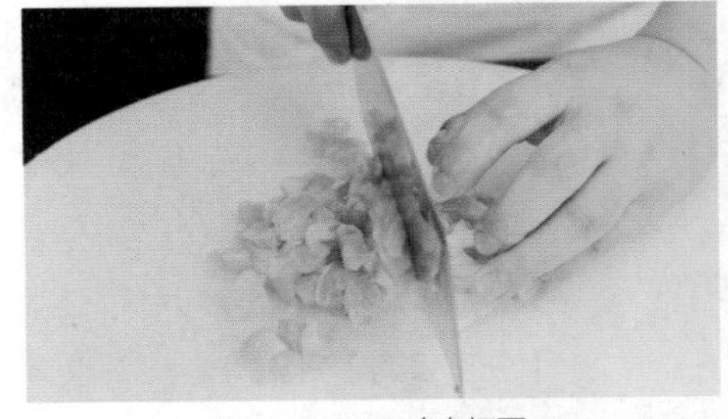

图 1-2-16　鸡肉切丁

【训练要领】

1．用手腕带动小臂上下摆动，要勤翻加工的原料，使其均匀细腻。

2．用刀要稳，富有节奏，抬手不可过高，以免原料甩出造成浪费。

3．单刀剁原料时，要用刀刃中部进行加工。

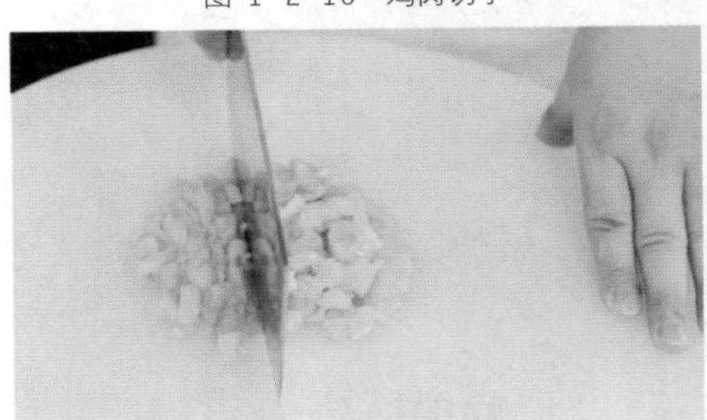

图 1-2-17　单刀剁鸡肉

双刀剁实训案例——双刀剁牛肉茸

【原料配备】

牛肉1块（约300 g）。

【训练流程】

选取牛肉→洗净牛肉→放在砧板上→切成片状→双手各持一把刀剁→原料成形。

扫一扫在线观看
“双刀剁牛肉茸”视频

【训练要求】

训练姿势正确、动作规范，坚持训练直至掌握训练要领。

【训练步骤】

1. 将牛肉洗净后放在砧板中间切成片状（见图1–2–18）。

2. 双手各持一把刀，用刀刃中前部对准牛肉被剁部位，刀体垂直，两刀之间要间隔一段距离，两刀一上一下，从左往右，再从右到左，反复排剁，剁到一定程度时要翻动原料，直至原料被剁至细而均匀的泥茸状（见图1–2–19）。

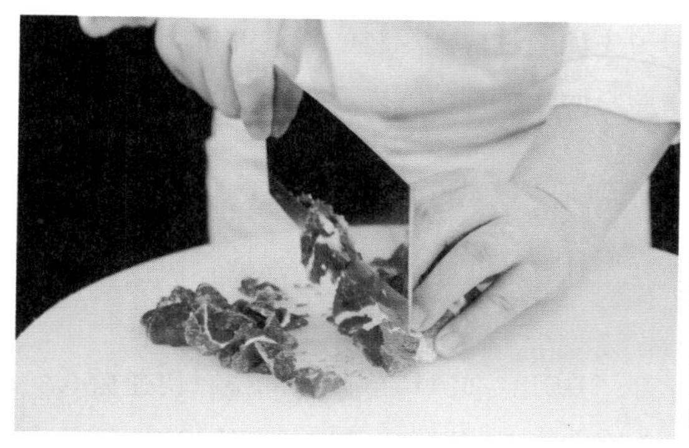

图 1–2–18　切制牛肉片

图 1–2–19　双刀剁牛肉茸

【训练要领】

1. 两手配合要协调一致，行刀要稳健有力，持刀要稳。

2. 双手控制刀身，垂直下刀，使刀刃成直线。

3. 双刀剁原料时，要用刀刃前半部进行加工。

思政小结——善观察，树榜样，向他人学习

【小结导入】子曰：三人行，必有我师焉；择其善者而从之，其不善者而改之。别人的言行举止，必定有值得我们学习的地方。选择别人好的学习，看到别人的缺点，反省自身有没有同样的缺点，如果有，加以改正。

【思考讨论】在练习刀工技术时，如何发现身边的“老师”？

【分析强调】学习刀工技能，需要善于观察，认真审视自身，找到与他人的差距。积极主动地去学、去问，才能进一步提升自己的学习能力，提升学习效果。我们身边不乏某些方面比我们优秀的人，值得我们将其树为榜样。

任务三　砍

知识储备

◎ 知识点一：砍法的定义

砍是用较大的力度由上至下垂直运动，以断开粗大或坚硬的原料的运刀刀法。根据不同的操作方式，砍可分为直刀砍、跟刀砍和拍刀砍三种。直刀砍是将刀对准要砍原料的某一部位，用力一刀将原料砍断的砍法；跟刀砍是将刀刃先稳嵌进待砍原料的相关部位，而后刀与原料一起起落的砍法；拍刀砍是将刀刃对准要砍原料的相关部位，左手举起，用掌心或掌跟拍击刀背，使原料断开。

◎ 知识点二：练习方法

（1）直刀砍练习时左手扶稳原料，右手持刀，刀刃对准原料被砍的部位，快速砍入，紧嵌在原料内部，一刀将原料砍断。

（2）跟刀砍练习时左手扶稳原料，右手持刀，刀刃对准原料待砍的部位，快速砍入，紧嵌在原料内部。左手持原料并与刀同时举起，用力向下砍断原料，刀与原料同时落下。

（3）拍刀砍练习时左手扶稳原料，右手持刀，刀刃对准原料待砍的部位。左手离开原料并举起，用掌心或掌跟拍击刀背，使原料断开。

直刀砍实训案例——直刀砍排骨

【原料配备】

排骨2条（约400 g）。

【训练流程】

选取排骨→洗净排骨→放在砧板上→左手扶稳排骨→右手持刀→对准要砍部位，直刀砍排骨→原料成形。

扫一扫在线观看
“直刀砍排骨”视频

【训练要求】

训练姿势正确、动作规范，坚持训练直至掌握训练要领。

【训练步骤】

1．将排骨洗净后放在砧板中间，用刀将两条相连的排骨割开（见图1–2–20）。

2．左手扶稳排骨（要离刀点远一点，以防伤手），右手持刀，将刀举起，刀刃对准排骨待砍的部位，快速砍入，将排骨砍断（见图 1–2–21）。

3．依此方法，左右手不断地协调配合，将排骨砍完。

图 1-2-20　分开排骨

图 1-2-21　砍断排骨

【训练要领】

1. 落刀要有力、准确，尽量不重刀，将原料一刀砍断。

2. 右手控制刀身，垂直下刀，使刀刃成直线，不可偏里或偏外。

3. 直刀砍时，要用刀刃后半部（刀跟）进行砍制。

4. 要使用砍刀操作，不要选用切刀、片刀等。

跟刀砍实训案例——跟刀砍猪手

【原料配备】

猪手1条（约450 g）。

扫一扫在线观看
“跟刀砍猪手”视频

【训练流程】

选取猪手→左手扶稳原料→右手持刀，对准待砍部位→运用跟刀砍加工猪手→原料成形。

【训练要求】

训练姿势正确、动作规范，坚持训练直至掌握训练要领。

【训练步骤】

1. 将猪手洗净后，放在砧板中间。

2. 左手扶稳猪手，右手持刀，刀刃对准猪手待砍的部位，用力切入，使刀嵌在猪手内部（见图 1-2-22）。左手持猪手并与刀同时举起，刀与猪手同时落下，将待砍部分砍开。用同样的方法将猪手劈开成两半（见图 1-2-23）。

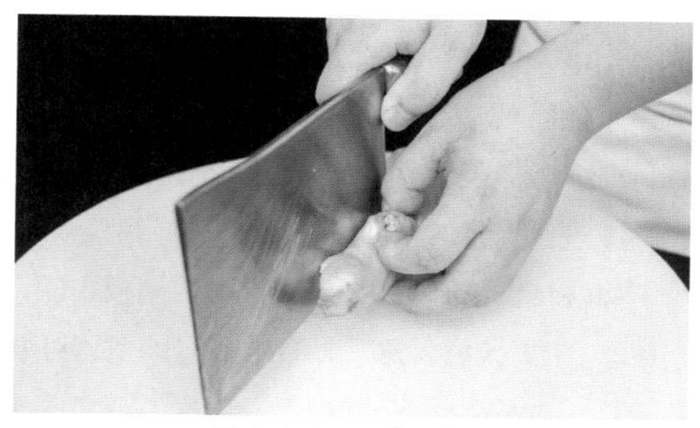
图 1-2-22　刀嵌入猪手

3. 将劈开的猪手取一边放在砧板上，刀刃对准猪手待砍的部位，用力切入，使

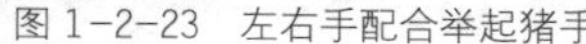
图 1-2-23　左右手配合举起猪手

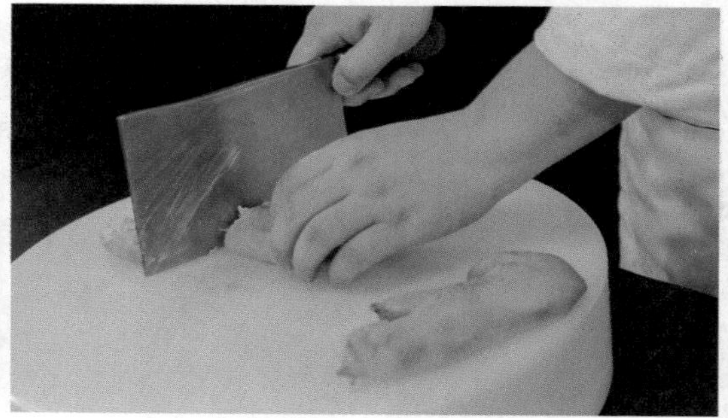
图 1-2-24　砍断猪手

刀嵌在猪手内部。左手持猪手并与刀同时举起，刀与猪手同时落下，将待砍部分砍开（见图1-2-24）。

4．依此方法，左右手不断协调配合，将猪手砍完。

【训练要领】

1．双手要紧密配合，左手握住原料，右手执刀，两手同时举起，落刀时左手应该离开原料；刀刃紧嵌原料，不能脱落，避免砍空和伤手。

2．一刀未砍断时，可连续再砍，直至砍断原料，当只有一点筋或皮相连时，可以直接切断。

3．跟刀砍时，要用刀刃后半部砍。

拍刀砍实训案例——拍刀砍卤鸭头

【原料配备】

卤鸭头2个。

【训练流程】

选取卤鸭头→左手扶稳原料→右手持刀，对准待砍部位→左右掌心拍击刀背→原料成形。

扫一扫在线观看
“拍刀砍卤鸭头”视频

【训练要求】

训练姿势正确、动作规范，坚持训练直至掌握训练要领。

【训练步骤】

1．将选好的卤鸭头放在干净的砧板中间。

2．左手扶稳卤鸭头，右手持刀，刀刃对准待砍的部位，用力切入鸭头（见图1-2-25）。

3．左手离开鸭头并举起，用掌心或掌跟拍击刀背，使鸭头断开（见图1-2-26）。

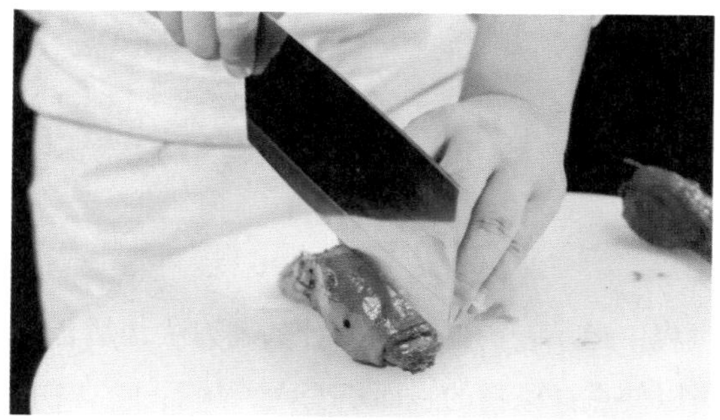

图 1-2-25　刀切入鸭头

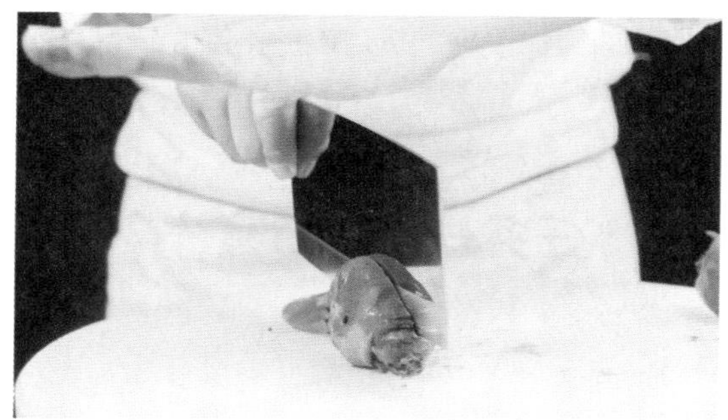

图 1-2-26　左手拍击刀背

【训练要领】

1. 落刀部位要对准，用力大小要恰当。过重，则原料易跳动散开，汁液流失；过轻，则不能砍断原料或砍开的原料出现偏大或偏小的形状。

2. 若未能将原料一刀砍断开，则连续拍击刀背，直至原料完全断开。

3. 拍刀砍时，要用刀刃中间部位进行。

思政小结——坚定持之以恒的信念

【小结导入】三百六十行，行行出状元。无论从事什么职业，都能做出成绩，成为这一行的专家、能人。再平凡的职业，只要用心去做，定会在平凡中感受到伟大，在辛苦中体会到幸福。

【思考讨论】厨师这一职业平凡而辛苦，如何才能在职业道路上取得卓越的成就呢？

【分析强调】想当“状元”，可非易事。要想在厨师行业做出成绩，成为厨师的楷模，就需要在本职工作中坚定持之以恒的信念，努力上进，发奋图强，刻苦专研。必须树立干一行爱一行的态度，把自己的专业技术学好、学精。

项目三　平刀法

平刀法是刀工处理过程中运用较为广泛的一种基础刀法，适合各类软性、脆性、韧性的烹饪原料，运用此刀法可以使烹饪原料的表面积变大，从而使原料用途更加广泛。

平刀法又称平刀批，指运刀时刀身与砧板基本呈平行状态的运刀法。适用于无骨的韧性原料、软性原料或者煮熟回软的脆性原料。按运刀的不同手法，可分为平刀直片、推刀片、拉刀片、推拉刀片等。

任务一　平刀直片

知识储备

◎ 知识点一：平刀直片的定义

平刀片，指将原料平放在菜墩上，刀身与菜墩面平行，刀刃从原料的右端一刀平片至左端断料。适用于无骨、软性、细嫩的原料，如豆腐、凉粉、鸭血、猪血等。

◎ 知识点二：练习方法

训练时应将原料放置在靠近操作者身体的砧板边缘处，左手伸直顶住原料，右手持刀端平，用刀的中前部开始片进原料，刀从右方向左片进原料，片断。

实训案例——平刀直片鸭血

【原料配备】

鸭血1块。

【训练流程】

选取鸭血→放在砧板上→左手伸直顶住原料→右手持刀→刀身放平，与砧板几乎平行→刀刃片进鸭血→从右向左平行运动→原料成形。

扫一扫在线观看“平刀直片鸭血”视频

【训练要求】

训练姿势正确、动作规范，坚持训练直至掌握训练要领。

【训练步骤】

1. 将鸭血放置案板上，根据烹调需要改刀成大小适中的块（见图1-3-1）。

2. 左手手指并拢伸直，顶住原料的左侧，右手持刀，刀身端平，对准鸭血上端待片的部位，刀从右向左水平直线运动，将鸭血片断（见图1-3-2）。

3. 依此方法，左右手不断地协调配合，将鸭血片完。

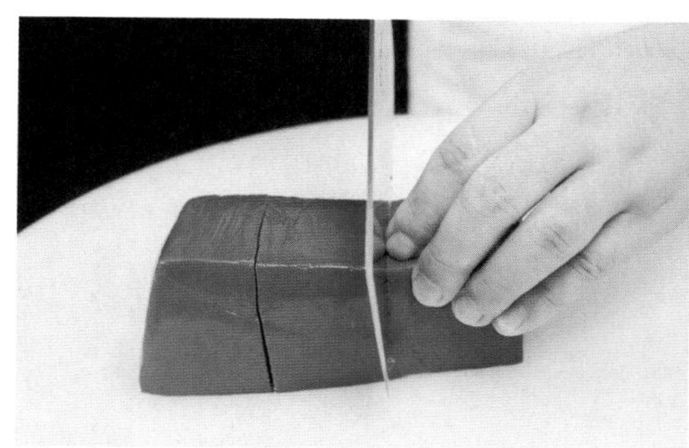

图 1-3-1　鸭血切块

图 1-3-2　直片鸭血

【训练要领】

1. 刀身端平，刀在运动时，刀膛下面要紧贴原料。

2. 从右向左运动，使片下的原料形状均匀一致。

3. 平刀直片时，要用刀刃中部进行片。

思政小结——没有理想信念，就会导致精神上“缺钙”

【小结导入】理想指引人生方向，信念决定事业成败。没有理想信念，就会导致精神上“缺钙”。中国梦是全国各族人民的共同理想，也是青年一代应该牢固树立的远大理想。中国特色社会主义是我们党带领人民历经千辛万苦找到的实现中国梦的正确道路，也是广大青年应该牢固确立的人生信念。

——习近平主席在同各界优秀青年代表座谈时的讲话（2013年5月4日）

【思考讨论】结合在刀工训练过程中的心得体会，谈谈对“没有理想信念，就会导致精神上‘缺钙’”这句话的理解。

【分析强调】掌握刀工技能需要付出巨大的努力，努力的背后需要“理想信念”来支撑，“理想信念”给我们的学习指明方向，也决定着学习的成败。烹调技术是中华优秀传统文化的重要组成部分，继承和弘扬烹调技术是我们义不容辞的责任。

任务二　推刀片

知识储备

◎ 知识点一：推刀片的定义

推刀片又称推刀批，刀与砧板面保持平行，刀从右后方向左前方运动，将原料一层层片开。这种刀法主要用于把原料加工成片的形状，适用于榨菜、土豆、冬笋、生姜等原料。在片的形状基础上，运用其他刀法可加工成丝、条、丁、粒等形状。推刀片又分为上片法和下片法两种。上片法是在原料上端起刀片进原料，将原料一层层地片开，将片好的原料放置在墩面里侧与被片原料保持一定的距离。下片法是在原料的底端起刀，平刀推片，将原料一层层地片开。

◎ 知识点二：练习方法

（1）上片法练习方法是左手扶按原料，右手持刀，用刀刃的中前部对准原料上端待被片部位，刀从右手方向左前方片进原料。原料片开之后，将片下的原料贴在墩面上，如此反复推片。

（2）下片法练习方法是在原料的底端起刀，平刀推片，将原料一层层地片开。

上片法实训案例——平刀上推片生姜

【原料配备】

鲜姜2小块。

扫一扫在线观看
“平刀上推片生姜”视频

【训练流程】

选取生姜→放在砧板上→左手按扶生姜→右手持刀→刀身放平，与砧板几乎平行→刀刃片进生姜→向左前方推动→原料成形。

【训练要求】

训练姿势正确、动作规范，坚持训练直至掌握训练要领。

【训练步骤】

1．将鲜姜放置于案板上。

2．左手扶按稳鲜姜，右手持刀，大拇指和食指放在刀面，左手食指指尖顶住刀刃边缘，用刀将鲜姜周围修整好，平放在砧板上，确保鲜姜不能晃动（见图1–3–3），用刀刃的中前部对准原料上端待被片的位置，刀从右手方向左前方片进原料（见图1–3–4）。

3．原料片开之后，将片下的原料贴在墩面上，如此反复推片，直至完成。

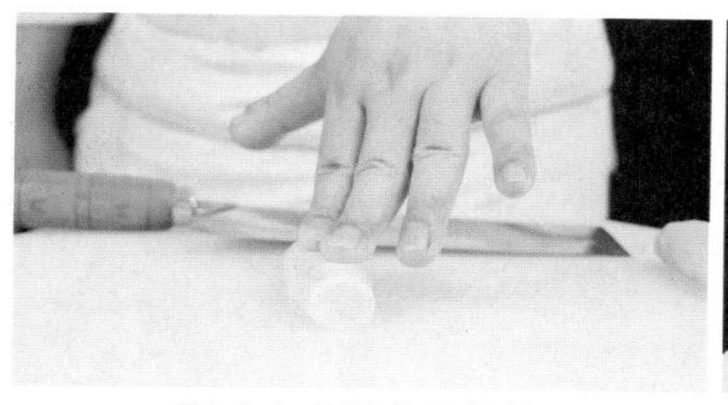
图 1-3-3　放置生姜（不晃动）

图 1-3-4　上推片手法

【训练要领】

1. 刀身端平，刀在运动时，刀膛下面要紧贴原料。
2. 从右手方向左前方运动，使片下的原料形状均匀一致。
3. 平刀推片时，要用刀刃前部进刀。

下片法实训案例——平刀下推片里脊

【原料配备】

里脊肉1块（约200 g）。

扫一扫在线观看
“平刀下推片里脊”视频

【训练流程】

选取里脊肉→洗净→左手扶按里脊肉→右手持刀，端平→刀刃前部片进肉中→刀刃由右向左前方运动→原料成形。

【训练要求】

训练姿势正确、动作规范，坚持训练直至掌握训练要领。

【训练步骤】

1. 将里脊肉清洗干净后放在砧板右侧，将里脊肉切成大小适中的块，左手扶按里脊肉，右手持刀并将刀端平（见图1-3-5）。

2. 用刀刃的前部对准原料将片的位置，刀刃推拉切入原料中（见图1-3-6），再用力推片开原料，将未片的原料放在一侧。

3. 用刀刃的前部将原料的一端挑起，用左手两个手指按住里脊肉，将里脊肉疏平展开，使里脊肉贴在砧板上（见图1-3-7）。

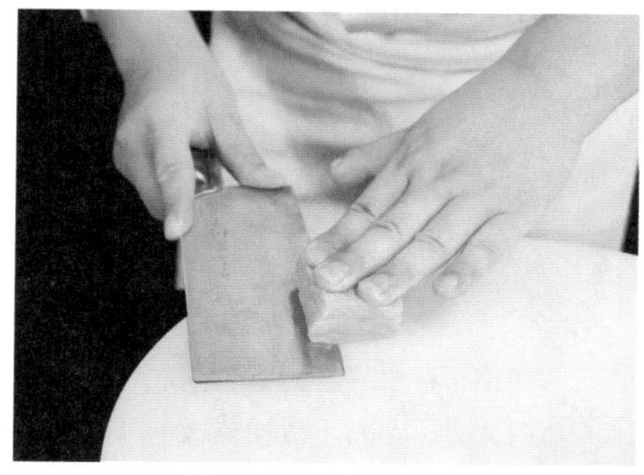
图 1-3-5　左右手配合标准

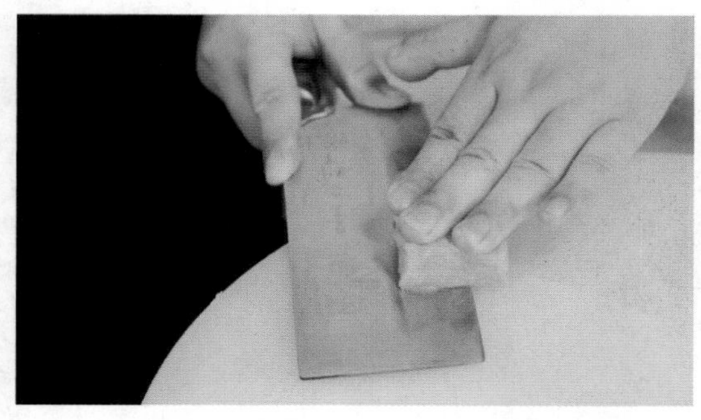
图 1-3-6　片制肉片

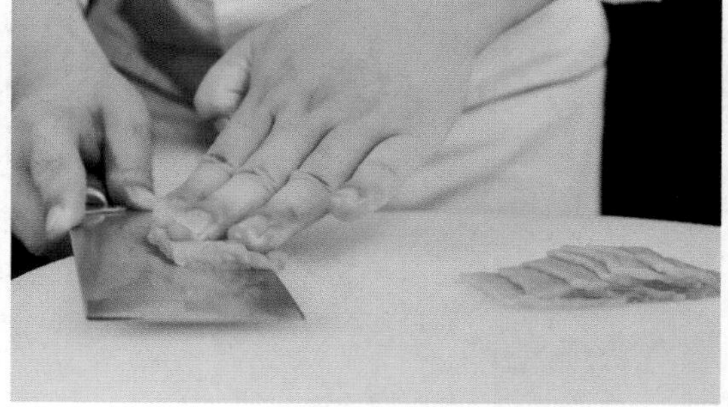
图 1-3-7　整齐摆放好的肉片

【训练要领】

1. 肉片的大小、厚薄，符合菜肴的标准。
2. 两手配合要协调一致，行刀要稳健有力，持刀要稳，左手要按稳里脊肉，防止滑动。
3. 刀片进里脊肉后，左手向下压力，刀在运行时用力要充分，尽可能将原料一刀片开。
4. 下推片里脊肉时，要用刀刃前中部进行片。

思政小结——纸上得来终觉浅，绝知此事要躬行

【小结导入】实践是检验真理的唯一标准。在实际学习中发现问题所在，才能以问题为导向，找差距补短板。鲁迅先生曾说：专读书也有弊病，所以必须和现实社会接触，使所读的书活起来。丰富的知识储备，只有在实践中发挥作用，才能避免纸上谈兵。

【思考讨论】学习烹调技术能否将烹调理论知识与烹调技术割裂开来？为什么？

【分析强调】实干兴邦，空谈误国。在学习各类烹调技术的过程中，要用学到的相关知识指导实践，做到“外化于行”，不断提高学以致用的本领，实实在在练技术，争做一名优秀的高素质技能型人才。

任务三　拉刀片

知识储备

◎ 知识点一：拉刀片的定义

拉刀片是将原料平放在菜墩上，刀身与菜墩平行，刀刃后端从原料的右上角平行进刀，然后由右向左将刀刃推入，运刀时向后拉动片断原料的刀法。拉刀片适合加工无骨韧性的原料，如猪腰、鸡胸肉、鱼肉、莴笋、蘑菇等。

◎ 知识点二：练习方法

将原料平放在砧板右侧，用刀刃的后部对准原料待片位置，刀身平着从左前方向右后方运动，着力点在刀的前端，用力将原料片开，被片下的片粘贴在刀膛上，移动刀至砧板左侧，左手将粘贴在刀膛上的片推下，放置在砧板左侧，反复练习直到熟练。

实训案例——平刀拉片莴笋

【原料配备】

去皮、切成8 cm长的莴笋段2节。

扫一扫在线观看“平刀拉片莴笋”视频

【训练流程】

选取莴笋段→修整→平放在砧板上→左手指按在莴笋上→右手持刀，端平→刀刃对准外脊肉待被片的部位→刀刃从左前方向右后方运动→片开莴笋→原料成形。

【训练要求】

训练姿势正确、动作规范，坚持训练直至掌握训练要领。

【训练步骤】

1. 将莴笋放在砧板上进行修整，修整后平放在砧板右下侧，左手按住莴笋，右手持刀，用大拇指和食指放在刀面上，左手食指顶住刀刃的边缘，用刀刃的后部对准莴笋待被片的部位（见图1-3-8）。

2. 刀从左前方向右后方运动，用力将莴笋片开。

3. 原料片开之后，将片下的原料贴在砧板面上，如此反复拉片，直到完成（见图1-3-9）。

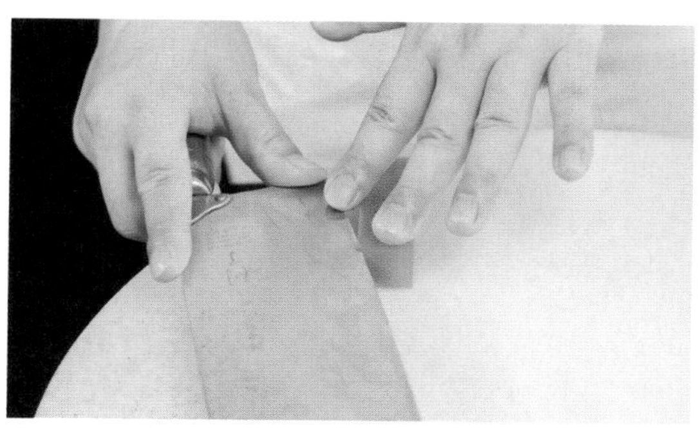

图 1-3-8　拉刀法手法

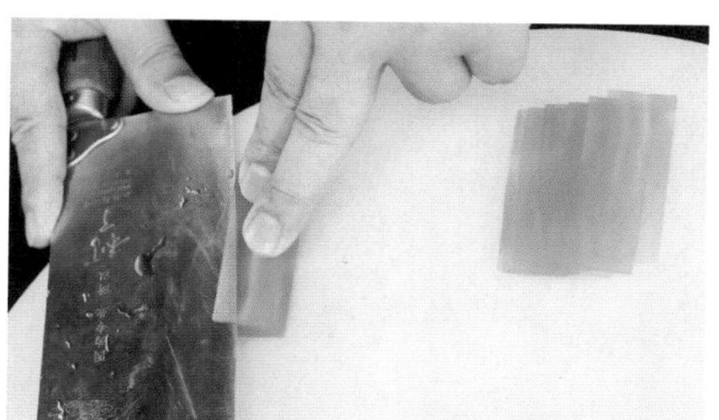

图 1-3-9　莴笋片整齐摆放

【训练要领】

1. 莴笋要按稳，防止滑动。

2．刀在运行时用力要充分，原料未被一刀片开时，可继续拉片，直至将原料完全片开为止。

3．平刀拉片莴笋时，要用刀刃前中后部进行拉片。

思政小结——学而不思则罔

【小结导入】在追求上进的道路上，学习、实践和思考是一个循环往复的过程，三者关系密切，缺一不可。爱迪生热爱学习，对好奇的事物喜欢亲自试验，一次次的失败并没有让他停止研究，通过不断思考、总结和尝试，最终成为举世闻名的“发明大王”。

【思考讨论】在学习烹调技术的过程中，需要学习爱迪生身上的哪些品质？为什么？

【分析强调】在学习和实践烹调技术的过程中，应懂得反思总结，举一反三，才能为实践活动提供更好的理论指导，为提高学以致用的本领打牢基础，切实提高综合能力。

任务四　推拉刀片

知识储备

◎ 知识点一：推拉刀片的定义

推拉刀片又称锯片，是推刀片与拉刀片混合使用的刀法，适用于面积较大、韧性强、筋较多的原料，如牛肉、猪肉等，还适用于脆嫩的植物性原料，如白萝卜、莴笋、茭白等。

◎ 知识点二：练习方法

先将原料放在砧板右侧，左手按稳原料，右手持刀，先用平刀推片的方法片进原料。然后运用平刀拉片的方法继续片料，将平刀推片和平刀拉片动作连贯起来，反复推拉，直至原料全部断开为止。

实训案例——平刀推拉片牛肉

扫一扫在线观看
“平刀推拉片牛肉”视频

【原料配备】

牛肉1块（约200 g）。

【训练流程】

选取牛肉→平放在砧板上→左手按在牛肉上→右手持刀，端平→

刀刃对准牛肉待被片的部位→运用平推拉刀片处理原料→原料成形。

【训练要求】

训练姿势正确、动作规范，坚持训练直至掌握训练要领。

【训练步骤】

1. 将洗净的牛肉放在砧板右下侧，左手三个手指按住牛肉，右手持力，大拇指和食指放在刀面上，左手食指顶住刀刃的边缘，先用平刀推片的方法，起刀片进牛肉中（见图1-3-10）。

2. 将平刀推片和平刀拉片动作连贯起来，反复推拉，直至牛肉全部断开（见图1-3-11）。

3. 原料片开之后将片下的原料贴在墩子面上，如此反复推拉片，直到片完牛肉。

图 1-3-10　推拉切手法

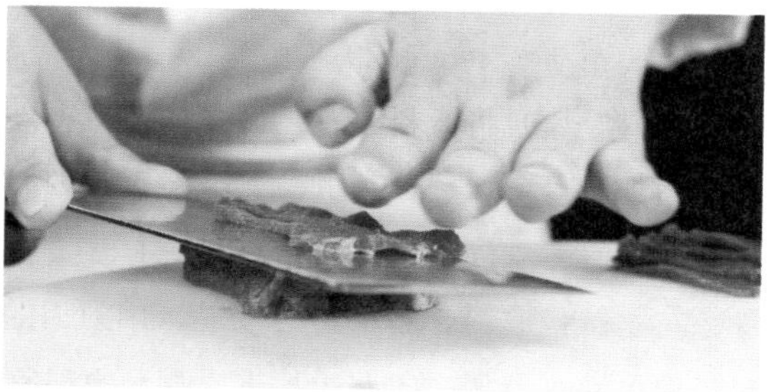

图 1-3-11　反复推拉、摆放牛肉片

【训练要领】

1. 掌握平刀推片和平刀拉片的刀法，再将这两种刀法连贯起来。

2. 将牛肉用手压实并扶稳。

思政小结——精益求精的工匠精神

【小结导入】“精益求精”是“工匠精神”的核心，一个人之所以能够成为“工匠”，就在于他对产品品质的追求。他不惜花费大量时间和精力，反复改进产品，努力把产品的品质从99%提升到99.9%，再提升到99.99%。对于“工匠”来说，产品的品质只有更好，没有最好。

【思考讨论】请结合“推拉刀片”训练谈谈如何才能做到“精益求精”。

【分析强调】作为职业院校的学生，应树立和弘扬精益求精的工匠精神，不断改进学习方法中存在的不足，一点一点积累，一步一步推进，保质保量完成各项学习任务，坚持做什么都要做到最好，从而实现从量变到质变的飞越。

任务五　滚料片

知识储备

◎ 知识点一：滚料片的定义

滚料片又称滚料批，指左手扶住原料不断滚动，右手拿刀，刀面与砧板平行，将原料滚切成大片状。在具体操作中，滚料片又可以分成滚料上片法和滚料下片法。滚料上片法是指在滚切时，从原料的上部开始片的方法。滚料下片是指在滚切时，从原料的下部开始片的方法。滚料片法主要适用于圆形或圆柱形原料的加工。

◎ 知识点二：练习方法

滚料上片时将原料放置于砧板右下侧，左手扶稳原料，右手持刀与砧板面平行，用刀刃的中前部位对准原料被片的位置，左手将原料向右滚动，随原料的滚动向左运行片进原料，刀与原料的运动同步进行，直至将原料表皮全部片下。滚料下片时将原料放置于砧板中心位置，左手扶稳原料，右手持刀端平，用刀刃的前中部位对准原料被片的位置，用左手将原料向左边滚动，刀随之向左边片进，直至原料完全片开。

滚料上片实训案例——平刀滚料上片黄瓜皮

【原料配备】

黄瓜1条。

【训练流程】

选取黄瓜→平放在砧板上→修整→左手按扶黄瓜→右手持刀，端平→刀刃对准待片的部位→运用平刀滚料上片法处理原料→原料成形。

扫一扫在线观看
“平刀滚料上片黄瓜皮”视频

【训练要求】

训练姿势正确、动作规范，坚持训练直至掌握训练要领。

【训练步骤】

1．选取粗细均匀、形直的黄瓜放在砧板上，用刀切成6~8 cm的段（见图1–3–12）。

2．黄瓜段放在砧板右下侧，右手持刀与砧板面平行，大拇指和食指压在刀面上，用刀刃中前部对准黄瓜待被片部位（见图1–3–13）。

3．左手将黄瓜向右滚动，刀随黄瓜的滚动向左推拉运行片进黄瓜中，刀与黄瓜同步运行，直至将黄瓜皮全部片下（见图1–3–14）。

图 1-3-12　切黄瓜段

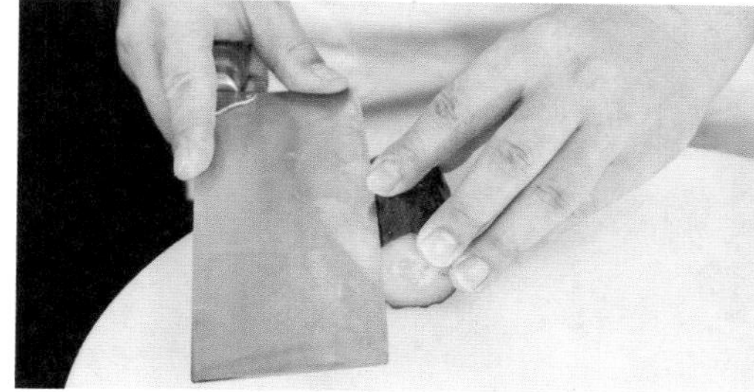

图 1-3-13　滚料上片手法

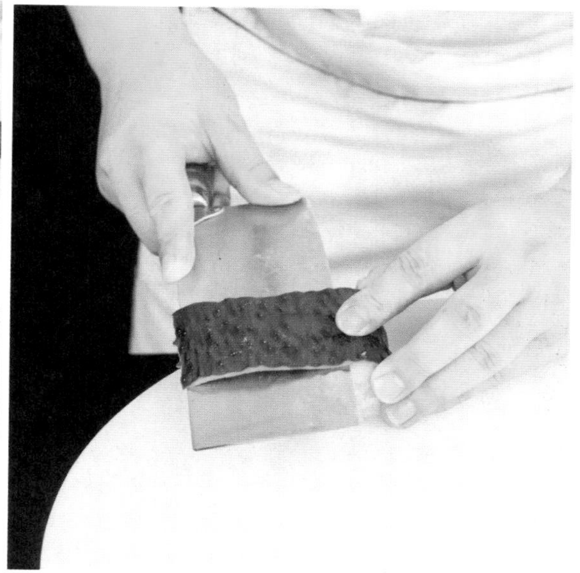

图 1-3-14　按标准滚切黄瓜皮

【训练要领】

1. 刀要端平，不可忽高忽低，否则容易将黄瓜中途片断，影响成品规格。

2. 刀推进的速度要与黄瓜滚动速度保持一致。

3. 滚料上片黄瓜时，要用刀刃前中部进行片制。

滚料下片实训案例——平刀滚料下片卤鸭心

【原料配备】

卤鸭心300 g。

【训练流程】

选取卤鸭心→平放在砧板上→左手按扶卤鸭心→右手持刀，端平→刀刃对准待片的部位→将卤鸭心向左滚动，同时刀刃向左片进鸭心→原料成形。

扫一扫在线观看
“平刀滚料下片卤鸭心”视频

【训练要求】

训练姿势正确、动作规范，坚持训练直至掌握训练要领。

【训练步骤】

1. 将卤鸭心放在干净的熟食砧板上。

2. 取一个鸭心放在砧板右下侧，左手扶按卤鸭心，右手持刀，端平。用刀刃中前部对准卤鸭心待被片位置（见图1-3-15）。

3．左手将卤鸭心向左边滚动，刀随之向左片进卤鸭心，直至将卤鸭心全部片下（见图1-3-16）。

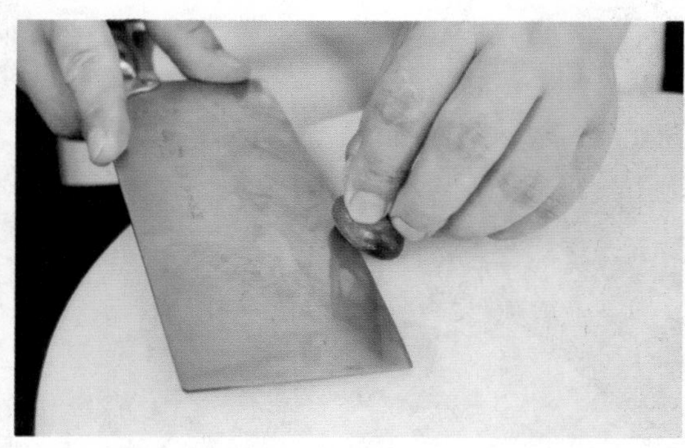

图 1-3-15　滚料下片手法

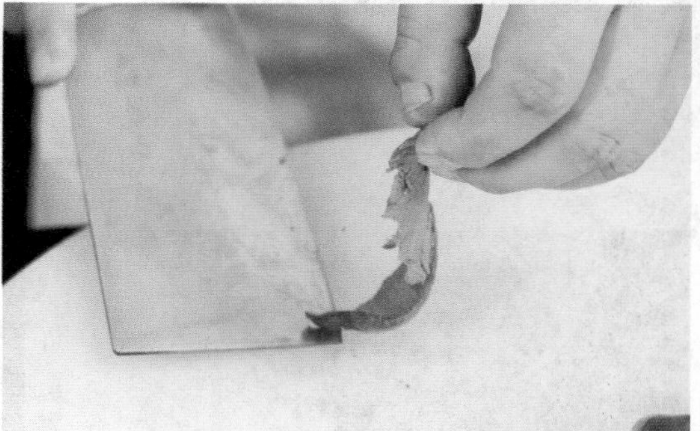
图 1-3-16　滚料下片成品

【训练要领】

1．刀膛与砧板始终保持平行，刀在运行时不可忽高忽低，否则会影响成品的质量和规格。

2．滚料下片时，要用刀刃前中部进行片制。

思政小结——习近平主席的“奋斗幸福观”

【小结导入】习近平主席在多个场合强调“幸福都是奋斗出来的”，“奋斗本身就是一种幸福”，“新时代是奋斗者的时代”。可以说，这是习近平主席的“奋斗幸福观”，是习近平新时代中国特色社会主义思想最简明最通俗的表达形式，是对广大人民群众参与民族复兴大业、实现中国梦最有力的动员。

——《习近平主席的“奋斗幸福观”》（《学习时报》2018年3月28日）

【思考讨论】请结合在训练“滚料片”时的感受谈谈对习近平主席“奋斗幸福观”的理解。

【分析强调】习近平新时代中国特色社会主义思想以人民为中心，“奋斗幸福观”正是着眼千千万万普通人。为幸福而奋斗，在奋斗中谋幸福，是“奋斗幸福观”的逻辑支点和理论核心。要把奋斗精神融于岗位、融于日常、融于人生。

项目四　斜刀法

斜刀法指运刀时刀身与菜墩平面成斜角的一类刀法，它能使体薄的原料成形时增大表面或美化形状。按运刀的不同手法，又分为正斜刀法和反斜刀法两种。

任务一　正斜刀片

知识储备

◎ 知识点一：正斜刀片的定义

正斜刀法是指刀面与砧板斜角小于90°，刀背向外偏右，刀刃向里偏左。正斜刀片法常用于将软性、韧性原料加工成片状，适用于鱼肉、猪腰、鸡胸肉、猪肚等。

◎ 知识点二：练习方法

将待片的原料放在砧板内侧，左手手指伸直按压在原料表面，右手持刀，用刀刃的中后部对准原料待片位置，刀刃自左前方向左后方运动，将原料片开，原料断开后，随即左手指继续按压片断的原料，与刀一起带动已片开的原料向左后方移动，使原料离开刀面。

正斜刀片实训案例——正斜刀片斑鱼

【原料配备】

去皮、去骨的斑鱼肉1条。

扫一扫在线观看“正斜刀片斑鱼”视频

【训练流程】

选取斑鱼肉→放在砧板上→左手按扶斑鱼肉→右手持刀（刀背向右、刀口向左，刀身与菜墩面成锐角）→刀刃中后部片进→刀刃自左前方向左后方运动→原料成形。

【训练要求】

训练姿势正确、动作规范，坚持训练直至掌握训练要领。

【训练步骤】

1．斑鱼肉放在砧板内侧，左手指伸直并扶按在斑鱼肉上，右手持刀，刀背向右倾斜，用刀刃的中后部对准斑鱼肉待片位置（见图1-4-1）。

2．刀由外向内运动，将斑鱼肉片开，斑鱼肉断开后，随即左手指继续按压片断的鱼片，与刀一起带动已片开的原料，使原料离开刀贴在砧板上。如此反复，直到片完（见图1-4-2）。

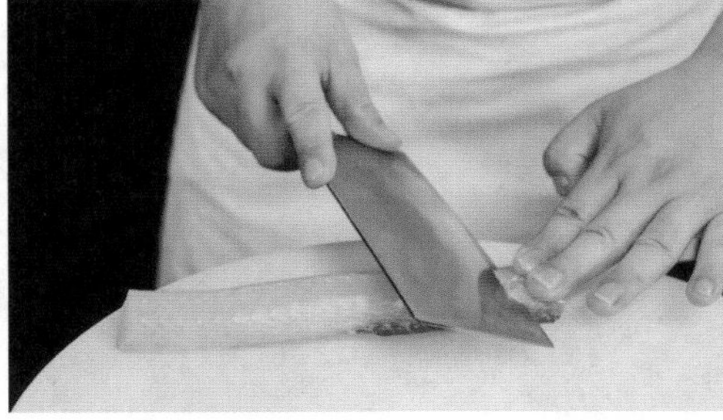

图 1-4-1　正斜刀片手法

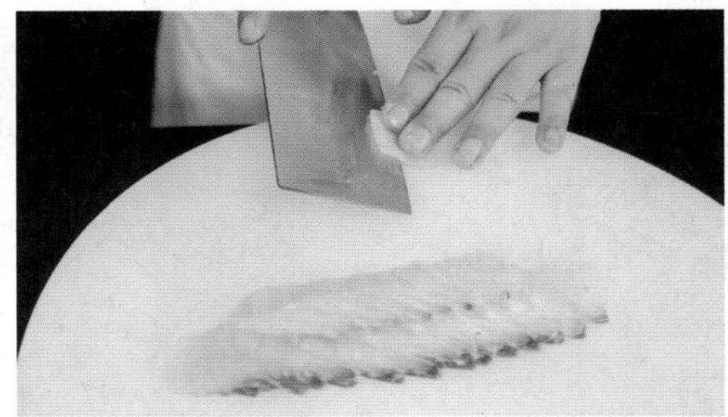

图 1-4-2　正斜刀片切制与摆放

【训练要领】

1．刀在运动时，刀膛下面要紧贴原料，避免粘连或滑动。

2．右手稳稳地控制刀的斜度和方向，随时纠正运刀中的误差。

3．正斜刀片原料时，要采用刀刃中后部进刀。

思政小结——个人发展离不开学习与创新

【小结导入】鲁迅学贯古今，阅读了大量的优秀著作，不断更新写作思想，笔下的文字如利矛直指要害，篇篇都是经典。每当别人问他文章写得好的秘诀是什么，他的回答都是“学习”。

【思考讨论】为什么世界上最忙碌的人会倾注他们最宝贵的资源——时间，用来学习?

【分析强调】知识爆炸、信息的急剧增长、职业的加速转换，使学习已经成为一种保障社会和人可持续发展的核心因素。企业的发展离不开学习与创新，产品质量的提升离不开学习与创新，个人的发展更离不开学习与创新。大家要树立终生学习意识与持续学习的习惯。

任务二　反斜刀片

知识储备

◎ 知识点一：反斜刀片的定义

反斜刀法是指刀面与砧板斜角大于90°，刀背向操作者略偏左，刀刃朝外略偏右。适用于将脆性、韧性的原料加工成片或斜刀块，适用于西芹、黄瓜、茭白等。

◎ 知识点二：练习方法

练习反斜刀片时，左手扶按原料，中指第一关节微曲，并顶住刀膛，右手持刀，刀身倾斜，用刀刃的中前部对准原料待被片位置，刀刃从右后方向右前方斜片，使原料断开。

反斜刀片实训案例——反斜刀片西芹

【原料配备】

西芹4条（约230 g）。

扫一扫在线观看
“反斜刀片西芹”视频

【训练流程】

选取西芹→放在砧板上→左手按扶西芹条→右手持刀（刀背向左、刀口向右，刀身与菜墩面成锐角）→刀刃中后部片进西芹→刀刃从右后方向右前运动→原料成形。

【训练要求】

训练姿势正确、动作规范，坚持训练直至掌握训练要领。

【训练步骤】

1．取两条西芹放在砧板内侧，左手指呈蟹爬形按稳原料。右手持刀，大拇指和食指压在刀面，刀背向左、刀口向右，刀身与砧板面成锐角，用刀刃的前中部对准西芹被片位置（见图1-4-3）。

图 1-4-3　反斜刀片手法

2．刀由内向外运动，将西芹片开。原料断开后，带动已片开的原料向右前方移动，翻动刀使西芹离开刀面。如此反复，直到片完（见图1–4–4）。

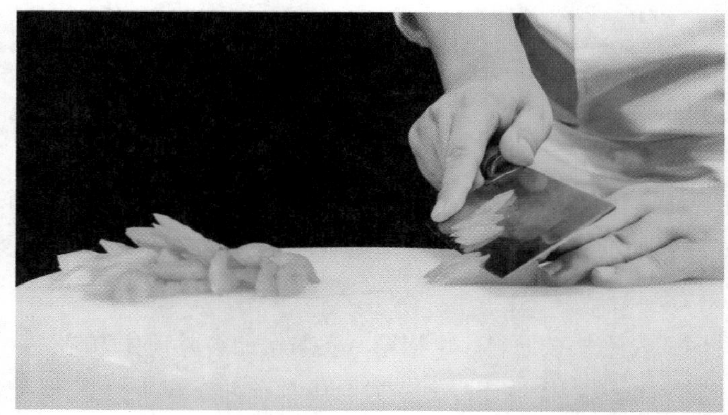

图 1-4-4　反斜刀片切制与摆放

【训练要领】

1．刀膛要紧贴左手关节，每片一刀，刀与左手都向左后方移动一次，并保持刀距一致。

2．刀身倾斜角度应根据原料成形规格做灵活调整。

3．反斜刀片原料时，要用刀刃前中部入刀。

思政小结——青年人勤学：练就过硬本领

【小结导入】青年人正处于学习的黄金时期，应该把学习作为首要任务，作为一种责任、一种精神追求、一种生活方式，树立梦想从学习开始、事业靠本领成就的观念，让勤奋学习成为青春远航的动力，让增长本领成为青春搏击的能量。

——习近平主席在同各界优秀青年代表座谈时的讲话（2013年5月4日）

【思考讨论】请结合自身的情况谈谈你是如何理解习近平主席的这段话。

【分析强调】作为新时代的一员，需要有勤奋学习的意识，将学习作为毕生的事情去做，让学习成为一种生活习惯，享受学习带来的乐趣。在烹调技术的学习过程中，不仅要将所学“内化于心”，更要“外化于行”，方能行稳致远。

项目五　花刀工艺

花刀工艺又称剞刀法、锲刀法、混合刀法，指在加工后的坯料上，以斜刀法、直刀法等为基础，将某些原料制成特定平面图案或刀纹时所使用的综合运刀方法。其目的是在原料上切或片成各种刀纹，但不切断或片断。至于刀纹的深度，应根据原料的质地和菜品质量要求而定，一般为原料厚度的三分之二或四分之三。由于花刀工艺所用原料的质地和具体训练手法不同，花刀工艺又可分为麦穗花刀、菊花花刀、蓑衣花刀、松鼠型花刀等。

任务一　麦穗花刀

知识储备

◎ 知识点一：麦穗花刀的定义

先将斜刀法在原料表面剞上一道道平行的斜刀纹，再将原料转一个角度，用直刀法剞上一条条与斜刀纹交叉的平行直刀纹，然后改刀成条状，再加热后就卷曲成麦穗形。

◎ 知识点二：练习要求

持刀要平稳，确保每刀切下去的深度要一致，下刀要准，刀距移动要一致，不切穿原料。此刀法适用于加工猪腰、鱿鱼、墨鱼等。

麦穗花刀实训案例——麦穗鱿鱼花刀

【原料配备】

鱿鱼筒1条。

【训练流程】

选取鱿鱼筒→撕去鱿鱼筒外皮→平放在砧板上对半剖开→正斜刀剞处理鱿鱼→原料转70°~ 80°直刀法剞→焯水→原料成形。

【训练要求】

按照刀工和麦穗花刀的基本要求训练。

扫一扫在线观看
“麦穗鱿鱼花刀”视频

【难点和重点】

运刀的方法、对刀纹角度和深度的把握。

【训练步骤】

1. 将鱿鱼的外皮撕去，平放在砧板上，用刀对半剖开后洗净（见图1–5–1）。

2. 用推剞的方法在鱿鱼上剞上一道道平行刀纹（刀与砧板的斜度约40°~ 45°（刀距宽约0.3 cm，深度约为鱿鱼肉厚度的三分之二）（见图1–5–2）。

3. 将原料转40°~ 45°，即刀鱼鱿鱼所呈的夹角为40°~ 45°，用直刀法剞成一道道与斜刀纹交叉的平行刀纹（刀距宽约0.3 cm，深度约为鱿鱼肉厚度的三分之二）（见图1–5–3）。

4. 改成宽2.5~3 cm的片。

5. 锅内放水烧至沸腾，放入料酒、姜片，然后放入改好刀的鱿鱼，鱿鱼卷曲后盛入盘内即成（见图1–5–4）。

图 1–5–1　去掉鱿鱼皮

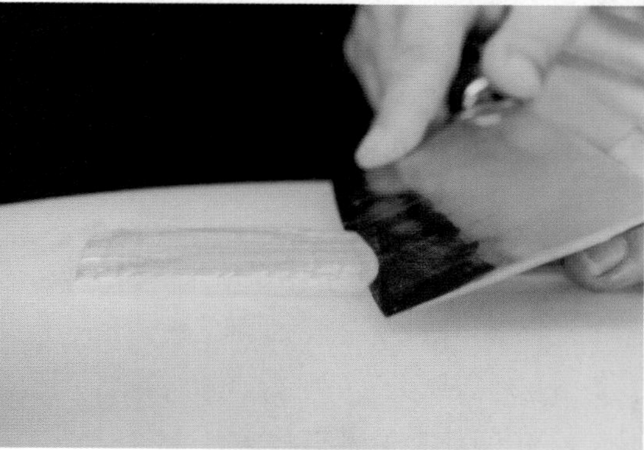

图 1–5–2　斜剞花纹

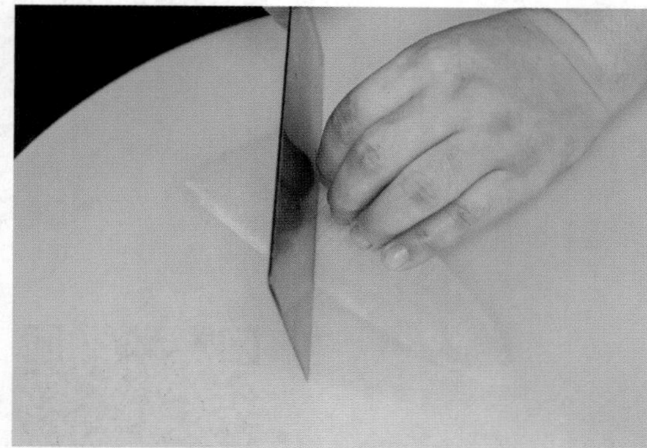

图 1–5–3　直剞花纹

图 1–5–4　麦穗鱿鱼花成品

【训练要领】

1. 改刀时要注意两刀交叉的角度、刀纹深度和刀间距。

2. 焯水时要掌握好时间，以使原料保持脆嫩。

思政小结——终生学习，让人生更精彩

【小结导入】活到老学到老，打铁还需自身硬。终生学习是中华民族的传统美德，很多时候，尤其是面对新问题时，我们总会有书到用时方恨少的感叹，懊悔自身知识的贫瘠。要想取得进步，唯有坚持不懈地学习。

【思考讨论】如何理解“终身学习”？

【分析强调】职业院校学生要想在专业领域有所建树，就需要加强学习本岗位的专业知识与技能，使自己头脑充实，日益完善，不断进步。争做学习型青年，树立终身学习意识，既有短期的学习计划，又有长期的学习方向，并能长期不懈地坚持下去，这样才能解决烹调技术中出现的疑难问题，逐渐成为行业带头人。

任务二　菊花花刀

知识储备

◎ 知识点一：菊花花刀的定义

菊花形花刀的刀纹，是运用直刀推剞的刀法制成的。先将原料切成厚度约为0.15 cm，深度为原料厚度的五分之四，底部有五分之一连着不断的均匀薄片，然后再转90°垂直向下切，使原料厚度的五分之四成粗细均匀的丝状，底部的五分之一仍然相连而成块状，然后经拍粉油炸或直接加热后即卷成菊花形。

◎ 知识点二：练习要求

练习时要将原料用手压实并扶稳，动作要连贯、协调、自然。适用于鸡胸肉、鸭肫、里脊肉、草鱼等。

菊花花刀实训案例——菊花鸭肫

扫一扫在线观看“菊花鸭肫”视频

【原料配备】

鸭肫400 g。

【训练流程】

选取鸭肫→清洗→平放在砧板上→去掉肫边部分→左手扶按在鸭肫上→右手持刀→按菊花花刀加工标准加工→原料成形。

【训练要求】

按照刀工和菊花花刀的基本要求训练。

【难点和重点】

运刀的方法、对刀纹角度和深度的把握。

【训练步骤】

1．鸭肫清洗干净后放在砧板上，去掉肫边薄薄的部分（见图1–5–5）。

2．左手扶按在鸭肫上，右手持刀，用直刀剞的方式切成一片片不断的薄片，确保底部相连部分有0.2 cm左右的厚度（见图1–5–6）。

3．将鸭肫旋转90°，然后在这些平行片的垂直方向直刀剞，剞的厚度与切片时的厚度一致，深度与切片时的深度一致（见图1–5–7）。

4．将切好的鸭肫切成大小一致的菊花块。

5．锅内放入花生油烧至四至五成热，放入改好刀的鸭肫，炸至定型成熟，盛入平盘内即可（见图1–5–8）。

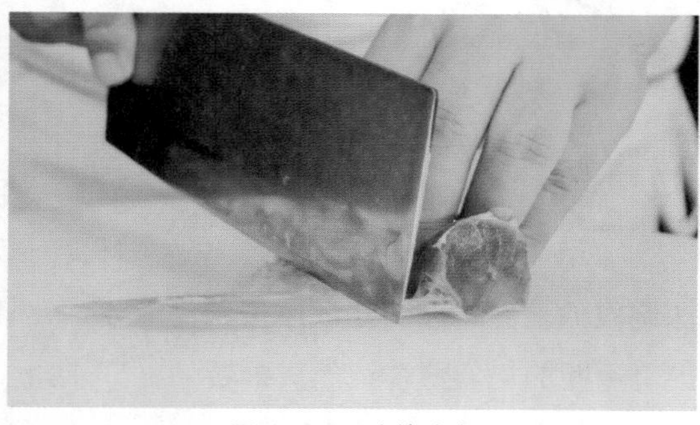

图 1–5–5　去掉肫边

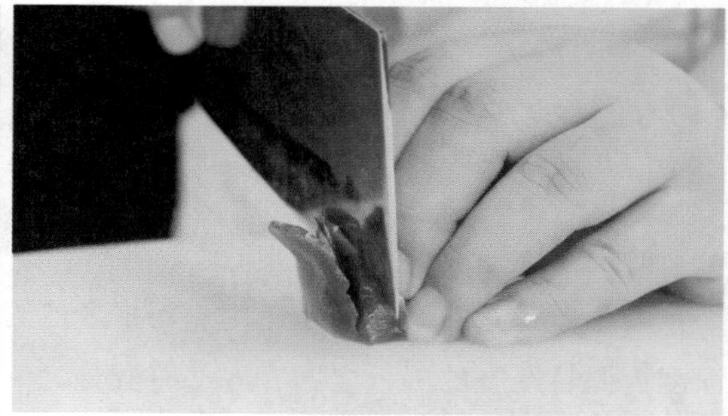

图 1–5–6　直刀剞片

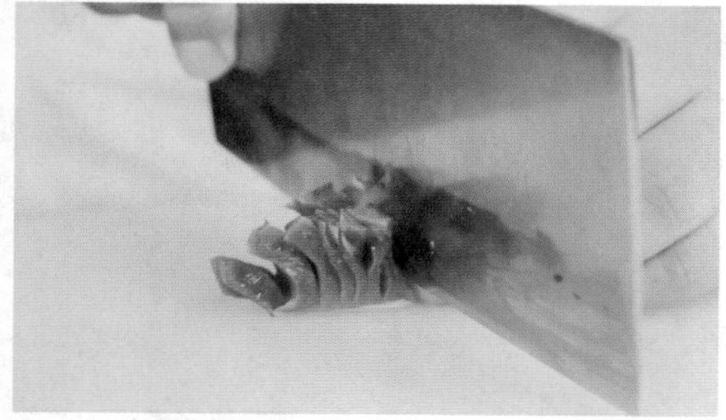

图 1–5–7　直刀剞丝状

图 1–5–8　菊花鸭肫成品

【训练要领】

1．鸭肫改刀时，要去掉周边薄薄的片。

2．改刀时两刀交叉成90°，刀纹要深浅适宜。

3．油炸时要掌握好油温和炸制时间。

思政小结——菊花与儒道思想

【小结导入】两千多年以来，中国的士大夫阶级深受儒道思想的影响，认为菊花艳在深秋，傲霜怒放，具有不畏强暴、傲然不屈的高尚品格。同时，它开在百花凋零之后，不与群芳争艳，又显示出恬淡自处、淡泊清华、自强不息、不趋炎附势、不媚权贵的高风亮节。

【思考讨论】今天我们学习了菊花花刀的切制方法，也了解了菊花的儒道思想，请谈谈你对菊花还有哪些认识。

【分析强调】古往今来，菊花深受人们喜爱，是我国十大名花之一，在我国已有三千多年的栽培历史。不同的菊花花语不同，春菊的花语是为爱占卜，冬菊是别离，黄菊是飞黄腾达，白菊则是哀悼和真实坦诚，富贵菊是富贵荣华，非洲菊是神秘、兴奋、有毅力。送人菊花时要特别注意其中的含义，避免造成误会。

任务三　蓑衣花刀

知识储备

◎ 知识点一：蓑衣花刀的定义

蓑衣形花刀又称蜈蚣花刀。切制时刀膛与原料的角度在45°左右，刀刃与砧板成30°角，前端下刀深度为原料厚度的三分之二，后端下刀深度为原料厚度的三分之一，从左往右平行移动切。切完一面把原料翻转180°，用相同的刀法再剞上一遍即成。

◎ 知识点二：练习要求

牢记刀与砧板保持一定的夹角，速度要缓慢，动作要轻，下压力要小，避免原料因受压力过大而变形。适用于黄瓜、冬笋、莴苣、豆腐干等。

蓑衣花刀实训案例——蓑衣黄瓜

【原料配备】

黄瓜1条，酸辣汁300 g。

【训练流程】

选取黄瓜→平放在砧板上→左手按在黄瓜上→右手持刀→按蓑衣花刀标准切制→腌制→原料成形→淋汁。

扫一扫在线观看
“蓑衣黄瓜”视频

【训练要求】

按照刀工和蓑衣花刀的基本要求训练。

【难点和重点】

运刀的方法、对刀纹角度和深度的把握。

【训练步骤】

1．原料洗净后放在砧板上。

2．左手指自然弯曲，扶按在黄瓜上，右手持刀（见图1–5–9）。

3．先在原料的一面直刀剞（刀尖接触砧板，刀刃与砧板成30°，刀身与黄瓜呈90°），剞完后，再把原料向外滚动180°，用推刀法剞一遍（刀尖接触砧板，刀刃与砧板成30°，刀与黄瓜呈45°），两面的刀纹深度均为黄瓜的五分之四（见图1–5–10）。

4．切好的黄瓜用少许盐腌制5分钟，然后将切好的黄瓜盘在盛器中（见图1–5–11）。

5．将酸辣汁淋在黄瓜上（见图1–5–12）。

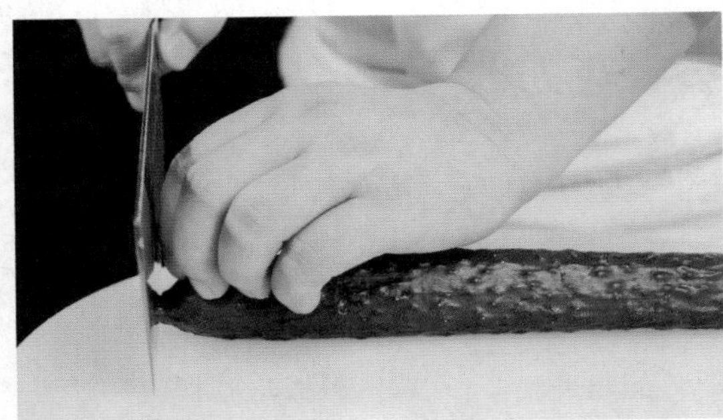

图 1–5–9　操作手法

图 1–5–10　切制标准

图 1–5–11　盘入碟中

图 1–5–12　淋汁成品

【训练要领】

1．保持刀与砧板的夹角为30°。

2．剞直刀时刀与黄瓜的夹角为90°，推刀法剞时黄瓜与刀的夹角为45°。

思政小结——龙文化的人文精神

【小结导入】龙文化是中华优秀传统文化中延续时间最长、生命力最强的文化之一，是中华优秀传统文化的典型代表，对每一个华夏儿女来说，龙的形象蕴含着特殊的含义。

【思考讨论】请结合实际谈谈怎样继承弘扬龙文化中的精髓。

【分析强调】在宣传和弘扬龙文化的过程中，应充分发挥其独有的凝聚力和向心力。

任务四　松鼠型花刀

知识储备

◎ 知识点一：松鼠型花刀的定义

松鼠型花刀又称松鼠鱼花刀，是运用斜刀拉剞、直刀剞等技法的刀法。准备好一条整鱼，先将整条鱼的鱼头从鳃下切断，留用。再在鱼身上剔去脊骨，让两片鱼肉与鱼尾相连，用斜刀法锲成松子形，刀纹深至鱼肉的五分之四，留五分之一连着鱼皮。锲好形的鱼肉与鱼头、鱼尾经拍粉入热油炸至外酥，最后拼摆在长腰盘上，形如松鼠。

◎ 知识点二：练习要求

剞时持刀要稳，下刀要准，用力均匀，刀距一致，深浅相同，不刮穿剞断原料。适用于大草鱼、大鲤鱼、大鳜鱼等。

松鼠型实训案例——松鼠鳜鱼

【原料配备】

大鳜鱼1条，料酒、盐、淀粉适量，糖醋汁150 g，腰果碎30 g。

【训练流程】

选取鳜鱼→宰杀→放在砧板上→右手持刀→取下鱼头→取下脊骨及腹骨→运用斜刀法锲成松子形→原料成形。

扫一扫在线观看“松鼠鳜鱼”视频

【训练要求】

按照刀工和松鼠花刀的基本要求训练。

【难点和重点】

运刀的方法、对刀纹角度和深度的把握。

【训练步骤】

1．将鳜鱼去鳞及鳃，剖腹去内脏洗净，放在砧板上。

2．左手按住鱼身，把鱼头切下。用刀贴着背脊骨片开（尾巴不要片开），翻面再片开另一片鱼肉，然后鱼腹向上，把鱼胸骨用刀片下（见图1–5–13）。

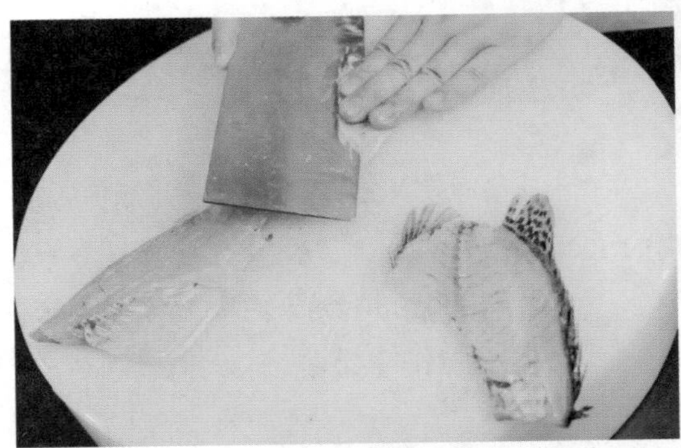
图 1–5–13　取鱼胸骨

3．将鱼皮面贴砧板上放好，在鱼肉上先斜剞，再直剞，深至鱼皮，成交叉形刀纹（见图1–5–14）。

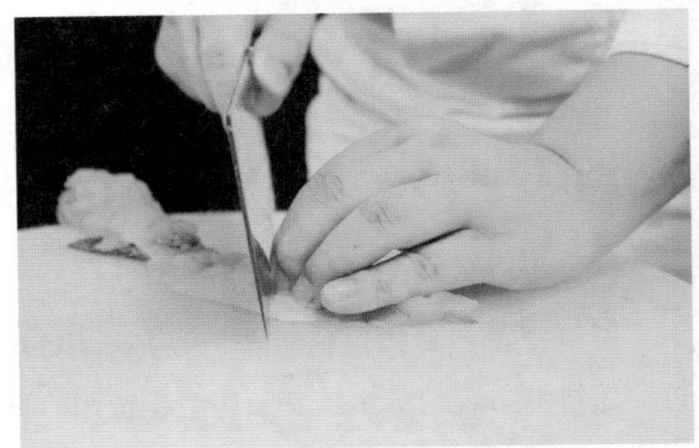
图 1–5–14　切松鼠花刀

4．用料酒、精盐分别抹在鱼头和鱼肉上。滚上干淀粉，用手拎鱼尾抖去余粉（见图1–5–15）。

5．炒锅用大火烧热下油，烧至八成热时，用手倒拎住鱼肉，把锅中烧热的油从上往下浇在鱼肉上。再将两片鱼肉翘起鱼尾，放入油锅稍炸使其成形。之后将鱼全部放入油锅炸，至金黄色捞起，放入盘中（见图1–5–16）。

6．鱼头入油锅炸成金黄色（入锅炸时，用筷子按压鱼头，让其下巴部位展开定型），炸好后，装上鱼头和鱼肉拼成整条鱼的形状，头部和尾部要翘起。淋上滚烫的糖醋汁，撒上松子即成（见图1–5–17）。

图 1–5–15　均匀拍粉

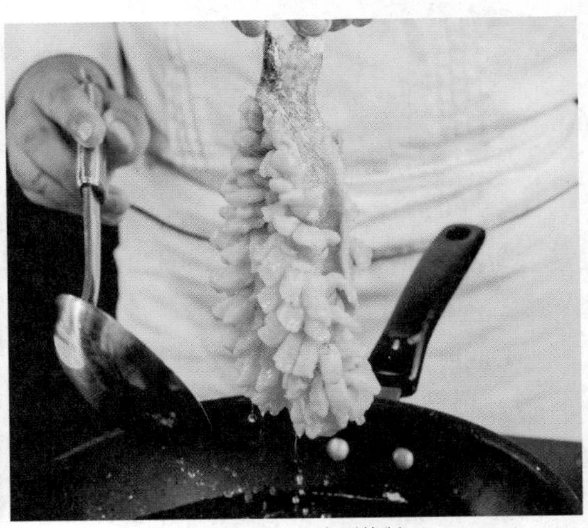
图 1–5–16　定型炸制

图 1-5-17　松鼠鳜鱼成品

【训练要领】

1. 除鱼骨时不能伤肉，肉上不能带刺。

2. 改刀要均匀，不能改断鱼皮。

3. 拍粉后不能停放时间过长，应立即用油炸，否则干淀粉受潮后易使改成的刀纹粘连一起，影响形状。

思政小结——伊尹：烹饪始祖，名相帝师

【小结导入】伊尹，生于夏朝末年伊水之畔的空桑村，精通烹饪。他以“至味”说汤，成为商汤心目中的智者。他是历史上第一个以负鼎俎、调五味而佐天子治理国家的杰出庖人，后世尊其为“烹饪始祖”和“厨圣”。

【思考讨论】出身奴隶的千古名相伊尹，辅佐商朝五代君王的故事给我们什么启示？

【分析强调】伊尹传奇的一生告诉我们，作为职业院校的学生，只有练就过硬的专业技术，具备较强的创新意识，才能在未来的工作岗位上大放光彩。

项目六 基本料型

烹饪料经过不同的刀法处理后，形成丝、条、丁、粒、末、片、块等常见形状。经刀工处理后的原料有利于烹调、提升菜肴的美观度，同时便于食用。

任务一　丝

知识储备

◎ 知识点一：丝的相关定义

丝是使用最广泛、最实用的原料形状之一。先将原料切或片成片，将其叠码放置，采用直刀切的方式切成需要的规格。常见规格：头粗丝长约8 cm，截面边长约0.4 cm见方；二粗丝长约8 cm，截面边长约0.3 cm见方；细丝长约8 cm，截面边长约0.2 cm见方；银针丝长约8 cm，截面边长约0.1 cm见方。

◎ 知识点二：练习要求

在加工片时应注意厚薄均匀；原料加工要将片排成瓦楞形；左手按料要稳，右手持刀要稳健洒脱，均匀恰当；根据原料性质决定顺切、横切。

丝的加工实训案例——各规格萝卜丝成型

【原料配备】

白萝卜2条。

【训练流程】

选取萝卜→去皮→平放在砧板上→左手按在萝卜上→右手持刀→运用相应的刀法处理原料→原料成形。

【实训要求】

按照刀工和丝的成形方法的基本要求操作。

【难点和重点】

运刀的方法、丝的种类的把握。

扫一扫在线观看
“各规格萝卜丝的成型”视频

【训练步骤】

1．切头粗丝：以萝卜为原料，直尺为量具，用推切的方法，萝卜去皮放在砧板上切成长8 cm的段，然后切成0.4 cm厚的片，排成瓦楞形，然后用推刀法将萝卜片切成0.4 cm见方的丝（见图1–6–1）。

2．切二粗丝：以萝卜为原料，直尺为量具，用推切的方法，萝卜去皮放在砧板上切成长8 cm的段，然后切成0.3 cm厚的片，排成瓦楞形，然后用推刀法将萝卜片切成0.3 cm见方的丝（见图1–6–2）。

3．切细丝：以萝卜为原料，直尺为量具，用推切的方法，将萝卜去皮放在砧板上切成长8 cm的段，然后切成0.2 cm厚的片，排成瓦楞形，然后用推刀法将萝卜片切成0.2 cm见方的丝（见图1–6–3）。

4．切银针丝（重点练习）：以萝卜为原料，直尺为量具，先将萝卜削去外皮，切成长约8 cm的长方体，然后将萝卜放在菜墩上，采用上片法将原料片成0.1 cm厚的薄片，每片好一片，就摆放在菜墩上，堆成瓦楞形，然后再用推切法将原料切成丝，放在清水里浸泡至发亮、发挺，最后捞出装盘即成（见图1–6–4、1–6–5）。

图 1–6–1　头粗丝加工标准

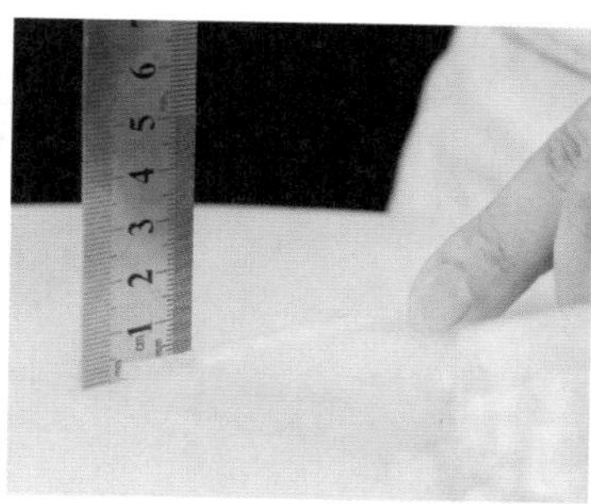

图 1–6–2　二粗丝加工标准

图 1–6–3　细丝加工标准

图 1–6–4　银针丝加工标准

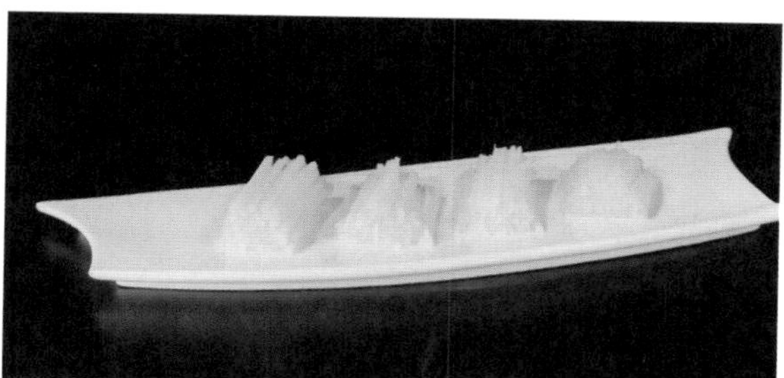

图 1–6–5　四种丝对比

【训练要领】

持刀要稳，下刀要准，用力均匀，刀距一致。

思政小结——端正思想认识，理解吃苦耐劳的重要性

【小结导入】故天将降大任于是人也，必先苦其心志，劳其筋骨，饿其体肤，空乏其身，行拂乱其所为，所以动心忍性，增益其所不能。上天将会把重大的责任降给那些敢于吃苦的人，“不经一番寒彻骨，怎得梅花扑鼻香”。吃得了苦，在挫折面前不低头，终会成功。

【思考讨论】讨论吃苦与成功之间的辩证关系。

【分析强调】吃苦耐劳是获取成功的秘诀，是每一位成功人士具备的基本素质和基本条件。要想在烹调技术方面有所突破，吃苦耐劳是必不可少的。天上不会掉馅饼，一分耕耘一分收获，只有付出艰辛的努力，才会掌握高超的技术，才能取得职业道路上的成功。

任务二　片

知识储备

◎ 知识点一：片的相关定义

片是烹调中使用最广泛、最实用的原料形状之一。一般采用切法将原料加工成片的形状。根据片的形状，可以将片分为柳叶片、牛舌片、菱形片、麦穗片、连刀片等。柳叶片一端呈半圆形，另一端呈尖形，长约6 cm，厚约0.3 cm；牛舌片形如舌头，长约10 cm，厚约0.1 cm；菱形片形如四条边相等的平行四边形，边长约为3 cm，厚约为0.2 cm；麦穗片呈现波浪形，长约8 cm，厚约0.2cm；连刀片是两片相连不断的片，每片的厚度约为0.2 cm。

◎ 知识点二：练习要求

熟悉各种片的规格，运用标准的刀法对原料进行加工，加工时持刀要稳，避免出现刀伤等事故，合理利用原料。

片的加工实训案例——各规格片的成型

扫一扫在线观看
“各规格片的成型”视频

【原料配备】

青萝卜1节，长约12 cm；莴笋1段，长约10 cm；胡萝卜1条；南瓜1块，长约8 cm；茄子1条。

【训练流程】

选取原料→平放在砧板上→左手扶按原料→右手持刀→按照片的标准运用恰当的刀法处理原料→原料成形。

【训练要求】

动作要求：按照刀工和片的成形方法的基本要求操作；难点和重点：运刀的方法、片的种类的把握。

【训练步骤】

1. 切柳叶片：将青萝卜对角切成2块（长边约为6 cm），然后平放于砧板上，用刀将棱角处理成圆弧状（见图1–6–6），用推切法切出厚约0.3 cm的片，即成细长如柳叶的片（见图1–6–7）。

2. 切牛舌片：以莴笋为原料，先将莴笋去皮，切成长约10 cm，宽约2.5 cm的厚块，再将莴笋块平放在砧板上，左手手指按料，右手持片刀，从上面开始，用推拉刀法将原料片成0.1 cm厚的片（见图1–6–8），然后放入清水中浸泡至发亮、发挺，捞出沥干水分即成牛舌片（见图1–6–9）。

3. 切菱形片：以胡萝卜为原料，先用直刀将胡萝卜切成长方柱形（截面为3 cm见方）然后斜刀切成大马耳朵形（刀与胡萝卜所成的夹角为40°~ 45°）的块状（见图1–6–10），将切好的块翻转，再用直刀切成0.2 cm厚的薄片即成菱形片（见图1–6–11）。

4. 切麦穗片：以南瓜为原料，先将南瓜切成长约8 cm，厚约2 cm的块，再将南瓜两面用刀切成锯齿形（见图1–6–12），再将切成锯齿形的南瓜块，逆向锯齿纹路切成厚约0.2 cm的片即成麦穗片（见图1–6–13）。

5. 切连刀片：以茄子为原料，第一刀采用剞刀法将茄子切成0.2 cm厚，刀口深度约占茄子深度的五分之四（见图1–6–14），第二刀采用直刀法切成0.2 cm的片，最后形成两片之间有五分之一相连、厚度为0.4 cm的连刀片（见图1–6–15）。

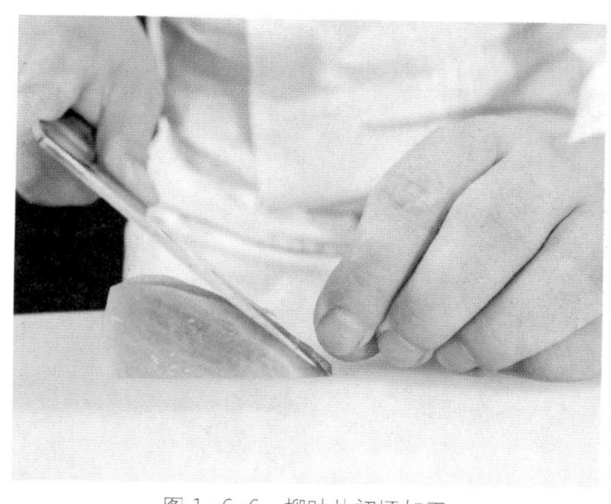

图 1–6–6　柳叶片初坯加工

图 1–6–7　柳叶片成品

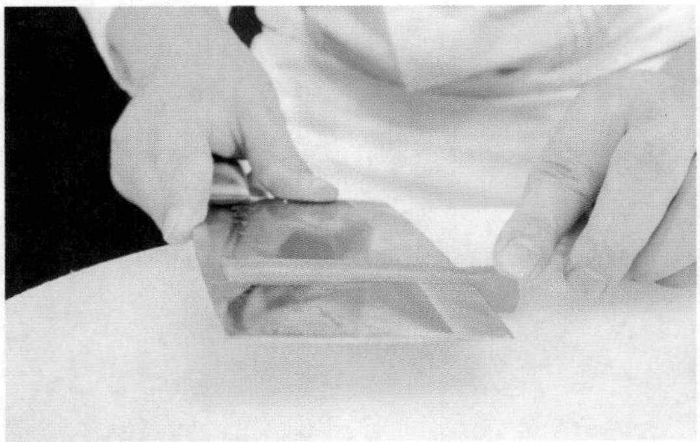

图 1-6-8　牛舌片加工

图 1-6-9　牛舌片成片

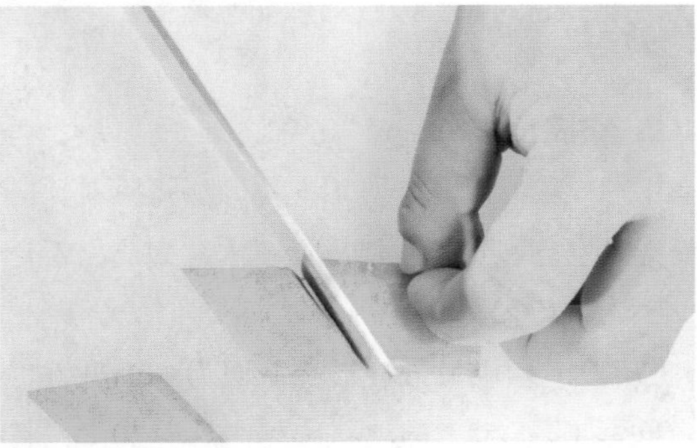

图 1-6-10　菱形块加工

图 1-6-11　菱形片成品

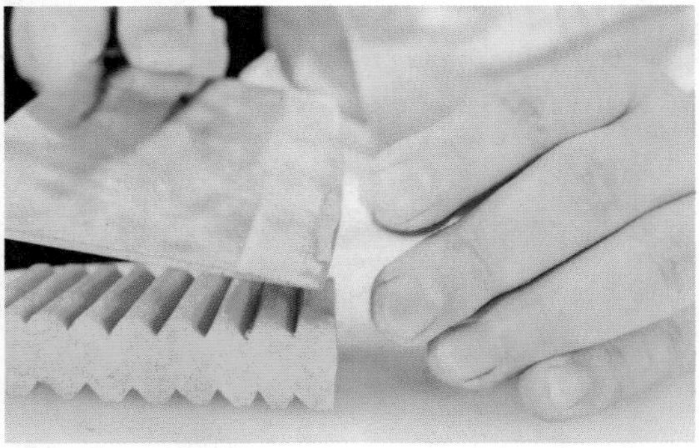

图 1-6-12　锯齿形加工

图 1-6-13　麦穗片成品

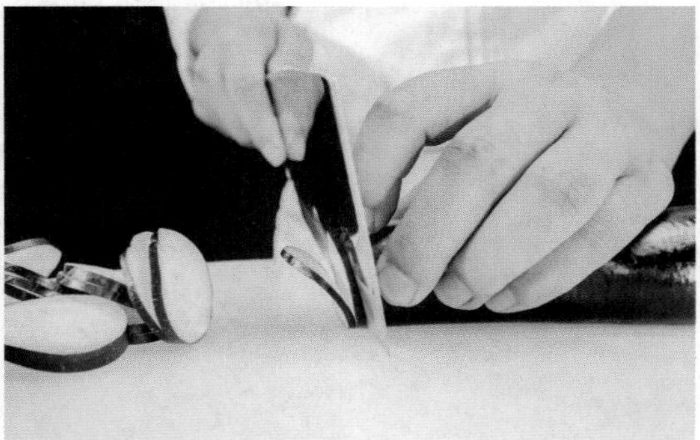

图 1-6-14　连刀片第一片加工

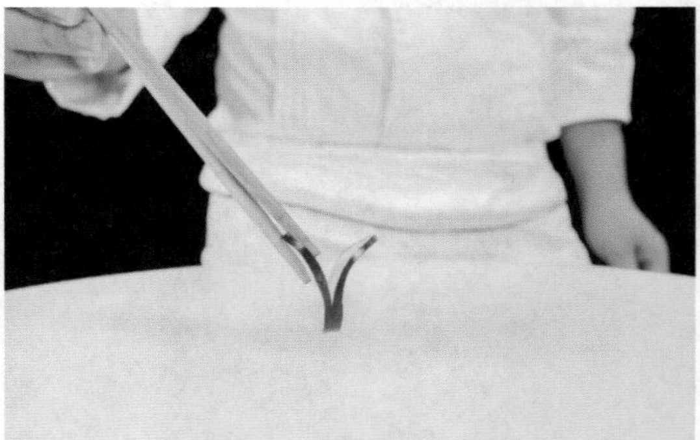

图 1-6-15　连刀片成品

【训练要领】

1. 熟悉各种片的切法和成形规格要求。

2. 用直尺检验切出的各种形状是否符合要求。

思政小结——成功的基石：高尚的职业道德

【小结导入】随着市场经济的不断发展，市场竞争日趋激烈，餐饮行业也不断发展和壮大，随之社会对餐饮从业人员的职业观念、职业态度、职业技能、职业纪律和职业作风的要求也越来越高，餐饮从业人员的职业道德建设也拥有越来越重要的地位。

【思考讨论】作为学习烹调技术的学生，加强餐饮职业道德的培养具有十分重要的意义，请结合烹调实训过程，谈谈如何养成良好的职业道德。

【分析强调】在实训中要从小事做起，严格遵守行为规范；重视技能训练，培养过硬的专业技能，提高自己的职业素养；积极参加社会实践，培养职业情感。

任务三　块

知识储备

◎ 知识点一：块的相关定义

块状原料加工过程中，经常使用的刀法有切、剁、劈等。形体较厚，质地较老以及带骨的原料一般采用剁、劈；质地较嫩软不带硬骨的原料主要使用切的方法。常见的块有象眼块、长方块、劈柴块、滚料块等。常见规格：象眼块，形状两头尖，中间宽，大小随主料和盛器而定；长方块，形如骨牌，一般规格是长4 cm、宽2.5 cm、厚2 cm；劈柴块，不规则的原料，切为大小基本一致的长方形块，劈柴块长于骨牌块，形如劈好的木柴；滚料块，边长约4 cm的不规则块。

◎ 知识点二：练习要求

熟悉各种块的形状规格，运用恰当的刀工技法对不同性质的原料进行合理的加工。

块的加工实训案例——各规格块的成型

【原料配备】

白萝卜1块（约300 g），老南瓜1块（约200 g），黄瓜1条，胡萝卜1条。

【训练流程】

选取原料→平放在砧板上→左手扶按原料→右手持刀→按照块的标准运用恰当的刀法处理原料→原料成形。

扫一扫在线观看
“各规格块的成型”视频

【训练要求】

动作要求：按照刀工和块的成形方法的基本要求操作；难点和重点：运刀的方法、块的种类的把握。

【训练步骤】

1．切象眼块：以白萝卜为原料，先用直刀将白萝卜切成长方柱形（截面为4 cm见方），然后斜刀切成大马耳朵形（刀与白萝卜所成的夹角为40°~ 45°）（见图1–6–16），将切好的萝卜块翻转，用直刀切成2 cm厚的块，即成象眼块（见图1–6–17）。

2．切长方块：以南瓜为原料，将南瓜切成宽4 cm、厚2.5 cm的胚料，（见图1–6–18）然后切成长4 cm、厚1 cm、宽2.5 cm的块，即成长方块（见图1–6–19）。

3．切劈柴块：以黄瓜为原料，放在砧板上，右手握刀，刀口向右，用刀膛将黄瓜拍裂（见图1–6–20），然后切成长度为5 cm左右的段（确保每一份原料的长度一致）即为劈柴块（见图1–6–21）。

4．切滚料块：以胡萝卜为原料，右手持刀，用指尖轻轻按胡萝卜，用指背抵住刀身，刀与胡萝卜成40°~ 45°夹角（见图1–6–22），胡萝卜每滚动约90°，刀做一次直切，切出的原料即成滚料块（见图1–6–23）。

图 1–6–16　大马耳朵形

图 1–6–17　象眼块成品

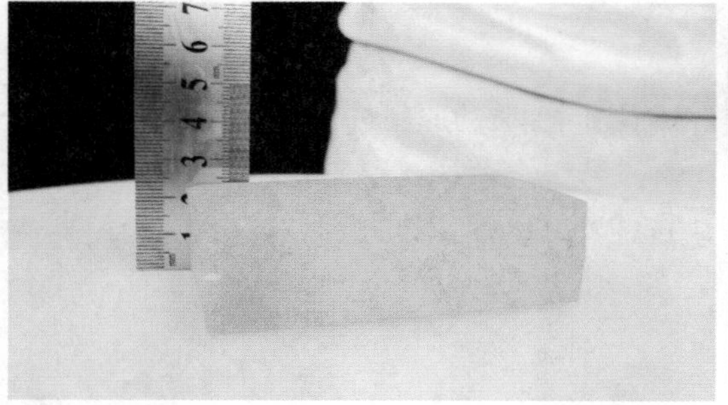

图 1–6–18　长方块初坯

图 1–6–19　长方块成品

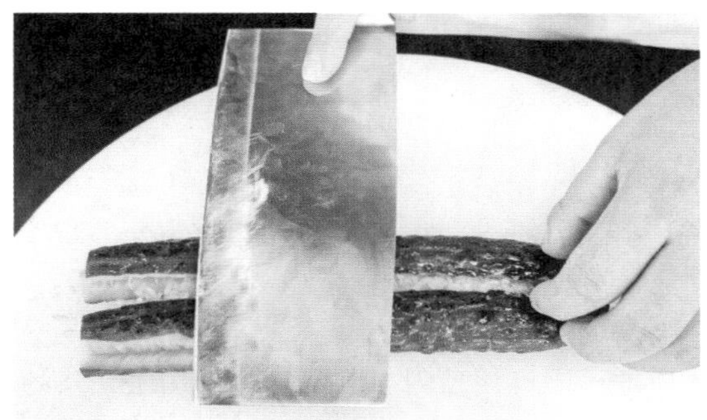

图 1-6-20 拍裂黄瓜

图 1-6-21 劈柴块成品

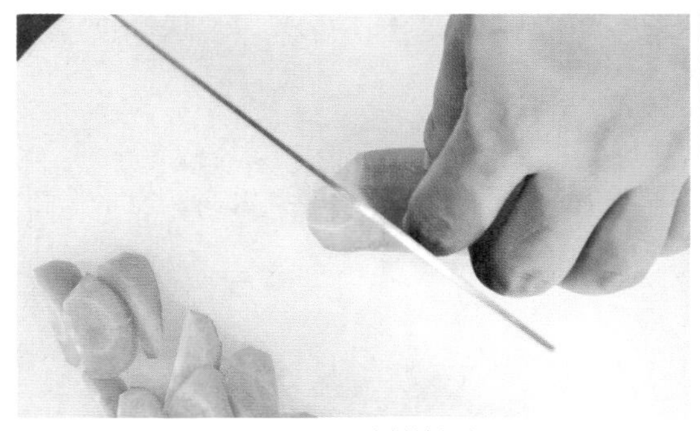

图 1-6-22 滚料块切制

图 1-6-23 滚料块成品

【训练要领】

1. 持刀要稳，下刀要准。

2. 用力均匀，刀距一致。

思政小结——坚定理想信念

【小结导入】只有理想信念坚定的人，才能始终不渝、百折不挠，不论风吹雨打，不怕千难万险，坚定不移为实现既定目标而奋斗。

——《习近平在纪念朱德同志诞辰130周年座谈会上的讲话》（人民网，2016年11月29日）

【思考讨论】请结合你的职业目标和理想，谈谈为什么必须坚定理想信念。

【分析强调】理想信念是激励人不断前进的强大动力。人的理想信念，反映的是对社会和自身发展的期望。大学期间，同学们普遍面临一系列人生课题，特别是职业理想设定方面的解决。想要解决这些问题，需要有一个总的原则和目标，这就需要树立科学崇高的理想信念。

任务四　条

知识储备

◎ 知识点一：条的相关定义

采用切法或片法将原料加工成条，根据原料质地不同可用顶刀、顺刀等多种切法，条的尺寸规格各地也不一致。常见形状有大一指条、小一指条、筷子条等。常见规格：大一指条长约6 cm，截面边长约1.2 cm见方；小一指条长约6 cm，截面边长约1 cm见方；筷子条长约6 cm，截面边长约0.6 cm见方。

◎ 知识点二：练习要求

在加工条时应注意厚薄均匀；原料加工要将厚片叠起来，但注意不能叠太高；左手按料要稳，右手持刀要稳健洒脱，均匀恰当。

条的加工实训案例——各规格土豆条的成型

【原料配备】

土豆3个。

【训练流程】

选取土豆→去皮→平放在砧板上→左手按在土豆上→右手持刀→切成标准长度的块→运用相应的刀法处理原料→原料成形。

扫一扫在线观看“各规格土豆条的成型”视频

【训练要求】

动作要求：按照刀工和条的成形方法的基本要求操作；难点和重点：运刀的方法、条的种类的把握。

【训练步骤】

1．切大一指条：以土豆为原料，直尺为量具，将土豆去皮切成6 cm长的块，再用推切的方法切成1.2 cm厚的片（见图1–6–24），以1.2 cm为刀距将每片原料推切成条。切出来的条就是长6 cm、截面1.2 cm的大一字条（见图1–6–25）。

2．切小一指条：以土豆为原料，直尺为量具，将土豆去皮切成5 cm长的块，再用推切的方法切成0.9 cm厚的片（见图1–6–26），以0.9 cm为刀距将每片原料推切成条。切出来的条就是长5 cm、截面1 cm的大一字条（见图1–6–27）。

3．切筷子条：以土豆为原料，直尺为量具，将土豆去皮切成4 cm长的块，再用推切的方法切成0.6 cm厚的片（见图1–6–28），将厚片堆叠到恰当高度，最后以0.6 cm为刀距将原料推切成条。切出来的条就是长4 cm、截面0.6 cm的筷子条（见图1-6-29）。

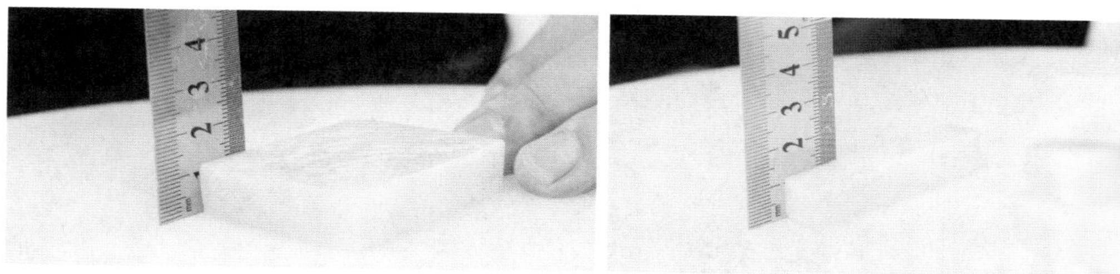

图 1-6-24　长 6 cm、厚 1.2 cm 的厚片

图 1-6-25　截面 1.2 cm 的条

图 1-6-26　长 5 cm、厚 0.9 cm 的厚片

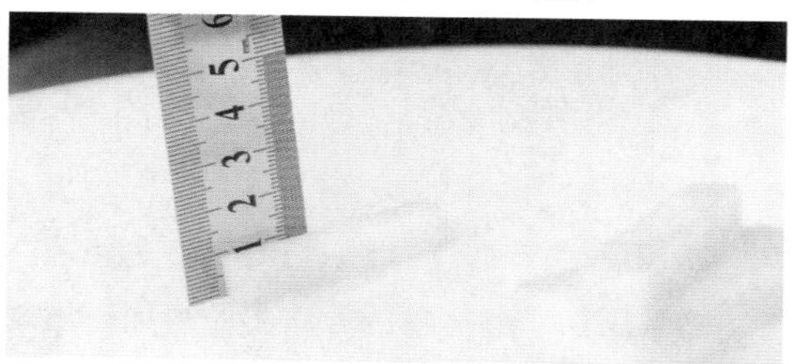

图 1-6-27　截面 0.9 cm 的条

图 1-6-28　长 4 cm、厚 0.6 cm 的片

图 1-6-29　截面 0.6 cm 的条

【训练要领】

1. 切片时要厚薄均匀，长短一致。
2. 左手按稳原料，不得滑动；右手持刀要稳健洒脱，均匀恰当。
3. 根据成菜要求，条的粗细要匀称。

思政小结——用实际行动为实现中国梦努力

【小结导入】习近平总书记在党的十九大报告中强调：“青年一代有理想、有本领、有担当，国家就有前途，民族就有希望。”“中国梦是历史的、现实的，也是未来的；是我们这一代的，更是青年一代的。”有一代代青年的接力奋斗，中华民族伟大复兴的中国梦终将变成现实。

——《青年有理想，国家有力量》（《人民日报》2017年11月1日）

【思考讨论】结合所学专业谈谈在实现中国梦的道路上我们应怎样做。

【分析强调】中国梦不虚幻、不遥远，与你我相关，只要每一个中国人共同努力，就能实现中华民族的伟大复兴。作为学习烹调技术的学生，需要认真对待所学专业，一步一个脚印地为实现中国梦努力。

任务五 丁、粒、末

知识储备

◎ 知识点一：丁、粒、末的相关定义

多采用切、剞、片的方法将原料加工成条状，然后再切成丁。丁分为大丁和小丁两种，大丁是约2 cm见方的正方体，小丁是约1.2 cm见方的正方体。多用切、剞、片三种方法将原料制成粒形。粒分为黄豆粒、绿豆粒、米粒三种，黄豆粒约0.6 cm见方，绿豆粒约0.4 cm见方，米粒约0.2 cm见方。末多采用切或剞将原料加工成丁状，然后用剞法将原料剞成碎末，规格约0.1 cm见方（见图1–6–30）。

图 1–6–30 丁、粒、末成品图

◎ 知识点二：练习要求

熟悉各种丁、粒、末的形状规格，运用恰当的刀工技法对不同性质的原料进行合理的加工。选用稍厚的烹饪原料，先将原料用平刀片成稍厚且均匀的片，再叠整齐切成长条，然后再从横面切成丁、粒、末。

丁的加工实训案例——各规格丁的成型

【原料配备】

白萝卜1块，约250 g；心里美萝卜1块，约200 g；胡萝卜1段，约150 g；莴笋1段，约140 g；生姜2块。

【训练流程】

选取原料→平放在砧板上→左手按在原料上→右手持刀→按照成型标准处理原料→原料成形。

【训练要求】

动作要求：按照刀工和丁、粒、末的成形方法的基本要求操作；难点和重点：运刀的方法、丁的种类的把握。

扫一扫在线观看"各规格丁的成型"视频

【训练步骤】

1．切大丁：以白萝卜为原料，直尺为量具，将白萝卜去皮后切成长方体，用推切的方法切成2 cm厚的片（见图1-6-31），以2 cm为刀距将厚片推切成条，再将条切成长为2 cm的丁即为大丁（见图1-6-32）。

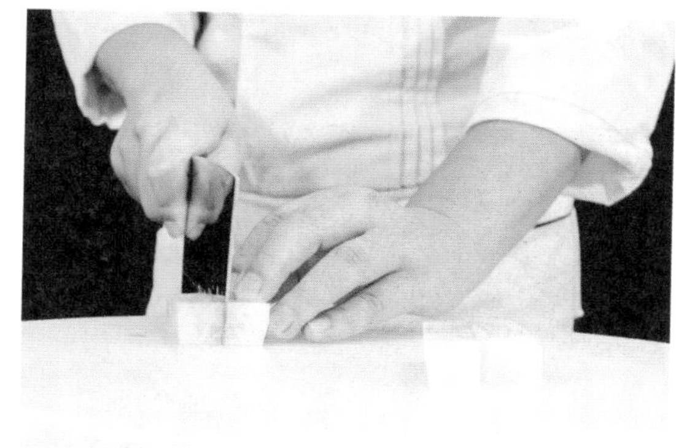

图 1-6-31 切成截面 2 cm 的条

2．切小丁：以心里美萝卜为原料，直尺为量具，将心里美萝卜去皮切成正方体，用推切的方法切成1.2 cm厚的片，以1.2 cm为刀距将厚片推切成条（见图1-6-33），再将条切成长1.2 cm的丁即为小丁（见图1-6-34）。

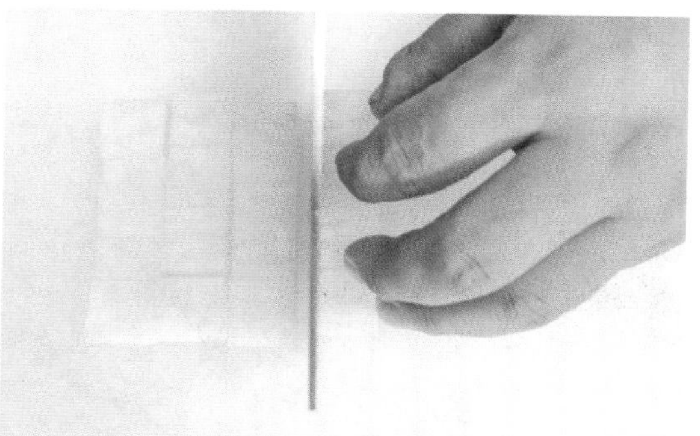

图 1-6-32 切成大丁状

3．切黄豆粒：以胡萝卜为原料，直尺为量具，将胡萝卜切成长方体，用推切的方法切成0.6 cm厚的片，以0.6 cm为刀距将厚片推切成条（见图1-6-35），再将条切成长0.6 cm的丁即为黄豆粒（见图1-6-36）。

4．切绿豆粒：以莴笋为原料，直尺为

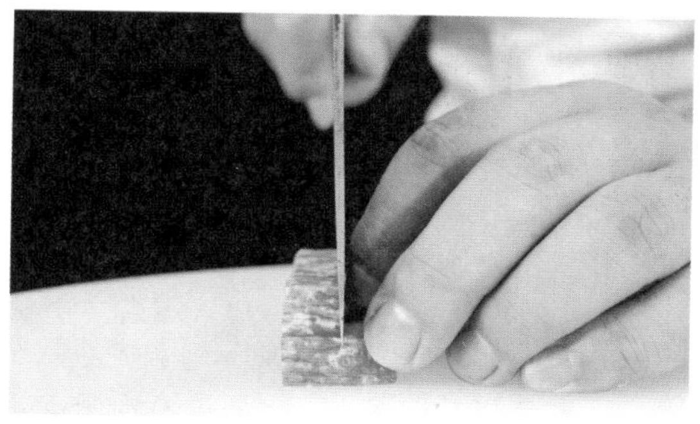

图 1-6-33 切成截面 1.2 cm 的丁

图 1-6-34 小丁成品

量具，将莴笋去皮切成长方体，用推切的方法切成0.4 cm厚的片，以0.4 cm为刀距将厚片推切成头粗丝（见图1–6–37），再将头粗丝切成长为0.4 cm的丁即为绿豆粒（见图1–6–38）。

5. 切米粒：以生姜为原料，直尺为量具，将生姜去皮，用推切的方法切成0.2 cm厚的片，以0.2 cm为刀距将厚片推切成细丝（见图1–6–39），再将细丝切成长0.2 cm的段即为米粒（见图1–6–40）。

6. 切末：以生姜为原料，直尺为量具，将生姜去皮，用推切的方法切成0.1 cm厚的片，以0.1 cm为刀距将厚片推切成银针丝（见图1–6–41），再将银针丝切成长0.1 cm的段即为末（见图1–6–42）。

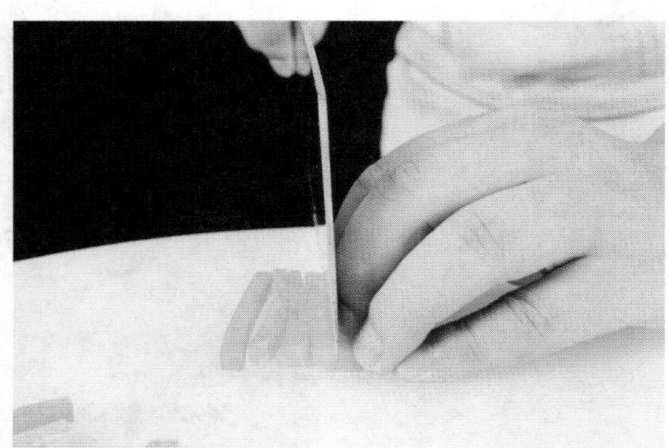
图 1–6–35 切成截面 0.6 cm 的条

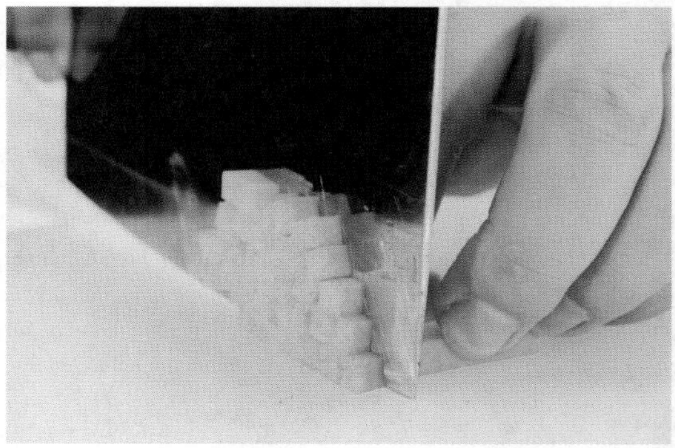
图 1–6–36 切成黄豆粒状

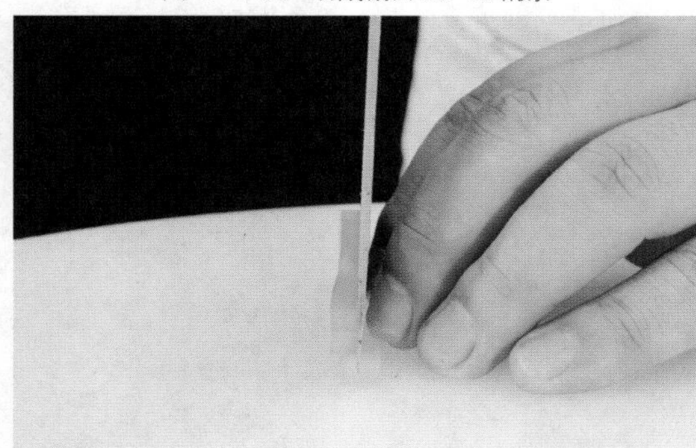
图 1–6–37 切成截面 0.4 cm 的头粗丝

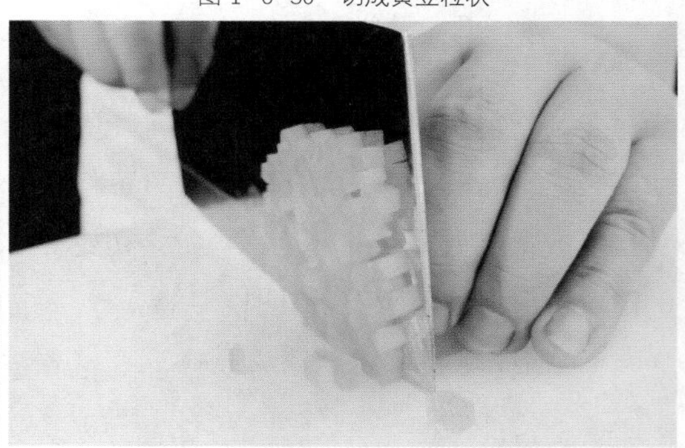
图 1–6–38 切成绿豆粒状

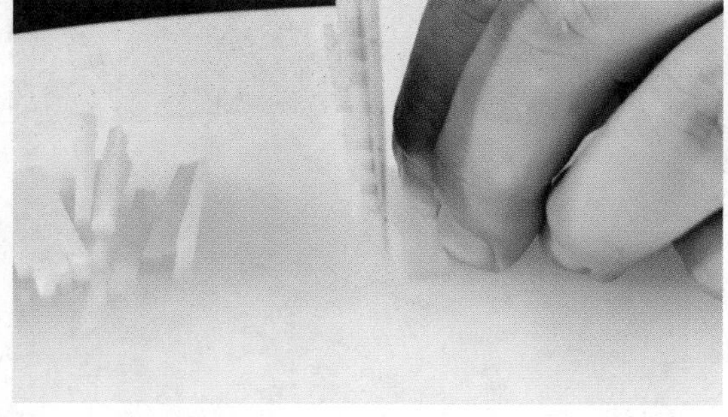
图 1–6–39 切成截面 0.2 cm 的细丝

图 1–6–40 切成米粒状

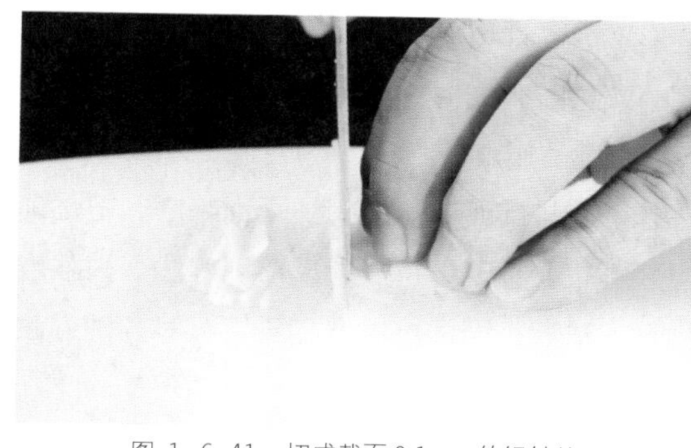

图 1-6-41　切成截面 0.1 cm 的银针丝

图 1-6-42　切成末状

【训练要领】

1. 熟悉各种丁、粒、末原料的切法和成形规格要求。
2. 用直尺检验切出的各种形状是否符合要求。
3. 反复练习直到熟练。

思政小结——养成正确、积极的职业态度

【小结导入】职业态度是指个人对所从事职业的看法及行为举止方面的倾向。一般情况下，态度的选择与确立，与个人对职业的价值认识，即职业观与情感维系程度有关。

【思考讨论】结合烹调技术实训，谈谈肯定的、积极的职业态度主要表现在哪些方面。

【分析强调】从事餐饮行业的人员需要遵守以下要求：第一，谦虚和蔼；第二，诚实，不弄虚作假，不以次充好，做到表里如一，言行如一；第三，热情周到，全心全意地为服务对象着想，做到个性化服务，使服务对象感到愉悦、满意。

模　块　小　结

本模块主要介绍了磨刀、刀工操作姿势、切、剁、砍、平刀直片、平刀推片、平刀拉片、平刀推拉片、平刀滚料片、正斜刀片、反斜刀片、麦穗花刀、菊花花刀、蓑衣花刀、松鼠型花刀、丝、片、块、条、丁等加工技能。通过训练帮助学习者理解刀工的重要性和适用性。凡是切制成形的成品或半成品，无论是丝、丁、条、片，或是其他形状，都应切得粗细均匀、长短相等、大小一致、整齐划一、清爽利落。只有切成这样，才有可能使菜肴的色、

香、味、形和营养俱佳。否则，不仅影响菜肴“形”的美观，也不易于烹调时掌握火候，造成细薄的入味先熟，粗厚的乏味后熟，等到粗厚的熟透时，细薄的已经质老、散碎，甚至烧焦，使菜肴的颜色、滋味、质地和营养都受到不同程度的影响。

在刀工技能的学习中，最为常用的学习方法有正面与反面对比法、仿真训练法、记忆训练法、反复训练法、想与练创新结合法、完整与分解法、直观可视法、反馈训练法、高强度训练法，这九种刀工的练习方法都具有各自的优点和缺点，同学可根据自身情况对各种方法进行组合使用，在练习过程中才能取得事半功倍的学习成果。

练 习 题

扫描下方二维码进行线上答题。

练习题

模块二

原料初加工技能实训

学习目标

素质目标：

1. 树立吃苦耐劳、脚踏实地的精神，弘扬勤俭节约之风。
2. 理解“没有劳动就没有收获”的朴素哲理。
3. 养成勤奋学习，严以修德，明辨是非，笃实做人的态度。
4. 拥有敬业精神和精益求精的工匠精神。
5. 树立远大的理想，努力提高自身素养，培养责任感，树立终身学习的观念。

知识目标：

1. 了解蔬菜类原料、家禽类原料、家畜内脏类原料、水产类原料、出肉加工、分档取料、整料出骨、干货原料涨发的基本加工步骤。
2. 熟悉原料初加工技能所包含的项目和初步加工的方法。
3. 熟悉家禽不同的开膛方式及各种开膛方法适用的烹调加工方法。
4. 熟悉甲壳类原料的营养特点及烹调运用原则。
5. 熟悉水法的分类，掌握水法干货原料的涨发原理。

能力目标：

1. 能正确理解原料初加工技能在中式烹调工艺中的重要作用与学习要求。
2. 能对代表性叶菜、果菜、花菜、根菜等进行初步加工。
3. 能对家禽类代表性原料进行宰杀、煺毛、开膛、内脏加工。
4. 能对常见代表性水产原料进行初步加工。
5. 能对代表性原料（鸡、鱼）进行分档取料、整料出骨。
6. 能运用水发、油发、碱发等技法涨发常见干货类原料。

项目一 蔬菜类原料初加工

任务一 叶类蔬菜初加工

知识储备

◎ 知识点一：叶类蔬菜的定义

以植物肥嫩的叶片和叶柄作为食用部位的蔬菜称为叶类蔬菜。按照产品的形态特点可分为普通叶菜、结球叶菜和香辛叶菜三种类型，普通叶菜主要品种有小白菜、油菜、荠菜、苋菜、菠菜、木耳菜等，结球叶菜主要有大白菜、结球甘蓝等，香辛叶菜主要有芹菜、韭菜、芫荽、茴香等。

◎ 知识点二：叶类蔬菜的初加工方法

1．摘剔加工。由于从市场购回的新鲜蔬菜基本都带有老根、黄叶、枯皮、泥沙等杂物，在清洗之前，要先挑选整理一下。不同品种的蔬菜，选择的方法也不一样，根据具体品种而定。

2．浸泡、清洗。叶类蔬菜经过选择之后，要进行清洗。根据不同品种，可采用不同的清洗方法。新鲜质嫩的小白菜、油菜、荠菜、苋菜等，洗后要烹制的，可先用冷水浸洗，然后再冲漂，清洗干净后供配料烹制。洗后不经高温烹制就生食的叶菜，可先用自来水清洗，把经过初步清洗的蔬菜放入配制的消毒液中（消毒液必须选用国家许用于蔬菜水果消毒的消毒剂并严格按照比例配制）按照标准时间浸泡，浸泡后再用洁净饮用水冲淋，沥干。

叶类蔬菜初加工实训案例——常见代表性叶菜初加工

扫一扫在线观看
“常见代表性叶菜初加工”
视频

【所需器具】

砧板、刀具、盛器。

【原料配备】

上海青200 g、生菜200 g、菜心200 g。

【训练流程】

原料选择→预整理→清洗→刀工处理。

【训练要求】

通过代表性叶类蔬菜原料的初加工训练，掌握各类典型叶类蔬菜的初加工方法，并实现举一反三的目标。

【原料加工】

1. 上海青加工：先用刀切去青菜的老根，随即剥去黄叶和老叶（见图2-1-1）。剥下嫩的菜叶，用刀将菜叶底部的筋切掉，中心部分用刀竖切两块，放进冷水盆里清洗干净即可（见图2-1-2）。如果是夏秋季节的青菜，虫卵较多，可采用盐水清洗，即将摘剔后的青菜直接放入兑好的2%～3%的盐水盆中，先浸泡5分钟左右，使虫卵吸盘脱落，再用冷水反复冲洗干净即可。

2. 生菜加工：将生菜中的老帮、老叶、黄叶、烂叶摘取，去掉菜根（见图2-1-3），直接食用的生菜用清水先洗一次，再用蔬菜清洗溶液浸泡5分钟左右，然后用清水清洗干净即可，注意密封保存，防止再次污染（见图2-1-4）。

3. 菜心加工：去掉外层的老帮、老叶、黄叶、烂叶，留取一层细嫩的帮叶，去掉较老的茎和叶尖（见图2-1-5），较粗大的可以在根部切上十字刀口（见图2-1-6），将根部分开，先用清水浸泡清洗，再用清水冲洗干净，控净水分即可。

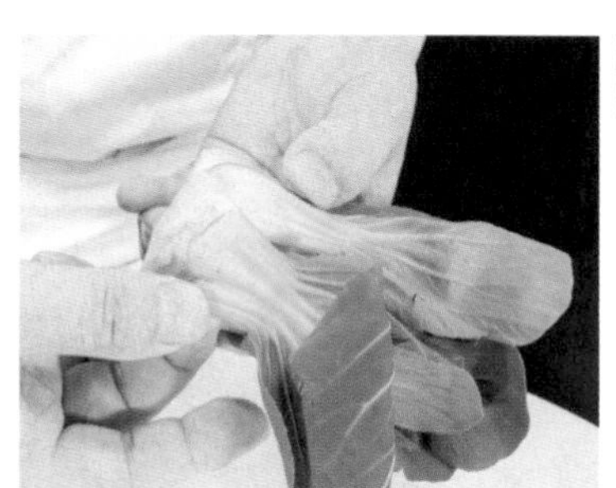
图 2-1-1　剥去黄叶和老叶

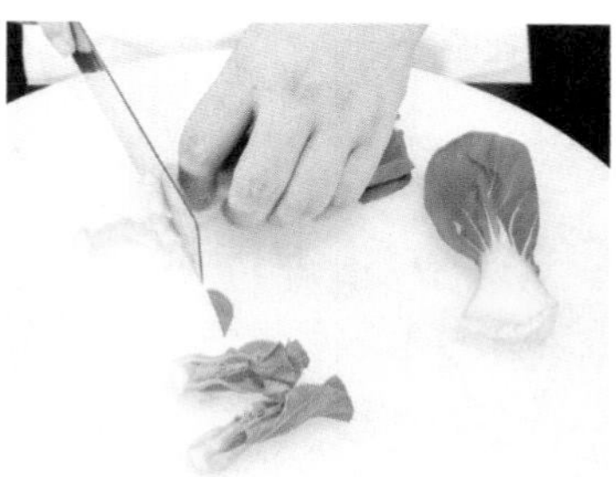
图 2-1-2　切去老筋

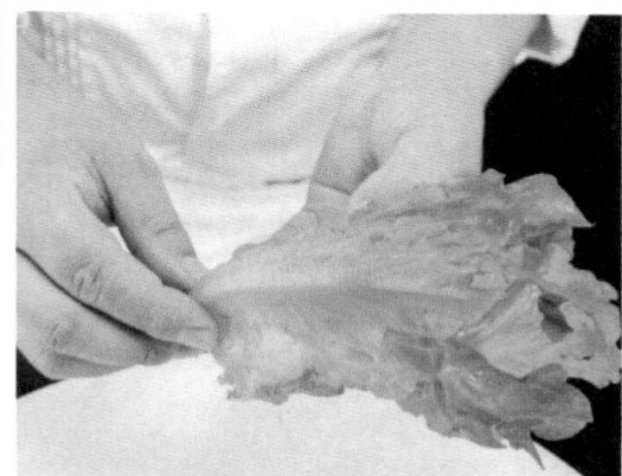
图 2-1-3　去掉质量欠佳部位

图 2-1-4　密封存放

图 2-1-5　去掉较老的茎和叶尖

图 2-1-6　根部切上十字刀

【训练要领】

1. 熟悉原料的性质及加工的质量标准。

2. 遵循蔬菜原料初加工三原则，即合理取舍、符合卫生要求、减少营养素的损失。

思政小结——练就高超技艺，弘扬勤俭节约之风

【小结导入】勤俭节约和倡导一种适度、合理的生活与发展方式，蕴含珍惜资源、保护环境的价值取向，包含以艰苦奋斗为荣、以骄奢淫逸为耻的道德品质，体现对可持续发展的重视、对子孙后代的负责，是社会文明的显著标识。从《尚书》提出“克勤于邦，克俭于家”，到诸葛亮崇尚“静以修身，俭以养德”，再到《朱子治家格言》叮嘱“一粥一饭，当思来处不易”，诸多古训格言都彰显了崇俭抑奢的中华传统美德。

【思考讨论】请结合烹调实训谈谈你对“勤俭节约”的理解。

【分析强调】民以食为天，食以粮为先，坚决制止各类浪费行为。在烹调实训过程中，应根据原料的性质进行合理加工、综合利用，避免可食用原料进入垃圾桶；练就高超的烹调技术，提升菜品烹调成功率。

任务二　果类蔬菜初加工

知识储备

◎ 知识点一：果类蔬菜的定义

果类蔬菜是指以果实或幼嫩的种子为烹饪原料的蔬菜。果菜类是蔬菜的一大类别，根据果实的构造特点，可将果菜类分为瓠果类、茄果类和荚果类三类。茄果类主要有番茄、茄子、辣椒等，荚果类主要有菜豆、豇豆、豌豆、刀豆、毛豆、蚕豆等，瓠果类主要有黄瓜、冬瓜、南瓜、丝瓜、苦瓜等。

◎ 知识点二：果类蔬菜的初加工方法

1．瓠果类蔬菜初加工。瓠果类蔬菜初步整理后一般都要进行去皮处理，然后去籽瓤，再进行清洗即可。如果被用于菜肴的容器或用作食品雕刻材料时，就不需要去皮加工。

2．茄果类蔬菜初加工。茄果类蔬菜初加工步骤与瓠果类蔬菜基本相同，个别茄果类蔬菜去皮方式有所不同，如番茄一般采用沸汤去皮法。

3．荚果类蔬菜初加工。豆荚类蔬菜初加工时一般撕掉筋蒂，清洗干净即可，如荷兰豆、豇豆、豆角等；种子类蔬菜初加工时要剥豆荚取用豆粒，如蚕豆、青豆、落豆等。

果类蔬菜初加工实训案例——常见代表性果菜初加工

【所需器具】

砧板、刀具、盛器。

【原料配备】

普通丝瓜和有棱丝瓜各1条、番茄3个、四季豆200 g。

【训练流程】

丝瓜去皮：去衣或去皮→清洗；番茄去皮：顶端用刀剞十字花刀 →沸水烫→冷水浸泡→去皮；四季豆加工：撕去筋→清洗。

扫一扫在线观看"常见代表性果菜初加工"视频

【训练要求】

通过代表性果类蔬菜原料的初加工训练，掌握各类典型果类蔬菜的初加工方法，并实现举一反三的目标。

【原料加工】

1．丝瓜加工：加工普通丝瓜时，只要用刀刮去表面的绿衣，切去头尾，随后放入清水内洗净即可（见图2–1–7）。有棱丝瓜的皮衣较老，加工时可用刀削皮（见图2–1–8），也可以用刨皮刀刨皮（见图2–1–9），切去头尾，随后放入清水内洗净。

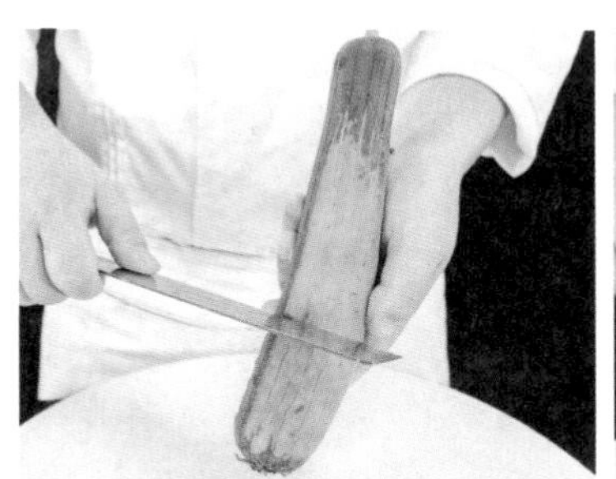
图 2–1–7　刀刮普通丝瓜去皮

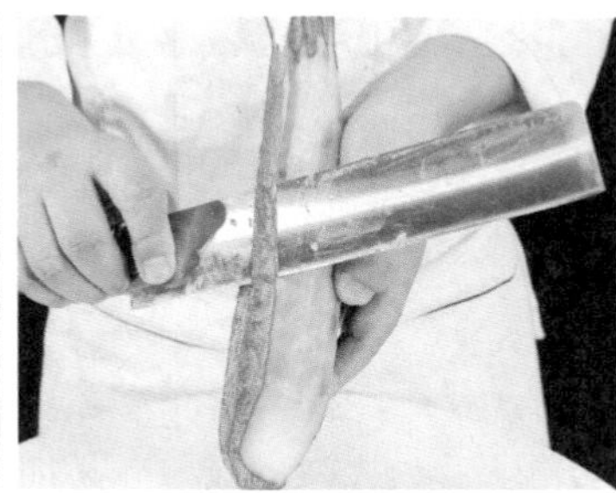
图 2–1–8　刀削有棱丝瓜去皮

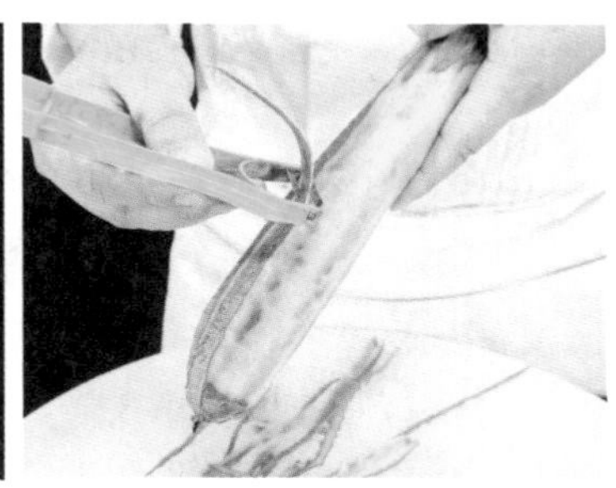
图 2–1–9　刨皮刀刨有棱丝瓜去皮

2．番茄去皮加工：用刀尖在番茄的表皮上端轻轻地剞十字花刀，深度大约为0.3 cm（见图2–1–10），然后将番茄放到沸水中，看到刀口有轻微的裂开即可捞出放在冷水中浸泡（见图2–1–11），然后捞出撕去外皮即可。

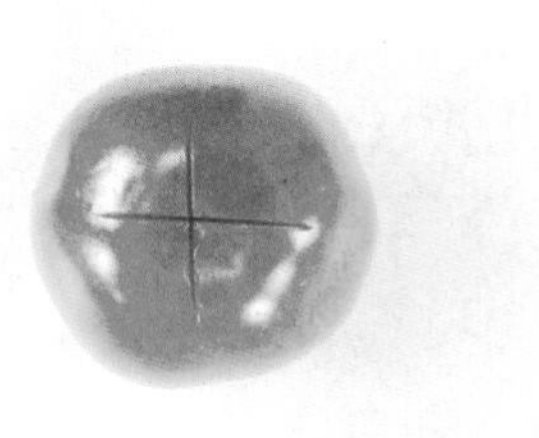
图 2–1–10　剞十字花刀

图 2–1–11　烫水后浸泡

3．四季豆加工：撕去豆尖（见图2–1–12）、蒂部和豆筋（见图2–1–13），豆尖中含有较多的豆角皂素（属于毒素物质），一定要去掉。蒂部和豆筋较粗老，影响食用。处理好后用清水浸泡，清洗干净即可。

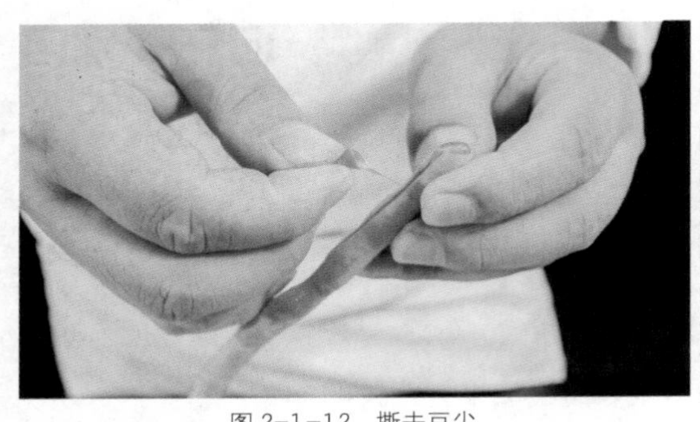
图 2-1-12　撕去豆尖

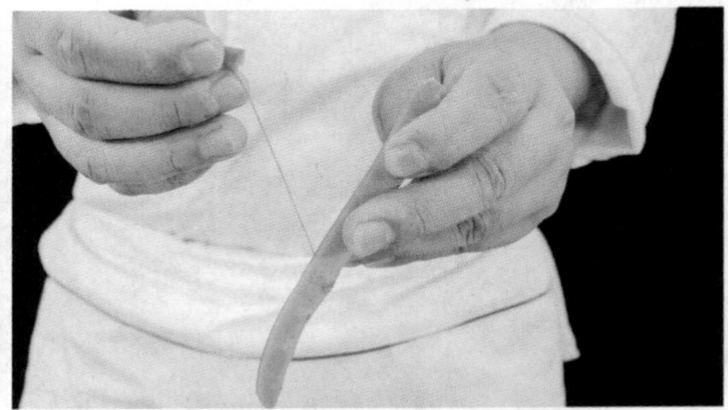
图 2-1-13　撕去豆筋

【训练要领】

1. 熟悉原料的性质及加工的质量标准。

2. 遵循蔬菜原料初加工三原则，即合理取舍、符合卫生要求、减少营养素的损失。

思政小结——丰收的礼赞：中国农民丰收节

【小结导入】经党中央批准，国务院批复，自2018年起将每年秋分设立为“中国农民丰收节”。设立“中国农民丰收节”，将极大调动起亿万农民的积极性、主动性、创造性，提升亿万农民的荣誉感、幸福感、获得感。

【思考讨论】请谈谈你是如何理解国家设立“中国农民丰收节”。

【分析强调】国家设立“中国农民丰收节”，就是礼赞“丰收”，礼赞“没有劳动就没有收获”的朴素哲理，礼赞“劳动最光荣、劳动最崇高、劳动最伟大、劳动最美丽”的精神价值，礼赞“新时代是奋斗者的时代”“幸福都是奋斗出来的”“奋斗本身就是一种幸福”的时代风尚。作为职业院校的学生，应牢记使命、不忘初心，认真学习专业知识与技术，做新时代的奋斗者。

任务三　花类蔬菜初加工

知识储备

◎ 知识点一：花类蔬菜的定义

以花器或肥嫩的花枝为产品的蔬菜称为花类蔬菜。在中国，可供食用的花卉就有50余种，如菊花、百合、芦荟、玫瑰、水白菜花、芥蓝菜花、黄花菜、西兰花、夜香花、南瓜花、芸花等。食用花卉具有特有的营养、食用、医疗保健等功能。

◎ 知识点二：花类蔬菜的初加工方法

加工花类蔬菜时，根据花的种类、形态、大小和烹调要求，先去掉花类蔬菜中相对木制化的蒂和花柄，一些花类蔬菜的花蕊部分也需要去除，例如南瓜花，然后进行浸泡、清洗即可。

花类蔬菜初加工实训案例——常见代表性花菜初加工

【所需器具】

砧板、刀具、盛器。

扫一扫在线观看
“常见代表性花菜初加工”
视频

【原料配备】

南瓜花200 g、西兰花1朵。

【训练流程】

南瓜花加工：去花芯→去茎皮→清洗；西兰花加工：浸泡或冲洗→处理→加工成适当大小。

【训练要求】

通过代表性花类蔬菜原料的初加工训练，掌握各类典型花类蔬菜的初加工方法，并实现举一反三的目标。

【原料加工】

1．南瓜花加工：先将花朵掰开，掐去中间的花芯（见图2-1-14）。这个步骤非常重要，因为花蕊上面的花粉是有毒的，不能食用。撕掉茎上的表皮，撕一段，折一段，把茎折成长5 cm左右的段，最后放入清水中清洗干净即可（见图2-1-15）。

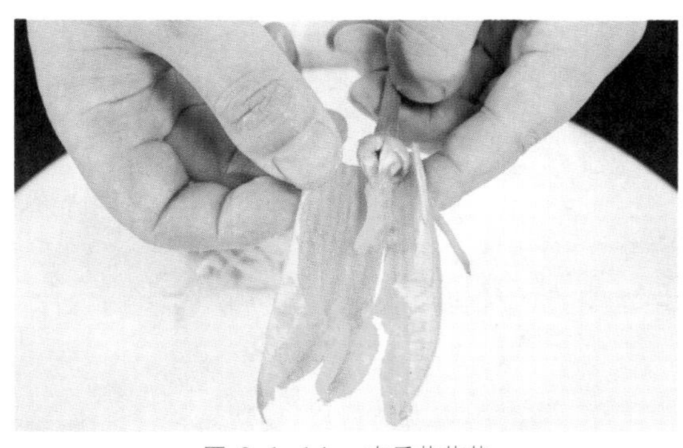

图 2-1-14　南瓜花花芯

图 2-1-15　加工后成品

2．西兰花加工：用手（见图2-1-16）或刀（见图2-1-17）将花菜分成适当大小，先用清水浸泡，除去杂质，清洗干净即可。

图 2-1-16　手掰法

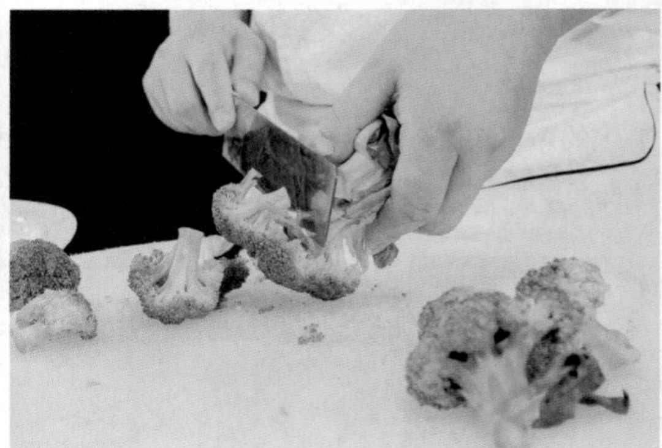
图 2-1-17　刀切法

【训练要领】

1. 熟悉原料的性质及加工的质量标准。

2. 遵循蔬菜原料初加工三原则，即合理取舍、符合卫生要求、减少营养素的损失。

思政小结——真抓实干、脚踏实地

【小结导入】2016年G20杭州峰会上，习近平说，中国对外开放“不是要营造自己的后花园，而是要建设各国共享的百花园”。“在经济全球化的今天，没有与世隔绝的孤岛”，各国越来越成为你中有我、我中有你的命运共同体，“大家一起发展才是真发展，可持续发展才是好发展”。

——《习近平的“花”之喻》（新华网，2017年3月27日）

【思考讨论】学习《习近平的“花”之喻》节选内容，结合自己的职业目标谈谈对这部分内容的理解。

【分析强调】作为新时代的大学生，应该将自己的职业目标与社会发展需要相结合，培养自己相互包容、相互帮助、顺应时代潮流、勇于创新的精神。

任务四　根茎类蔬菜初加工

知识储备

◎ 知识点一：根茎类蔬菜的定义

根茎类蔬菜是根菜类和茎菜类蔬菜的统称。根菜类以变态的肉质根部作为食用，主要包含萝卜、蔓菁、芥菜头、胡萝卜、紫菜头，以及作为调料的辣根、牛蒡、美国防风等。茎菜是以肥嫩而富有养分的变态茎作为食用的蔬菜。茎菜种类之多，仅次于叶菜和果菜，有的生于地下，有的生于地上，形态多样，容易与根菜混淆，识别较为困难。地上茎菜主要包含莴笋、茭白等，地下茎菜主要包含马铃薯、慈姑、芋头、荸荠、莲藕等。

◎ 知识点二：根茎类蔬菜的初加工方法

1．选择整理。加工根茎类蔬菜原料时一般只需要去掉头尾和根须，一些带壳原料要进行去壳处理，如茭白、竹笋等；有的需要削刮外皮，如土豆、芋头、怀山、荸荠、莴笋等。

2．清洗。处理后的原料放进清水中直接清洗即可使用。

3．预防褐变反应。一部分根茎类蔬菜由于含多酚类物质，遇到氧气就会发生褐变反应，导致原料呈现影响原料质量的褐色。这一类蔬菜去皮或刀工处理后，可浸泡在干净的清水中，也可以加入适量的酸性物质，如柠檬汁、白醋等，提高预防褐变反应的能力。

根茎类蔬菜初加工实训案例——常见代表性根茎蔬菜初加工

【所需器具】

砧板、刀具、盛器。

【原料配备】

土豆1个、莲藕1节、洋葱1个。

【训练流程】

原料选择→去皮或去衣→清洗→浸泡（保存）。

【训练要求】

通过代表性根茎蔬菜原料的初加工训练，掌握各类典型根茎类蔬菜的初加工方法，并实现举一反三的目标。

扫一扫在线观看“常见代表性根茎蔬菜初加工”视频

【原料加工】

1．土豆加工：将土豆外层表皮刮去或削掉，必须用刀尖挖去砂眼、斑痕以及变青和发芽部位（因为变青和发芽部位容易潜伏毒素物质龙葵素）（见图2-1-18），清洗干净，暂时不用一定要用塑料薄膜密封起来，或放在清水中浸泡存放，水中可以加少量的食盐或白醋（见图2-1-19），以防止去皮的土豆氧化发生酶促褐变，存放在4℃～10℃的环境中。

2．莲藕加工：先用刀切去藕的根部（见图2-1-20），随后用刀削去藕表面的黑衣，将藕放入盆中，用清水冲洗。如果孔内污泥多，无法洗净，可用筷子或竹针穿入藕孔内，边冲边洗（见图2-1-21）。如果污泥多且厚，无法通出，可以用刀沿着藕孔切开，浸泡在水盆里，泥土受潮会自然散开沉淀析出，再用清水冲洗即可。藕含有丰富的鞣酸，为防止氧化，需浸泡在水盆里待用。

3．洋葱加工：因洋葱中含有易挥发性的油类物质，对眼睛有刺激作用，可先将葱头放在水中浸泡约3分钟后捞出，用刀切去葱头的根部及顶尖部（见图2-1-22），撕去外层的老皮（见图2-1-23），清洗干净后，密封存放，防止感染其他原料。

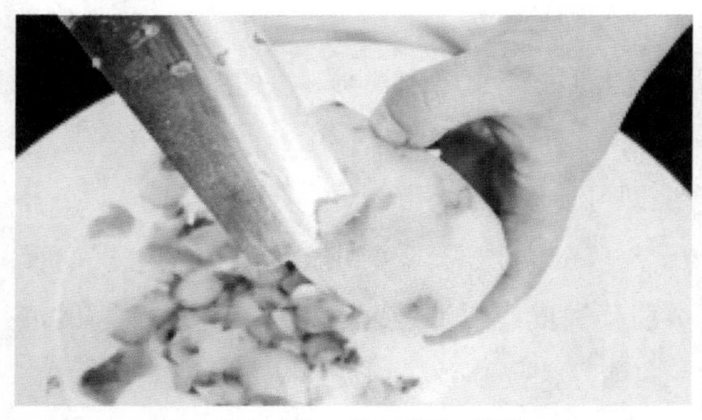
图 2-1-18　挖去砂眼、斑痕

图 2-1-19　水中加盐或白醋浸泡

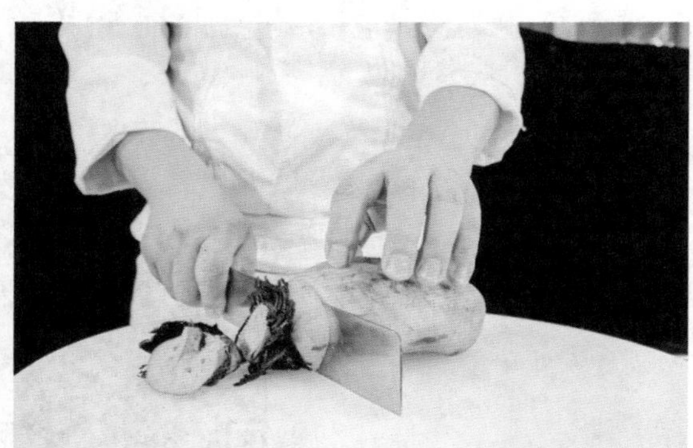
图 2-1-20　切去藕的根部

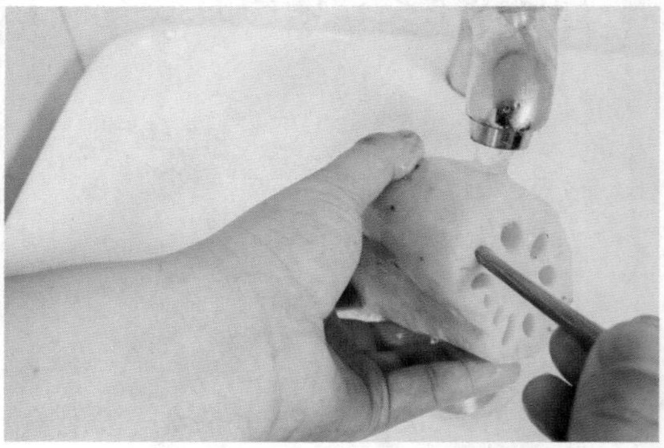
图 2-1-21　筷子插入冲洗孔洞

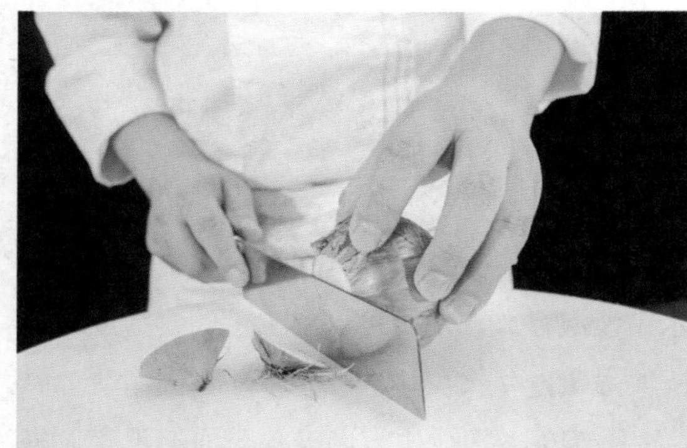
图 2-1-22　切去葱根、尖部

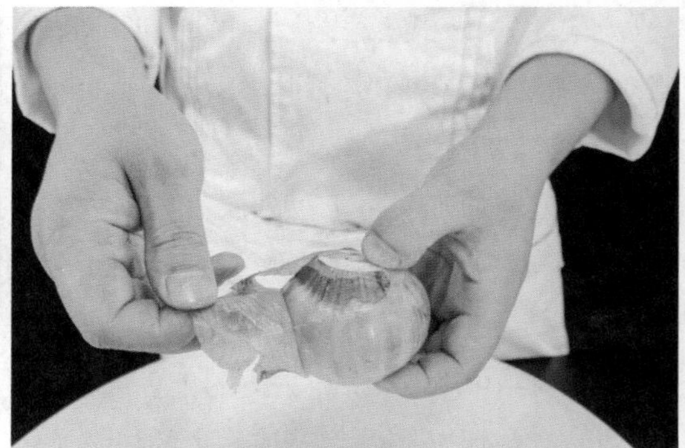
图 2-1-23　撕去外层老皮

【训练要领】

1. 熟悉原料的性质及加工的质量标准。

2. 遵循蔬菜原料初加工三原则，即合理取舍、符合卫生要求、减少营养素的损失。

思政小结——人生的扣子从一开始就要扣好

【小结导入】青年的价值取向决定了未来整个社会的价值取向，而青年又处在价值观形成和确立的时期，抓好这一时期的价值观养成十分重要。这就像穿衣服扣扣子一样，如果第一粒扣子扣错了，剩余的扣子都会扣错。人生的扣子从一开始就要扣好。

——习近平在北京大学师生座谈会上的讲话（2014年5月4日）

【思考讨论】认真分析上述讲话并谈谈你的理解。

【分析强调】衣服的扣子扣错了，大不了再扣一遍；人生的扣子一旦扣错，是无法重来一遍的。每个青年一定要遵照习近平总书记的谆谆教诲，切实“扣好人生的第一粒扣子”。

项目二 家禽类原料初加工

家禽是指人工豢养的鸟类动物，主要为了获取其肉、卵和羽毛，也有其他用处。家禽一般为雉科和鸭科动物，如鸡、鸭、鹅等，也有其他科的鸟类，如火鸡、鸽、鹌鹑等。家禽的肉富含蛋白质，同时也含有丰富的磷和其他矿物质，以及大量的符合维生素B。与多数牛肉和猪肉相比，家禽的肉脂肪更低，同时家禽的肝富含维生素A。对于家禽的烹调运用，需要经过宰杀、褪毛、开膛、内脏初加工等环节后方可运用与配菜烹调。

任务一 宰杀

知识储备

◎ 知识点一：宰杀分类

常见的宰杀方法有放血宰杀和窒息宰杀两种。放血宰杀是割断家禽的颈部血管和气管，排尽家禽血液导致家禽死亡，该方法主要用于宰杀鸡、鸭等家禽。窒息宰杀主要是针对一些野生禽类和小型家禽采用的方式，窒息宰杀是指将禽类闷死或用水淹致死，如鸽子、鹌鹑等宰杀一般都采用此法。

◎ 知识点二：宰杀要求

宰杀时应根据禽类品种的不同和烹调加工需要选择适合的宰杀方法。宰杀时，应注意宰杀口的大小要控制好，既要便于放血，又不能破坏整体造型。放血时一定要将血排干净，否则会影响菜肴的色泽。

宰杀实训案例——鸡的宰杀加工

【实训器具】

刀具、盛器等。

【原料配备】

活鸡1只。

【宰杀流程】

准备小盆→加水（加盐）→抓稳鸡→拔颈毛→放血→整理。

扫一扫在线观看
“鸡的宰杀加工”视频

【训练要求】

熟悉鸡的血管、气管所在位置，能按标准过程放血。

【宰杀过程】

1．宰杀家禽之前，要事先准备好一个小盆。盛器内放适量的冷水（冬季可用温水）并加入少许的食盐。

2．宰杀时左手握住鸡翅，用绳子绑住鸡爪或是小拇指勾住鸡的右腿。用拇指和食指捏住鸡颈皮并向后收紧（见图2-2-1）。

3．在下刀处拔净颈部鸡毛（见图2-2-2），然后用刀割断气管和血管，随后将鸡身下倾倒置，放尽血液，血要流入盛器内（见图2-2-3）。待血全部流尽后，用筷子将鸡血和盐水调匀待用。

4．将鸡脖子用鸡翅膀夹住即可（见图2-2-4）。

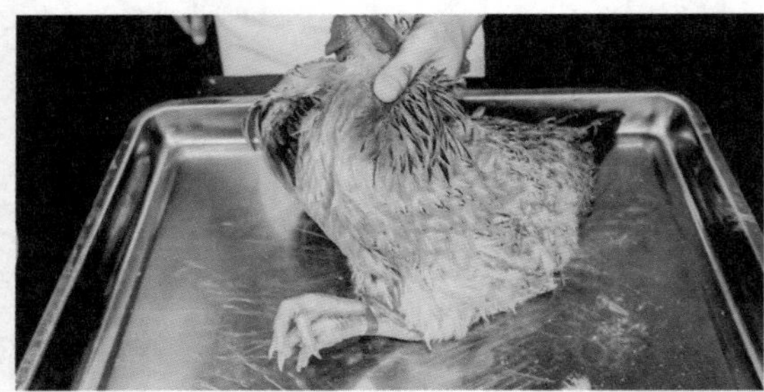

图 2-2-1　抓鸡方法

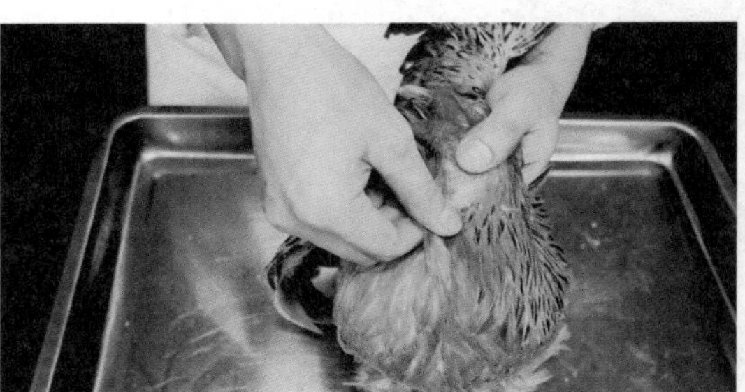

图 2-2-2　拔净颈部鸡毛

图 2-2-3　放血

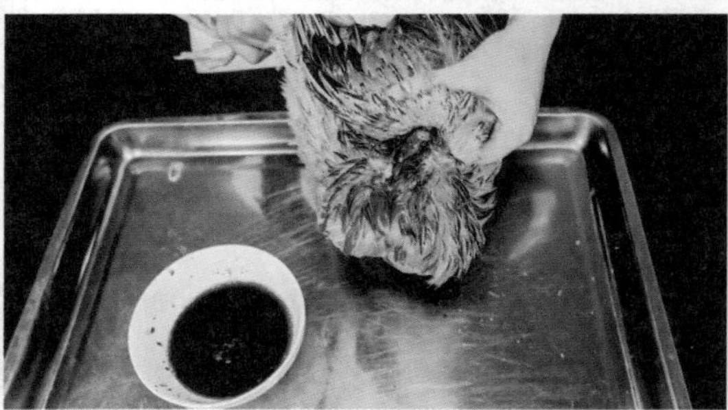

图 2-2-4　翅膀夹住脖子

【宰杀要领】

1．熟悉鸡的血管、气管所在位置。

2．下刀要稳准狠，干脆利落。

思政小结——弘扬闻鸡起舞的学习精神

【小结导入】相传晋代的祖逖小时候是个不爱读书的淘气孩子，进入青年时代，他意识到自己知识贫乏，深感不读书无以报效国家，于是就发奋读起书来。祖逖24岁的时候，曾有人推荐他去做官，他没有答应，仍然坚持读书。他半夜一听到鸡鸣，就披衣起床，拔剑练武，刻苦锻炼。春去冬来，从不间断。经过长期的刻苦学习和训练，他终于成为能文能武的全才，既能写得一手好文章，又能带兵打胜仗。

【思考讨论】仔细阅读“闻鸡起舞”的故事，谈谈这个故事给你的启示。

【分析强调】让我们以祖逖为榜样，学习他勤奋刻苦、坚持不懈的精神。在基本功的训练上狠下功夫，力求精益求精。

任务二　煺毛

知识储备

◎ 知识点一：煺毛的最佳时机

在确定禽类确实死亡以后，再过10分钟左右就是煺毛的最佳时机。

◎ 知识点二：水温和烫毛的时间

水温和烫毛时间要根据禽类的品种、肉质老嫩、大小及季节的不同而灵活掌握，通常，大而肉质老的禽类宜用80℃~95℃的水温，小而嫩的禽类宜用65℃~ 80℃的水温。

烫毛的最佳时间以能够轻易拔掉羽毛，而不会扯破皮肤为度，通常为3~5分钟。如水温过高或烫毛时间过长，都会引起体表脂肪溶解及肌肉蛋白质凝固，从而让皮肤变得紧而脆，失去原有的韧性，出现表皮破裂等不良情况。反之则不易脱毛，常扯破皮肤，影响形态美观。

◎ 知识点三：煺毛方法

烫制时，先用禽爪对水温进行测试，一般烫20秒可以拔下禽脚上的老皮。拔掉老皮后趁热将整只禽放入水中烫至禽毛能轻轻拔出时取出，然后顺着羽毛生长方向煺鸡头的毛和鸡喙、翅膀的粗毛，最后煺腹部、背部以及大腿羽毛。

煺毛实训案例——鸡的煺毛

【所需器具】

盛器、炉灶、锅具等。

【原料配备】

放血鸡1只。

【煺毛流程】

烧水→烫制→煺毛→清洗。

扫一扫在线观看
"鸡的煺毛"视频

【训练要求】

熟悉鸡肉质的老嫩，能按标准过程确定水温及煺毛。

【煺毛过程】

1．将水烧至将沸腾的状态，水温80℃～95℃时倒入大盆中。

2．先将鸡脚放入水中烫约20秒钟（见图2-2-5），再将鸡头和鸡翅放入水中烫约30秒钟，最后将整只鸡放入水中烫至鸡毛能轻轻拔出时将鸡取出（见图2-2-6）。

3．先煺去鸡脚的皮、趾甲，再煺鸡头的毛和鸡喙、翅膀的粗毛，最后煺腹部、背部以及大腿羽毛（见图2-2-7）。

4．煺净毛后用清水清洗干净即可（见图2-2-8）。

图 2-2-5 烫鸡脚

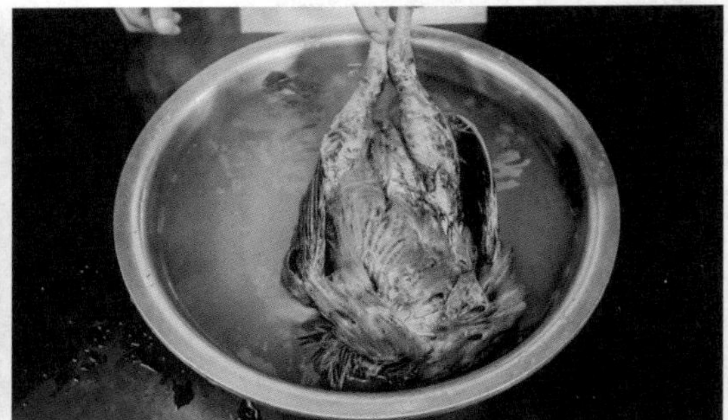

图 2-2-6 整只鸡入水中烫

图 2-2-7 拔鸡喙

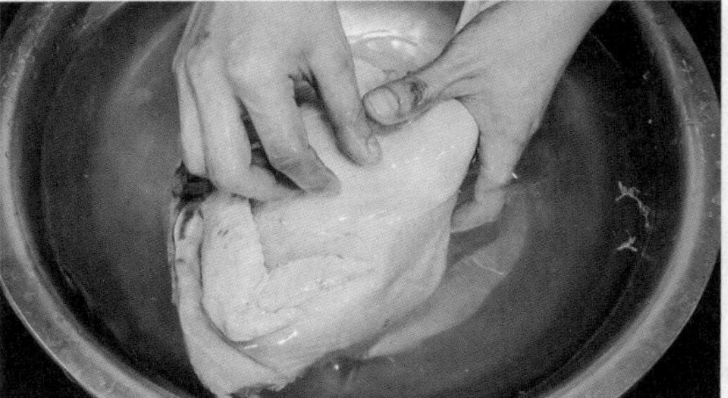

图 2-2-8 煺净毛清洗

【烟毛要领】

1. 必须在鸡完全死亡后进行。过早，因为鸡尚在挣扎，肌肉痉挛、皮肤紧缩，毛不易煺尽；过晚，则肌体僵硬，也不易煺尽。

2. 水温恰当。水温过高，会把鸡皮烫熟，煺毛时皮易破；水温过低，毛不易煺掉。

思政小结——食物中蕴含的人生哲理

【小结导入】古装武侠剧《射雕英雄传》中的“北丐”洪七公深谙美食之道，他深知真正的烹调高手，能在最平常的菜肴之中，显出奇妙功夫。这道理与武学相似，能在平淡之中现神奇，才说得上是大宗匠的手段。

【思考讨论】根据问题导入的相关内容，结合烹调加工技艺谈谈其中蕴含的人生哲理。

【分析强调】很多美味的东西，虽然看似做法简单，却需要更多的耐心。学习烹调技术的人需要培养耐心，一步一个脚印地学习基本技能。

任务三　开膛

知识储备

◎ 知识点一：开膛的定义

禽类原料经宰杀、煺毛后还需将内脏取出，才能进行刀工或烹调。开膛就是指剖开禽类胸腹腔，取出内脏的过程。取出内脏时一定要小心有序，如果破坏了嗉囊、胆或肠等，将给后续的加工带来麻烦。

◎ 知识点二：开膛的种类

要根据菜肴的要求，对家禽采用不同的开膛方式，如腹开、背开、肋开等。腹开又称膛开，是指在肛门与腹部之间开口取内脏。背开又称脊开，是指从禽背脊骨中央开口取内脏。肋开又称腋开，是指从禽的翅膀下开口取内脏。

开膛实训案例——鸡的开膛

【所需器具】

盛器、刀具、剪刀等。

扫一扫在线观看
“鸡的开膛”视频

【原料配备】

光鸡（未取内脏）3只。

【开膛流程】

腹开（膛开）：开小口→拉出食管、气管、嗉囊→取出内脏；肋开（腋开）：拉出食管→分食管与嗉囊筋膜→翅膀下开刀→取内脏；背开（脊开）：背部开刀→取内脏。

【训练要求】

熟悉各类菜肴的成菜要求，选取正确合适的开膛方法，能按标准过程进行开膛。

【开膛过程】

1. 腹开（膛开）：先在鸡颈后边靠近翅膀处开个小口，拉出食管和气管切断，再拉出嗉囊并切断（见图2-2-9）。在肛门与腹部之间划约6 cm长的刀口（见图2-2-10），取出肠子、内脏。

2. 肋开（腋开）：先从宰杀口处分开食管与气管，然后拉出食管（见图2-2-11），用手沿食管摸向嗉囊，分开筋膜与食管（但不切断食管）。再在翅膀下方开一个弯向背部的月牙形刀口（见图2-2-12），把手指伸进去，掏出内脏，拉出食管（包括嗉囊）、气管。

3. 背开（脊开）：用刀从尾部脊骨处切入（见图2-2-13）（不可切入太深，以免刺破腹内的肠、胆），去掉内脏（见图2-2-14），冲洗干净即可。

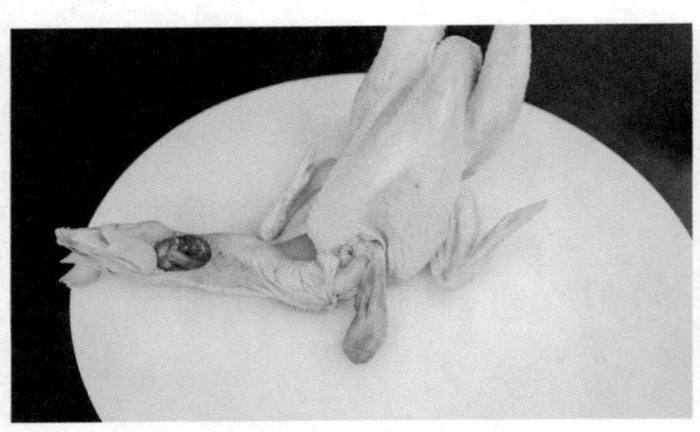

图 2-2-9　鸡颈部开口位置

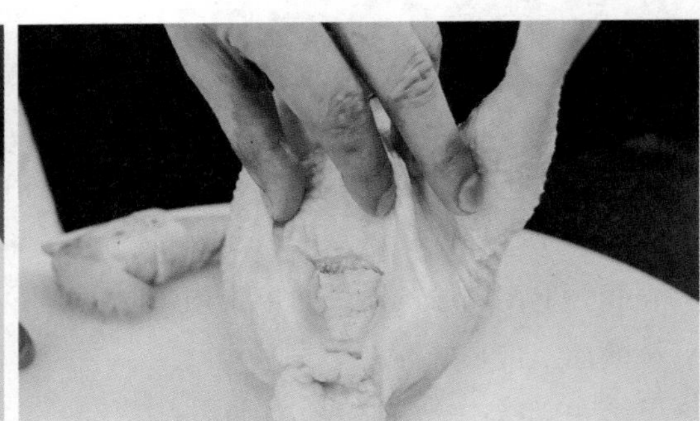

图 2-2-10　鸡腹部开口位置

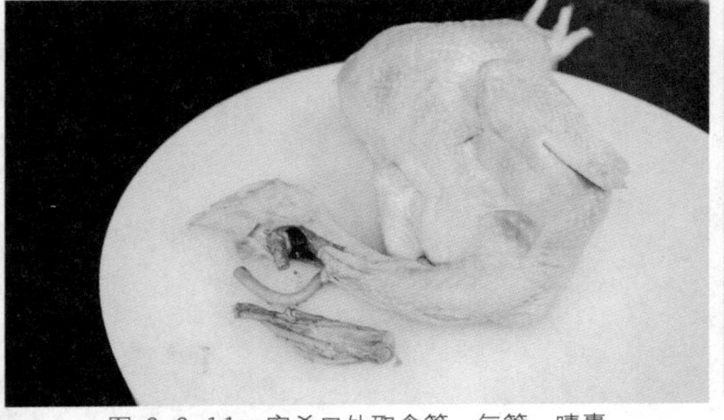

图 2-2-11　宰杀口处取食管、气管、嗉囊

图 2-2-12　翅膀下方开月牙形刀口

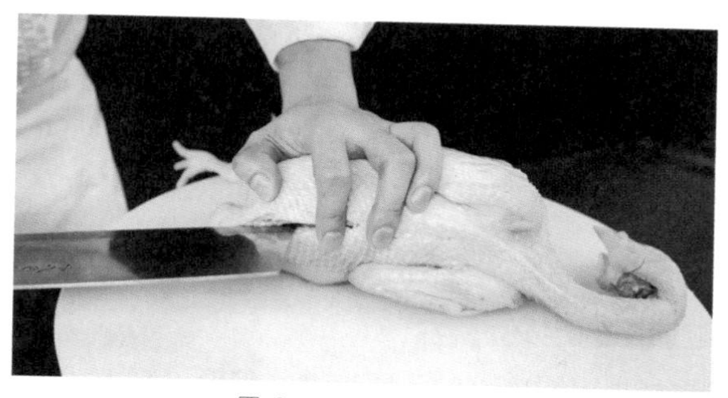

图 2-2-13　背部入刀

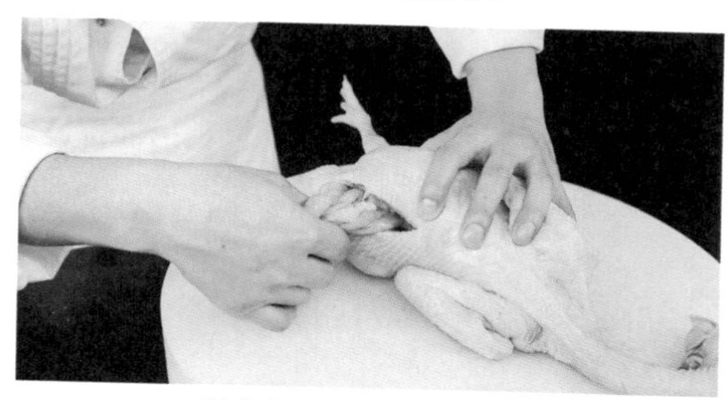

图 2-2-14　刀口处取出内脏

【适用烹调】

1. 腹开（膛开）：腹开法适用于烧、炒、拌等大多数烹调方法。

2. 肋开（腋开）：肋开法适用于烧、烤等烹调方法，调料从翅下开口处塞入，烤制时不会漏油，颜色均匀美观。

3. 背开（脊开）：背开法适用于清蒸、扒制等烹调方法，成菜上桌时看不见切口。

【开膛要领】

1. 用腹开法去内脏时，切勿弄破肝和苦胆。

2. 用背开法去内脏时，不可划破禽肠。

3. 用肋开法去内脏时，切勿拉碎禽的肝和胆。

思政小结——习近平总书记的“劝学”思想

【小结导入】“好学才能上进”，习近平指出，中国共产党人依靠学习走到今天，也必然要依靠学习走向未来。我们的干部要上进，我们的党要上进，我们的国家要上进，我们的民族要上进，就必须大兴学习之风。

——《十八大以来，习近平大力“劝学”“促学”》（新华网，2017年6月14日）

【思考讨论】烹调技术的养成需要学习吗？为什么？

【分析强调】学习要沉下心来，持之以恒，不能心浮气躁、浅尝辄止、不求甚解。

任务四　内脏加工

知识储备

◎ 知识点一：内脏加工的定义

开膛后取出内脏，再根据不同内脏的不同特性，采取不同方式进行加工，从而满足菜肴下一步加工要求的过程称内脏加工。

◎ 知识点二：禽内脏的营养价值

禽的内脏中，嗉囊、气管、肺污秽重不能食用，其他的部位，如心、肝、肠等经过清洗，不仅可以食用，还有一定的医疗作用。

内脏加工实训案例——鸡内脏加工

扫一扫在线观看
“鸡内脏加工”视频

【所需器具】

盛器、刀具、剪刀等。

【原料配备】

鸡胗、鸡肠、鸡油。

【加工流程】

鸡胗加工：剖开→去肫皮和污物→清洗；鸡肠加工：理条→剖开→去污物→清洗；鸡油加工：清洗→成形→蒸制→去杂质。

【实训要求】

熟悉常见鸡内脏的加工方法，能按标准过程加工内脏。

【加工过程】

1．鸡胗加工：用剪刀剪开（见图2-2-15），冲洗污物，撕去鸡内金（见图2-2-16）。用少许食盐涂抹在鸡胗上，揉擦除去黏液，再用清水冲洗，直到水清澈、手感不滑为止。

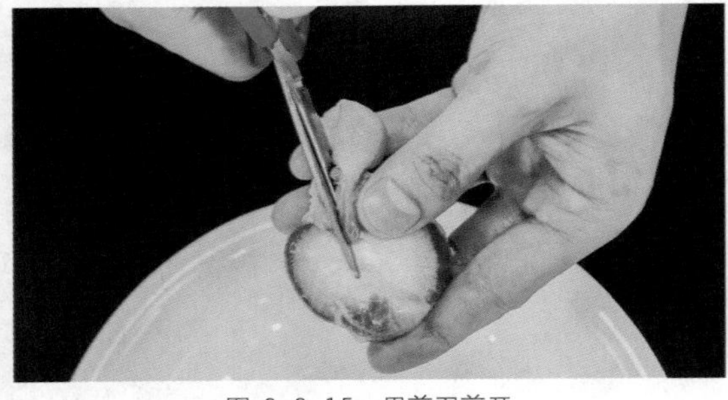

图 2-2-15　用剪刀剪开

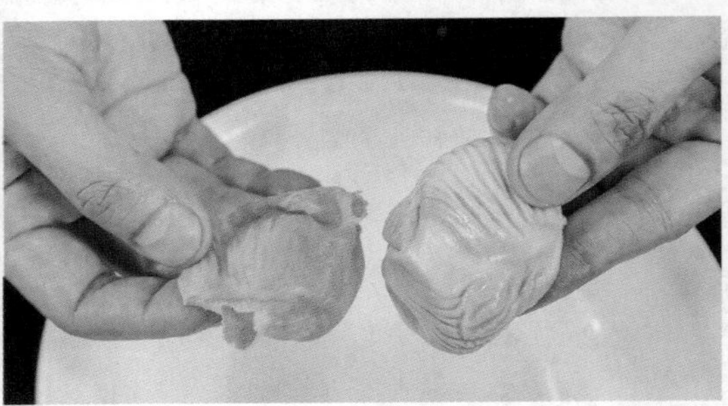

图 2-2-16　撕去鸡内金

2. 鸡肠加工：先将鸡肠理成直条，抽去附在肠子上的两条白色胰脏（见图2-2-17），然后用剪刀头穿入肠子，将肠子剖开（见图2-2-18），用水冲洗肠内的污物（见图2-2-19），再将鸡肠放在盛器里，加食盐和米醋，用力搓去肠壁上的黏液，再用水清洗数次，直到手感不滑、无腥味（见图2-2-20）。

3. 鸡油加工：先将油脂洗净后改刀切碎，放入容器中，加上葱段、姜片（见图2-2-21），上笼蒸至油脂熔化后取出，去掉葱段、姜片等杂质后即为色黄而香的明油（见图2-2-22）。

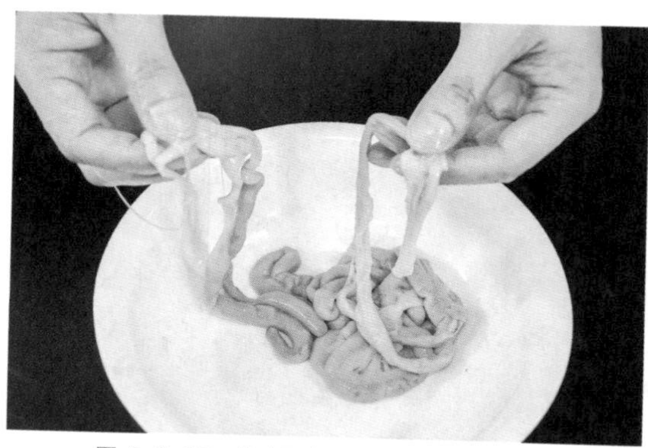

图 2-2-17　抽去两条白色胰脏（见左边）

图 2-2-18　剪刀剖开肠子

图 2-2-19　清水冲洗

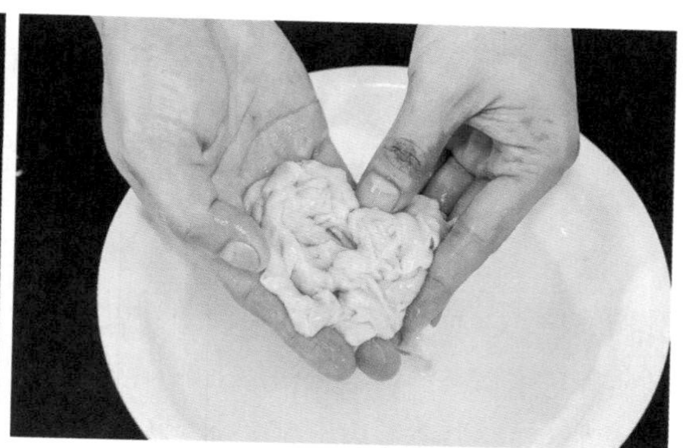

图 2-2-20　用食盐和米醋反复洗净

图 2-2-21　蒸制前

图 2-2-22　蒸制后

【加工要领】

1．鸡胗、鸡肠含有较多黏液，需要借助盐、醋、清水等处理干净。

2．加工明油前，鸡油一定要清洗干净，并用姜葱去腥增香。

思政小结——心守诚信，必有远方

【小结导入】“守诚信”是中华民族的传统美德，也是社会主义核心价值观的基本要求。系统梳理习近平总书记关于诚信建设的思想，努力营造“守诚信”的浓郁文化氛围，让“守诚信”成为人们“日用而不觉”的价值追求，必将对全社会培育和践行社会主义核心价值观产生重要的推动作用。

——《让“守诚信”成为人们的行为自觉》（《河南日报》2015年10月16日）

【思考讨论】请结合餐饮行业职业道德要求，谈谈餐饮服务中如何做到“守诚信”。

【分析强调】严格遵守食品安全相关法律法规，依法经营，诚信经营，严格执行食品安全操作规范，落实餐饮服务食品安全的各项管理制度；认真履行餐饮服务食品安全主体责任；不采购、使用法律法规禁止生产经营的食品、食品添加剂及食品相关产品。

项目三 家畜内脏原料初加工

家畜类原料一般都是通过专业的屠宰场进行宰杀，市场上销售的家畜肉都已经过合理的分档取料，因而对买回来的畜肉进行初加工也比较简单，主要是对其进行清洗和去除血污、杂质等。家畜类的内脏是初加工的重点，处理不当会对食用效果产生比较大的影响，所以需要特别的技法。家畜内脏主要包含肠、肚、肝、肺、腰等。

清洗家畜内脏时需要根据原料的性质、特点选用恰当的清洗方法。家畜内脏清洗的方法主要包含翻洗法、盐醋搓洗法、刮剥清洗法、漂洗法、灌水法等。

任务一　肠的初加工

知识储备

◎ 知识点一：肠的清洗方法

家畜内脏的肠主要包含小肠、大肠和肠头，小肠由于异味较轻清洗的难度相对较小，但大肠是排泄粪便的主要器官，异味较重，因此清洗时相对比较麻烦。常常是盐醋搓洗、灌水冲洗、刮剥清洗等方法并用。

◎ 知识点二：肠的营养

肠用于输送和消化食物，有很强的韧性，还有适量的脂肪。猪大肠性寒，味甘；有润肠，去下焦风热，止小便的作用。用猪大肠治疗大肠病变，有润肠治燥，调血痢脏毒的作用，古代医家常用于痔疮、大便出血或血痢。

肠的清洗实训案例——肥肠清洗

扫一扫在线观看
“肥肠清洗”视频

【所需器具】

盛器、刀具、剪刀等。

【原料配备】

肥肠1000 g，盐、白醋适量。

【清洗流程】

盐醋搓洗→里外翻洗→初步熟处理。

【训练要求】

熟悉肥肠清洗的方法，善于总结、掌握相近品种的加工技巧。

【清洗过程】

1．将原料放在盆内，加入少许盐和白醋，反复对其进行搓揉（见图2-3-1）。

2．肠上的黏液凝固脱离后再用冷水冲洗，然后把口大的一端翻向细小一端翻转，用手指撑开，灌清水，肠子受到水的压力，就会翻转（见图2-3-2）。等肠子完全翻转后，就可以摘去附在肠上的污物，若无法摘去，也可以用剪刀剪去（见图2-3-3），再用清水冲洗，然后将猪肠翻回原样（见图2-3-4）。

3．将洗净的肠子放到冷水锅里，边加热边用用具翻动（见图2-3-5），等水烧沸后肠子的污秽就会凝固，捞出来用清水冲洗即可（见图2-3-6）。

图 2-3-1　盐、白醋反复搓

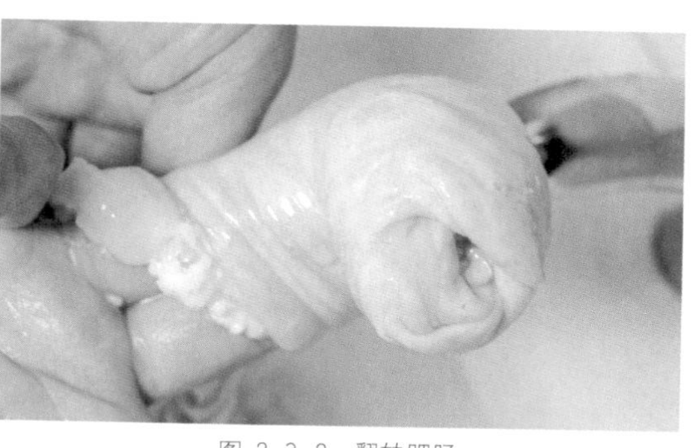

图 2-3-2　翻转肥肠

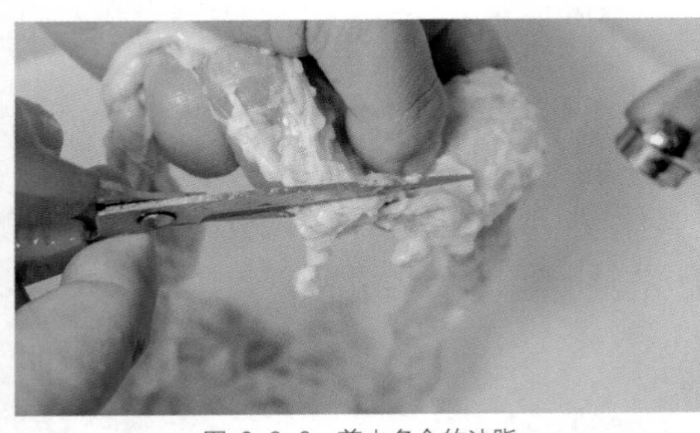

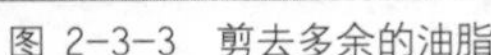
图 2-3-3　剪去多余的油脂

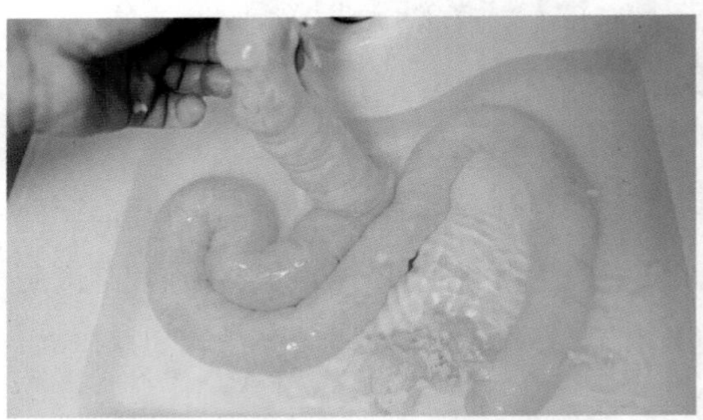

图 2-3-4　冲洗翻回原样

图 2-3-5　煮制

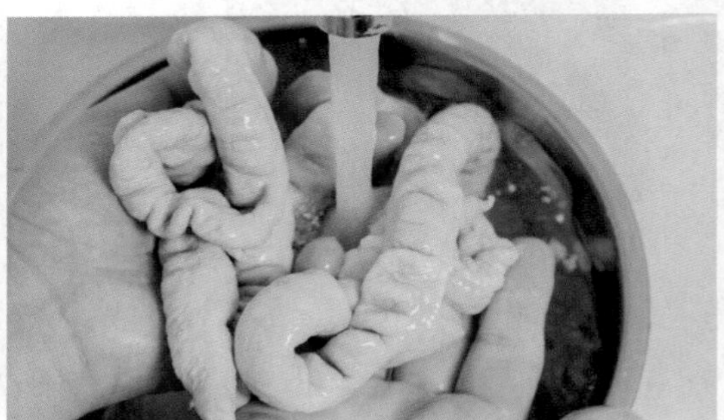

图 2-3-6　清水冲洗

【清洗要领】

1. 用盐醋清洗的同时也可以用面粉、生粉或淘米水辅助。
2. 去除粘液、油脂等污秽后，还必须用清水反复清洗干净，使其成为洁净的烹调原料。

思政小结——取其精华、去其糟粕

【小结导入】任何一个民族的历史传统中都既有精华、也有糟粕，必须在扬弃中继承和发展。中国共产党对待传统文化的一贯态度是，坚守中华民族的文化根脉，取其精华、去其糟粕，弘扬优秀传统文化，坚定不移走中国特色社会主义道路。

——《取其精华、去其糟粕》（《中国纪检监察报》2017年6月19日）

【思考讨论】深入理解“取其精华、去其糟粕”的内涵，谈谈我们应该如何应对外来饮食文化。

【分析强调】对外来饮食文化，真正可取的态度是取其精华、弃其糟粕，因地制宜地不断更新、完善，形成符合国人、符合健康饮食需要的民族饮食文化。

任务二　肺的初加工

知识储备

◎ 知识点一：肺的概述

猪肺含有大量人体所需的营养成分，包括蛋白质、脂肪、钙、磷、铁、烟酸以及维生素B1、维生素B2等，具有补虚损、健脾胃的功效，适用于气血虚损、身体瘦弱者食用。选购肺的时候，表面色泽粉红、光泽、均匀，富有弹性的为新鲜肺。变质肺其色为褐绿或灰白色，有异味，不能食用。如见肺上有水肿、气块、结节以及脓样块节外表异常的也不能食用。肺适于炖、卤、拌，如“卤五香肺”“银杏炖肺”。

◎ 知识点二：肺的清洗

肺是动物的呼吸器官，有很多肺泡，会吸进很多灰尘沉积在肺里，还可能有病毒和细菌，因此必须反复清洗方可用于烹调。为了将肺内污物清除干净，常采用灌水冲洗法。

肺的清洗实训案例——猪肺清洗

【所需器具】

盛器、刀具等。

扫一扫在线观看“猪肺清洗”视频

【原料配备】

猪肺一个、姜片30 g、料酒30 g。

【清洗流程】

灌水→拍打→挤压→破膜清洗→初步熟处理。

【训练要求】

熟悉猪肺清洗的方法，善于总结、灵活运用。

【清洗过程】

1. 用手抓猪肺管，套在水龙头上，将水直接通过肺管灌入肺内（见图2-3-7）。

2. 肺叶充水胀大、血污外溢时，将猪肺脱离水龙头，然后平放在空盆内，用双手轻轻拍打肺叶，并倒提起肺叶，使血污流出（见图2-3-8），如水流速度很慢，可用双手平放在肺叶上，用力挤压，将肺内的血污放出来（见图2-3-9）。

3. 按此方法重复3~4次，至猪肺发白时，用刀划破肺的外膜，用清水反复冲洗（见图2-3-10）。

4. 锅中加入适量的水，加入姜片、料酒，将猪肺切成大块状放入，点火，煮至猪肺熟透（见图2-3-11），最后捞出清洗干净即可（见图2-3-12）。

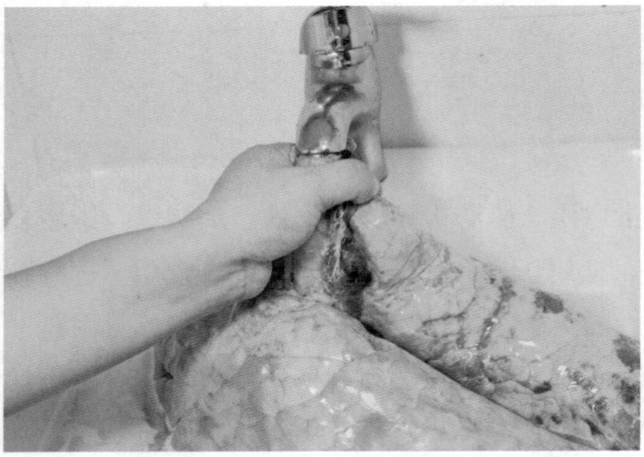

图 2-3-7　灌水入肺

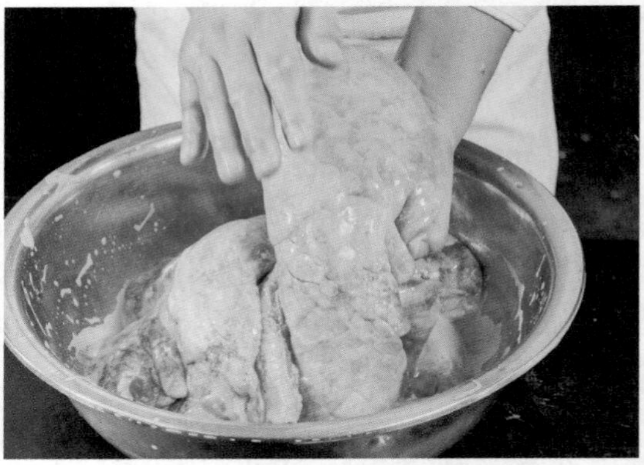

图 2-3-8　拍打流出污物

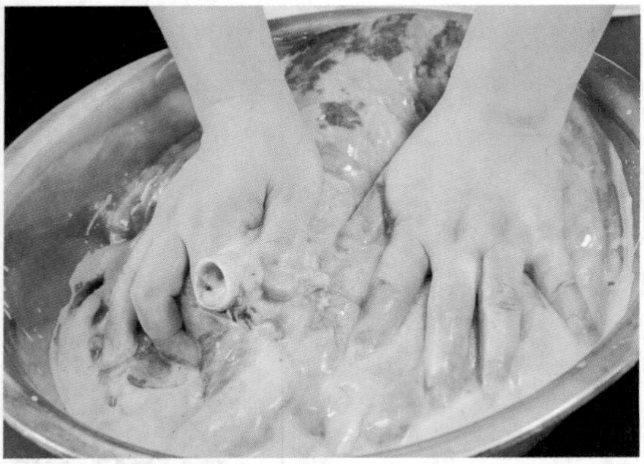

图 2-3-9　双手挤压污物

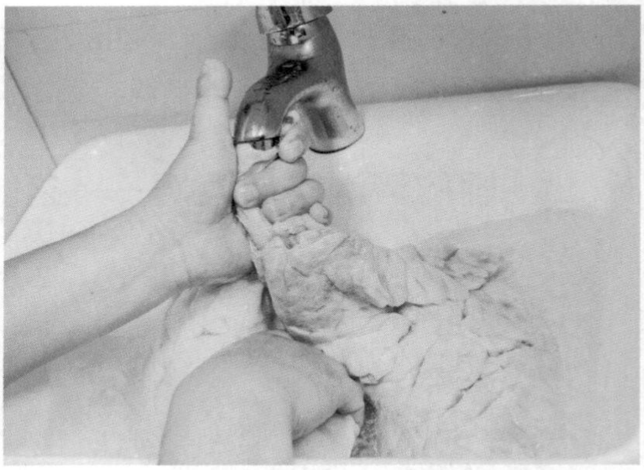

图 2-3-10　反复冲洗至白

图 2-3-11　汆水

图 2-3-12　成品

【清洗要领】

买猪肺时一定要挑整条气管没破的，肺上没破损的灌水时才不会费力。

思政小结——以厨师的名义诠释工匠精神

【小结导入】厨师行业中的刀工、烹饪技法、摆盘等无不体现精巧的技术。工匠精神的精髓就是怀着严谨的态度，对自己的产品精雕细琢。

【思考讨论】请谈谈你是如何理解厨师职业中的“工匠精神”。

【分析强调】复杂的事情简单做，简单的事情重复做，不断雕琢自己的产品，不断改善自己的工艺，对细节有高要求，对出品追求完美和极致。正是厨师们这种精益求精的“工匠精神”，才使博大精深的中华饮食文化享誉世界。作为职业院校的学生，应把“工匠精神”与学习技术紧密结合，成为具有工匠品质的高技能人才。

任务三　舌的初加工

知识储备

◎ 知识点一：舌的概述

舌俗称“舌头”，是进食和发声的重要器官。舌含有丰富的蛋白质、维生素A、烟酸、铁、硒等营养元素，有滋阴润燥、改善贫血、促进发育等功效。选购时选择灰白色包膜平滑，无异块和肿块，舌体柔软有弹性，无异味的为佳。舌肉质坚实，无骨，无筋膜、韧带，熟后无纤维质感，可用酱、烧、烩等烹饪方法制作。

◎ 知识点二：舌的清洗

舌虽然营养美味，但是舌根含有淋巴，舌头表面有舌苔白膜，这些物质会影响食用的安全性与菜肴成菜的质量，因此必须反复清洗方可安全食用。为了将舌上污物清除干净，可采用冲洗法、沸煮刮洗法相结合的方法。

舌的清洗实训案例——猪舌清洗

扫一扫在线观看
“猪舌清洗”视频

【所需器具】

盛器、刀具、刨刀等。

【原料配备】

猪舌一个、姜片30 g、香葱40 g。

【清洗流程】

冲洗→沸水刮洗→清洗→整理。

【训练要求】

熟悉猪舌加工的方法，善于总结、灵活运用。

【清洗过程】

1．先用水将猪舌冲洗干净（见图2–3–13）。

2．锅中加入水、姜片、香葱，放入猪舌，煮至舌苔发白立即取出（见图2–3–14）。

3．将猪舌捞出放冷水透凉后捞出，用小刀刮去白苔（见图2–3–15），用剪刀把猪舌根剪开，把舌根里面的粘液清洗干净即可（见图2–3–16）。

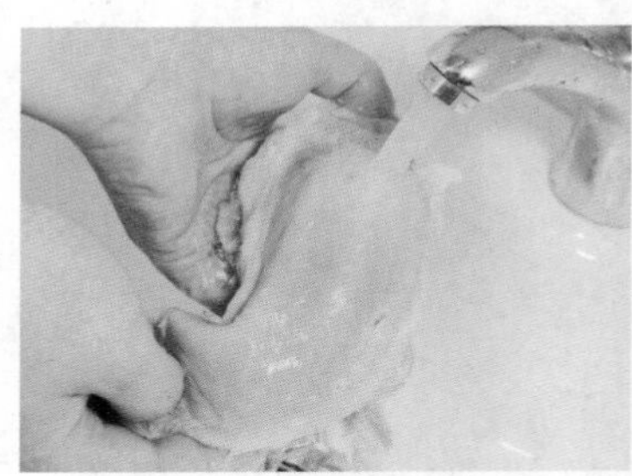
图 2–3–13　清洗猪舌

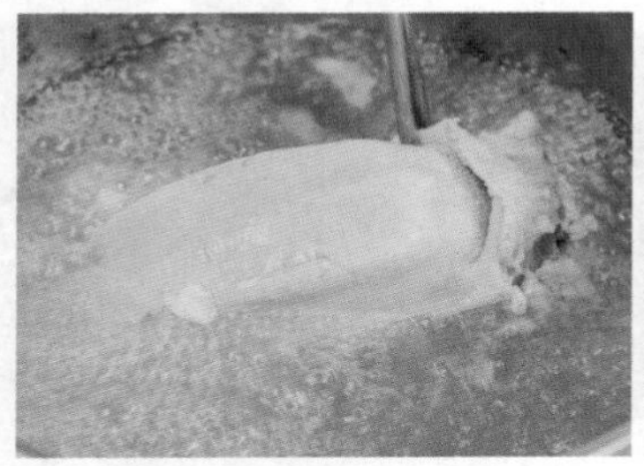
图 2–3–14　舌苔变性发白

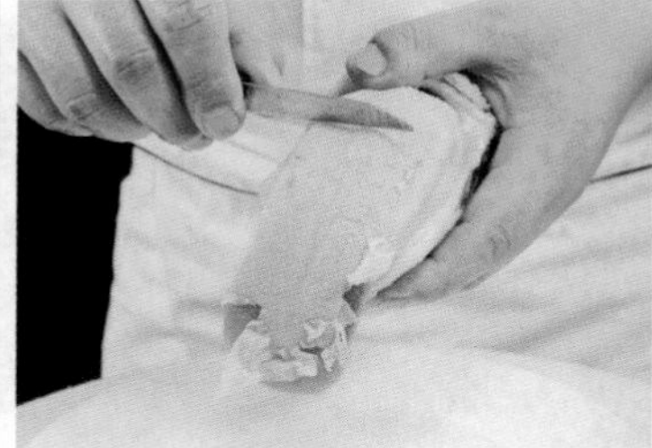
图 2–3–15　刮去白苔

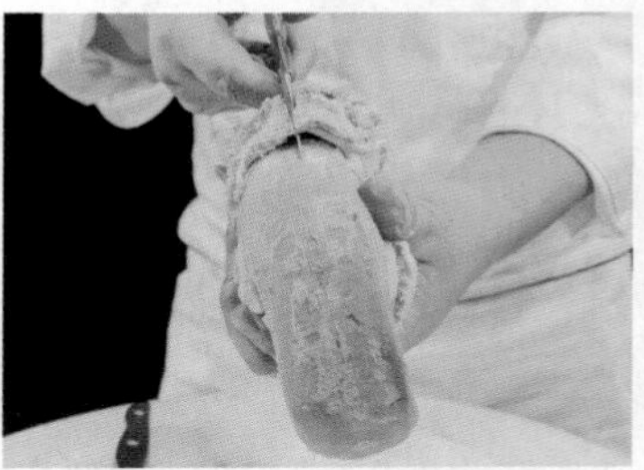
图 2–3–16　剪开猪舌根

【清洗要领】

1．选用新鲜猪舌头进行加工。

2．煮制时应冷水下锅。

思政小结——个人＋“工匠精神”＝？

【小结导入】注重增强学生实践能力，培育工匠精神，践行知行合一，多为学生提供动手机会，提高解决实际问题的能力，助力提升中国产品的质量。

——李克强在北京召开高等教育改革创新座谈会上的重要讲话（2016年4月15日）

【思考讨论】查询相关资料，讨论“个人+‘工匠精神’=？”的内涵。

【分析强调】中国经济的发展需要大力提倡工匠精神，培养大量既熟悉新经济又掌握传统产业技能的人才。2016年4月24日，李克强在四川芦山县考察时重心长地对学生们说，上大学和读高等职业学校，不管走哪条路都可以成为大师。因此，高职院校的学生应坚定自信，弘扬工匠精神，践行社会主义核心价值观。

项目四　水产原料初加工

任务一　鱼类原料初加工

知识储备

◎ 知识点一：鱼类原料概述

鱼的种类有很多，一般将鱼分为海水鱼和淡水鱼，海水鱼是生活在海里面的鱼类，淡水鱼是生活在江河湖泊里面的鱼类。据调查，我国淡水鱼有1000多种，著名的“四大家鱼”（青鱼、草鱼、鲢鱼、鳙鱼）和鲤鱼、鲫鱼等都是我国主要的优良淡水鱼品种。我国的海水鱼已知的约有2000种，常见的有带鱼、大黄鱼、巨石斑鱼等，以及中华鲟、大马哈鱼、大西洋鲑等洄游鱼类。鱼肉富含动物蛋白质和磷质等，营养丰富，滋味鲜美，易被人体消化吸收，对人类体力和智力的发展具有重大作用。烹调中经常规加工后，可作主料单独成菜，也可以辅以它料成菜，是良好的配料。鱼既可以整用（1.5 kg以下），也可分档使用，加工成块、段、条、片、丝、丁、粒等形态。

◎ 知识点二：鱼类原料加工

鱼的品种繁多，每种原料的加工方法也有所不同，常见鱼类的初步加工主要有宰杀、刮鳞、去鳃、取内脏、清洗等环节。

1. 宰杀：常见宰杀方法有两种，一种是将鱼直接摔晕后进行加工，另一种是将鱼敲晕后进行加工。

2. 刮鳞：大部分鱼类都需要进行基础加工，但鲥鱼就不需要去鱼鳞。另外，新鲜的鱼鳞可以熬制鱼鳞胶东，不要轻易丢弃。刮鳞时可以用普通刀具或专用的刮鳞器，从鱼尾向鱼头方向刮去鳞片。

3. 去鳃：去鳃是加工鱼时需要特别注意的环节，可用剪刀剪或者使用普通刀具的刀尖与刀跟切除。

4. 开膛（或不开膛）取内脏：开膛时注意不要弄破苦胆。根据烹调加工要求，一般鱼类可以选用从腹部和背部开口取内脏，也可以从鱼鳃部运用筷子或镊子伸入腹腔搅动取出内脏。

5. 清洗：将宰杀过程产生的污物清洗干净，另需要注意绝大多数鱼的腹腔壁内黏附着一层黑色的薄膜，带有腥味，因此清洗时也需要将其去除。

鱼类原料初加工实训案例——草鱼、带鱼宰杀

【所需器具】

盛器、刀具、砧板、剪刀等。

扫一扫在线观看
"草鱼、带鱼宰杀"视频

【原料配备】

草鱼、带鱼各一条。

【宰杀流程】

草鱼初加工：敲晕→刮鳞→去鳃→剖腹去内脏→清洗；带鱼初加工：去鳍→剖腹→去鱼鳃→去内脏→剪去尖嘴、鱼尾→切段→清洗。

【训练要求】

掌握代表性鱼类（草鱼、带鱼）的加工方法，善于总结、灵活运用，学会举一反三。

【宰杀过程】

1. 草鱼宰杀：右手握刀，左手按住鱼的头部，用刀背将鱼敲晕（见图2-4-1），用刮鳞刀从尾往头刮去鳞片（见图2-4-2），用刀尖将鱼鳃挖出（见图2-4-3），将鱼体平放于菜板上，用刀从草鱼的胸口部至挤眼处剖开腹部，挖出内脏（见图2-4-4），用水冲洗干净。腹部的黑膜用刷子刷一刷（见图2-4-5），最后冲洗干净（见图2-4-6）。

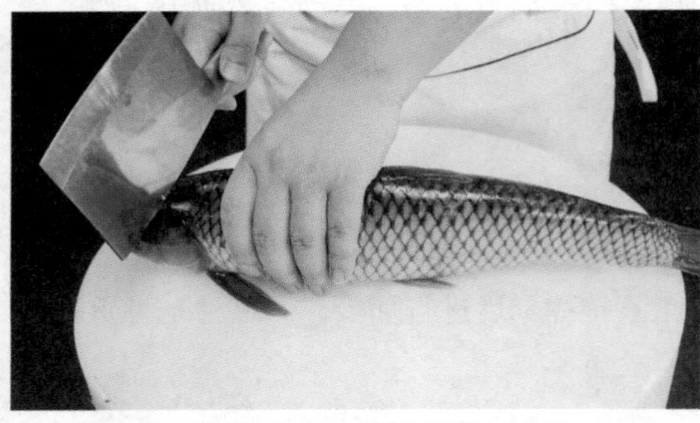

图 2-4-1 将鱼敲晕

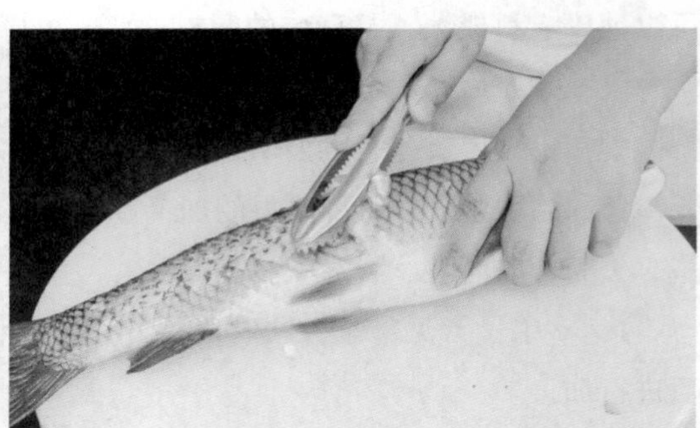

图 2-4-2 刮鳞

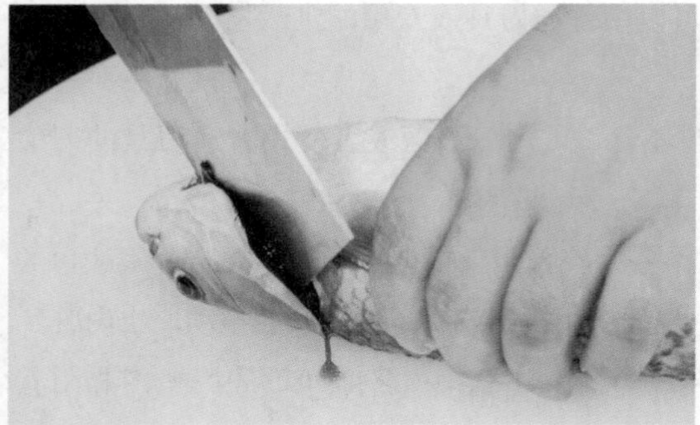

图 2-4-3 挖鱼鳃

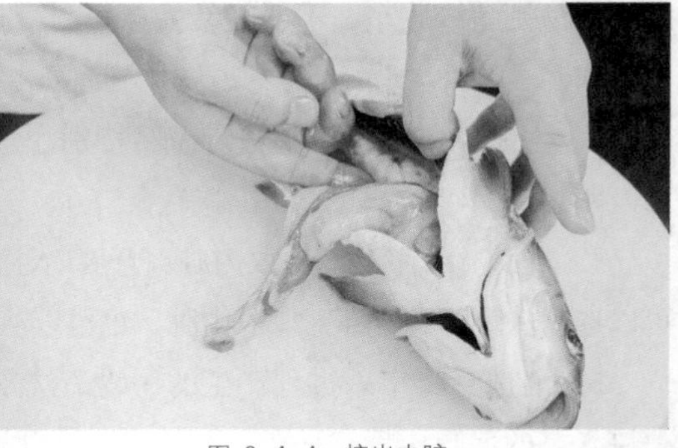

图 2-4-4 挖出内脏

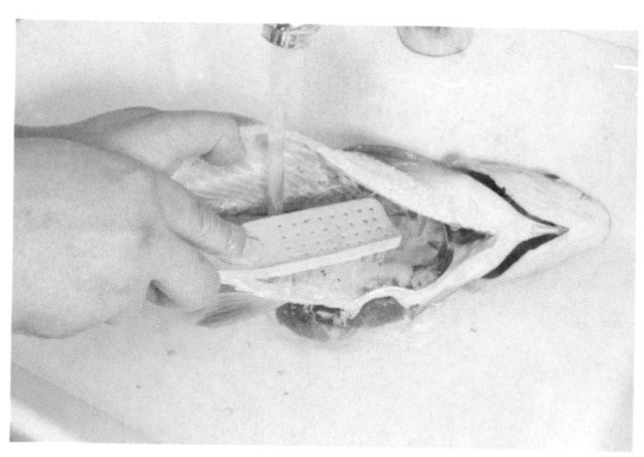
图 2-4-5 刷洗鱼腹黑膜

图 2-4-6 成品

2. 带鱼宰杀：用剪刀沿着鱼背从尾至头剪去背鳍（见图2-4-7），再用剪刀沿着口部向肛门处剖开腹部，取出内脏和鱼鳃（见图2-4-8），剁去尖嘴（见图2-4-9）和鱼尾（见图2-4-10），切成10 cm左右的段（见图2-4-11），然后用清水冲洗干净即可（见图2-4-12）。

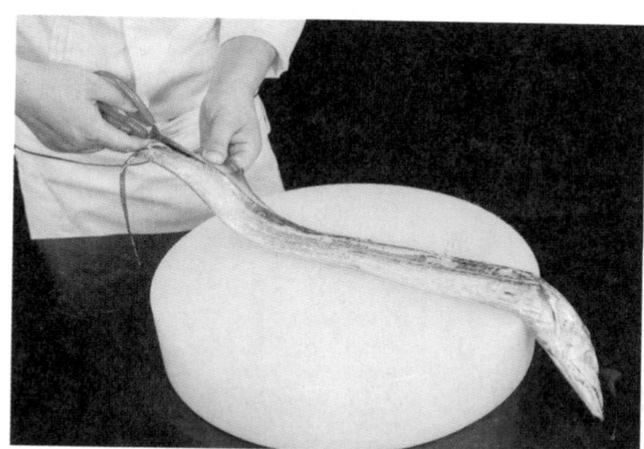
图 2-4-7 剪背鳍

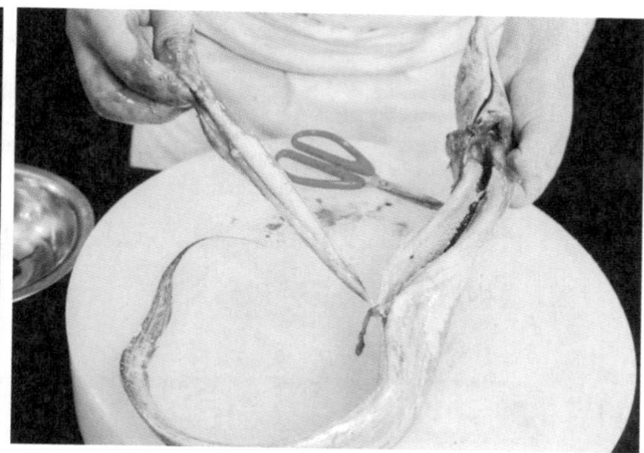
图 2-4-8 剖开腹部

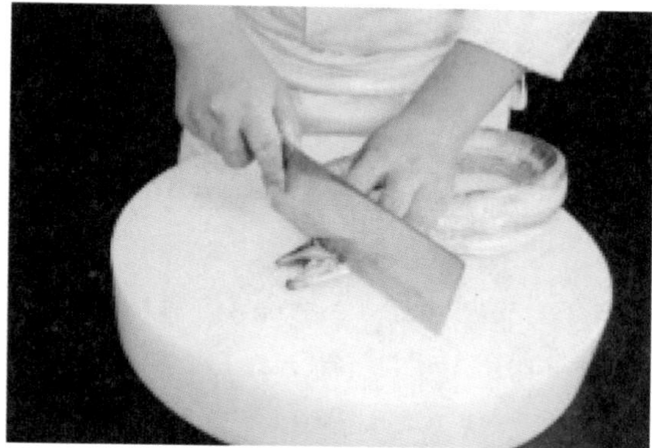
图 2-4-9 去尖嘴

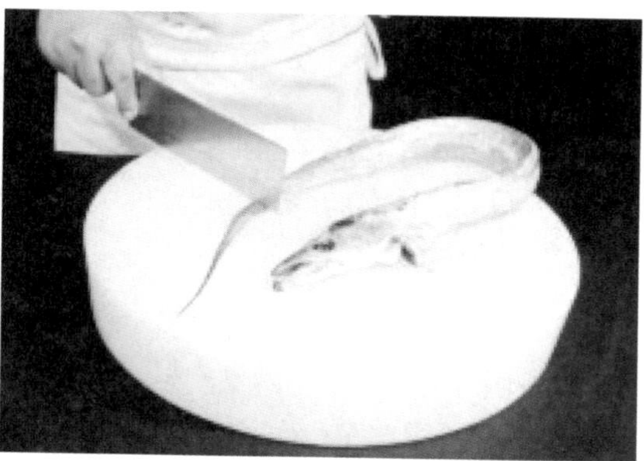
图 2-4-10 去鱼尾

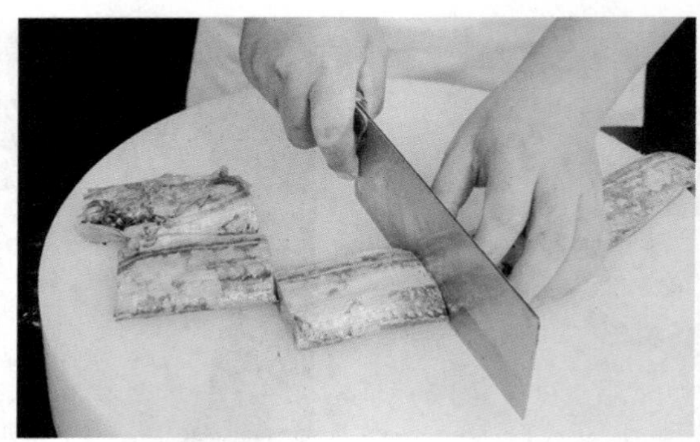

图 2-4-11　切成段

图 2-4-12　成品

【宰杀要领】

1．去鳞时如果没有刮鳞器，可以使用普通菜刀的刀头部分。

2．去内脏时，切忌弄破苦胆。

思政小结——传承弘扬敬业精神

【小结导入】中华优秀传统文化视敬业为人生的道德修养。《论语》中记载：“执事敬”“事思敬”“修己以敬”“敬其事而后其食”。只有先持守“敬”的态度和道德情操，才能做好“事上”“事亲”“谋事”等一切事务，正所谓“敬以直内，义以方外”。

——《传承弘扬中华优秀传统文化中的敬业精神》（《光明日报》2019年1月4日）

【思考讨论】仔细阅读问题导入的相关内容，讨论作为职业院校的学生应该用怎样的行为去诠释“敬业精神”。

【分析强调】提倡敬业精神，并不是要求人们终身只能干一行，爱一行，也不排斥人的全面发展。作为烹调专业的学生，应做到全面发展，不仅仅只学习烹调技术，还应学习营养配餐、食品卫生与安全、厨房管理等知识，不断增长才干，努力成为多面手。

任务二　甲壳类原料初加工

知识储备

◎ 知识点一：甲壳类原料概述

甲壳动物因身体外披有“盔甲”而得名。甲壳动物大多数生活在海洋里，少数栖息在淡水中和陆地上。虾、蟹等甲壳动物有五对足，其中四对用来爬行和游泳，还有一对螯足用来御敌和捕食。虾蟹和鱼肉禽肉相比，脂肪含量少，并且几乎不含作为能量来源的动物糖质。虾的胆固醇含量较高，同时含有丰富的能降低人体血清胆固醇的牛磺酸。虾含有丰富的钾、碘、镁、磷等微量元素和维生素A等成分，具有清热解毒、养筋活血等作用。烹调中，经加工整理后可运用煎、炒、焖、炸、灼、蒸、焗等技法成菜。

◎ 知识点二：甲壳类原料加工

1．虾的初加工。用剪刀将虾须和虾脚剪去，再在虾头壳处横剪一刀，挑出沙袋，然后在虾背中抽去背筋，剔去泥肠，放在水中漂洗干净即可。另外，根据烹调的需要，可以直接剥壳取肉。根据原料综合利用原则，剥虾剩下的虾头、虾壳还可以加以烹调运用，不宜丢弃。

2．蟹的初加工。将蟹静养于清水中，让其吐出泥沙，然后用软毛刷刷净骨缝间的残余污物，最后挑起腹脐挤出粪便后用清水洗净。如需拆肉，则按拆肉加工处理。

虾蟹类原料初加工实训案例——虾蟹类原料加工

【所需器具】

盛器、刀具、砧板、毛刷、剪刀等。

【原料配备】

大虾250 g、大闸蟹2只。

扫一扫在线观看
“虾蟹类原料加工”视频

【加工流程】

大虾加工：去须去脚→剔去沙肠沙袋→剪去眼睛、触角、触须→清洗；大闸蟹刷洗：水养→刷洗。

【训练要求】

熟悉代表性虾蟹类（大虾、大闸蟹）的加工方法，善于总结、灵活运用，学会举一反三。

【加工过程】

1．大虾加工：用竹签将虾头与虾身连接处的膜挑开，把竹签深入将虾线挑起、拉出

（见图2-4-13），用手从虾头的下部两侧挤出沙袋（见图2-4-14），用剪刀剪去眼睛、触角、触须等（见图2-4-15）。然后将对虾放入清水盆里反复漂洗（见图2-4-16），切不可用水冲洗，以防虾脑流出，这种加工可用干烧、烤、红烧、煎烹等烹调方法。

2. 大闸蟹刷洗：在加工前，应先将蟹放在水盆中，让其爬动，使蟹螯、蟹脚上的泥土脱落（见图2-4-17）。过10分钟左右，用手抓住蟹的背盖，用刷子刷洗掉蟹体表的泥沙，冲洗干净（见图2-4-18）。用于蒸制的蟹，应用棉绳将蟹的螯和脚拴紧（见图2-4-19），防止加热时螃蟹爬动，造成蟹脚脱落、流黄现象（见图2-4-20）。

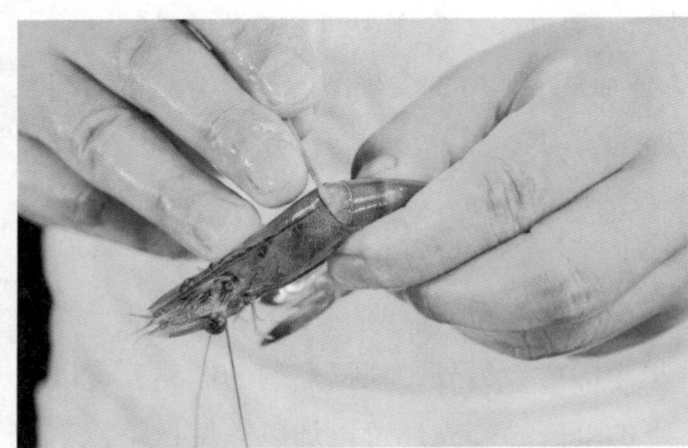
图 2-4-13 挑出虾线

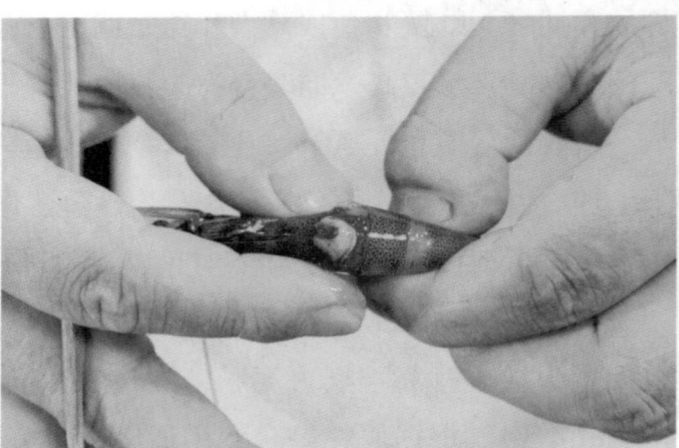
图 2-4-14 挤出沙袋

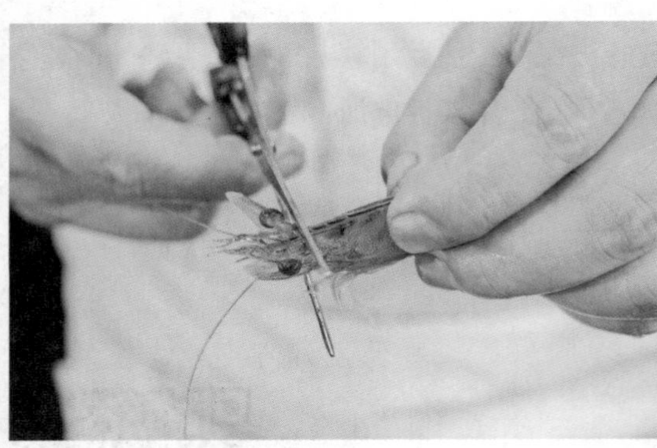
图 2-4-15 剪去眼睛、触角、触须

图 2-4-16 漂洗

图 2-4-17 脱沙

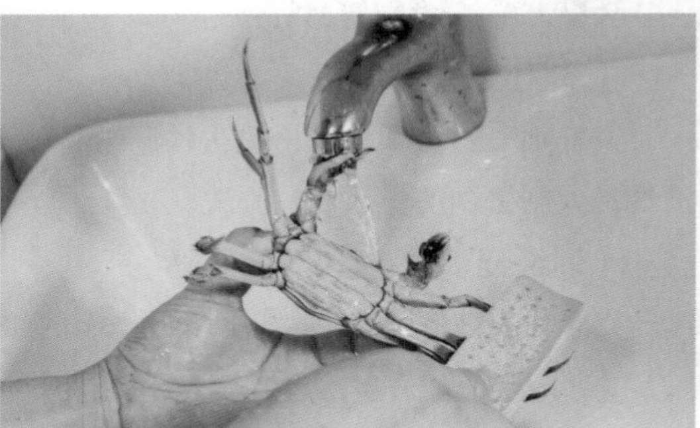
图 2-4-18 刷洗

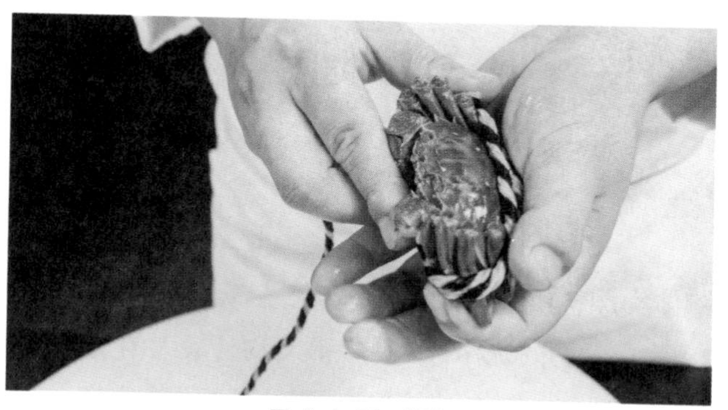

图 2-4-19　绑脚

图 2-4-20　绑后成品

【加工要领】

根据菜肴质量的要求，选择合适的加工方法。

思政小结——“治大国，若烹小鲜”的启示

【小结导入】商汤王向伊尹问政时，伊尹回答：“做菜既不能太咸，也不能太淡，要调好作料才行；治国如同做菜，既不能操之过急，也不能松弛懈怠，只有恰到好处，才能把事情办好。”最后，商汤王听了伊尹的治国方法，打败了夏桀，建立了商朝。老子在写作《道德经》时把“治理大国就像伊尹做菜”这个故事概括为“治大国若烹小鲜”。

——《治大国如烹小鲜》（《内蒙古日报》2015年12月7日）

【思考讨论】查询相关资料，了解“治大国若烹小鲜”的内涵，结合烹调技术的学习，谈谈应该怎样学习。

【分析强调】“治大国，若烹小鲜”是老子极具代表性的治国理念，这个理念体现在跟着规律走、不倒行逆施，能坚守道德观、不丧失核心价值。学习烹调技术时，应遵循技术养成的一般规律，坚守烹饪职业道德，以期在厨师职业道路上有所建树。

任务三　软体类原料初加工

知识储备

◎ 知识点一：软体类原料概述

软体动物是软体动物门动物的统称，是除节肢动物外最大的类群。软体动物的身体一般可分为头、足和内脏团三个部分。软体动物适应力强，因而分布广泛，如海产的鲍、玉螺、香螺、红螺、东风螺、蚶、贻贝、扇贝、江珧、牡蛎、文蛤、蛤仔、蛤蜊、蛏、墨鱼、鱿鱼、章鱼，淡水产的田螺、石螺、蚌、蚬，陆地栖息的庭园蜗牛、玛瑙蜗牛、白玉蜗牛等，它们具有很高的营养价值。烹调中经加工整理后可运用煎、炒、焖、炸、灼、蒸、焗等技法成菜。

◎ 知识点二：软体类原料加工

软体类原料可以分为腹足类原料、瓣鳃类原料和头足类原料三种，各类原料在加工中有一些差异。

1．腹足类原料加工。腹足类原料体外多有一个螺旋型贝壳，头足发达，是软体动物门中最大的一个纲。这类原料主要包括田螺、玉螺、香螺、红螺、石螺等。加工前一般需要饿养吐沙，然后刷洗表面泥沙。如果是出肉加工，可以采取汆烫后取肉和直接砸破取肉的方法。

2．瓣鳃类原料加工。瓣鳃纲动物全部生活在水中，大部分海产，少数生活在淡水中。这类原料主要包括贻贝、扇贝、江珧、牡蛎、文蛤、蛏等。加工前一般需要饿养吐沙，然后刷洗表面泥沙。如果是出肉加工，可以采取汆烫后取肉和用刀具撬壳取肉的方法。

3．头足类原料加工。头足类原料主要包括鱿鱼、墨鱼、章鱼等。初加工时主要就是宰杀去内脏，然后清洗即可。

软体类原料初加工实训案例——牡蛎、田螺初加工

【所需器具】

盛器、刀具、砧板、毛刷、剪刀等。

【原料配备】

牡蛎4只、田螺500 g。

【加工流程】

牡蛎加工（生吃）：刷洗→水养吐沙→清洗。田螺加工：①刷洗→水养→冲洗。②熟出肉加工步骤：煮制→剔肉→清洗。③生出肉加工步骤：去壳→取肉→整理→清洗。

扫一扫在线观看
“牡蛎、田螺初加工”
视频

【训练要求】

熟悉代表性软体动物类（牡蛎、田螺）的加工方法，善于总结、灵活运用，学会举一反三。

【加工过程】

1．牡蛎加工（生吃）：将鲜活的牡蛎放在水龙头下，一边冲洗一边用刷子将外壳的污泥刷洗干净（见图2–4–21），将水与盐按400：1的比例兑制成淡盐水，把刷洗干净的牡蛎放入静置，使其吐尽泥沙脏物（见图2–4–22），用牡蛎刀将外壳撬开，取出贝肉，注意不要弄破牡蛎肉（见图2–4–23），用盐水反复清洗掉粘液后，再用洁净水洗净，码放在原壳中即可（见图2–4–24）。

图 2–4–21 刷洗外壳

图 2–4–22 浸泡吐沙

图 2–4–23 开壳取肉

图 2–4–24 加工成品

2．田螺加工：①外壳清洗。将田螺放在盛器里，一边冲洗一边用刷子刷去泥土，用水冲洗干净（见图2–4–25），将田螺放在加入适量盐的水盆里静养几个小时，等泥沙吐净，冲洗干净即可（见图2–4–26）。②熟肉加工。将清洗干净的整只田螺放入冷水锅中煮熟（见图2–4–27），煮熟后将螺肉挑出，除去尾部清洗干净（见图2–4–28）。③生出肉加工。将田螺的外壳敲碎，然后取出螺肉，揭去硬盖，摘去尾部。用刀刮去螺肉上的黑衣，将螺肉放入盛器中（见图2–4–29），加入少许食盐，搓揉片刻，洗去黏液即可（见图2–4–30）。

图 2-4-25　开壳取肉

图 2-4-26　加工成品

图 2-4-27　放入锅中煮熟

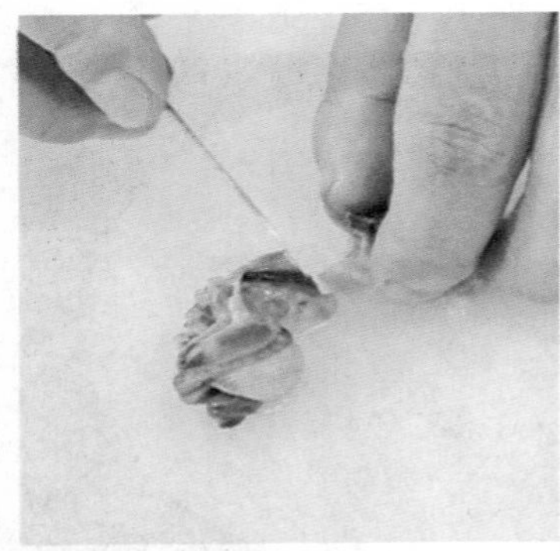
图 2-4-28　挑出肉除去尾部

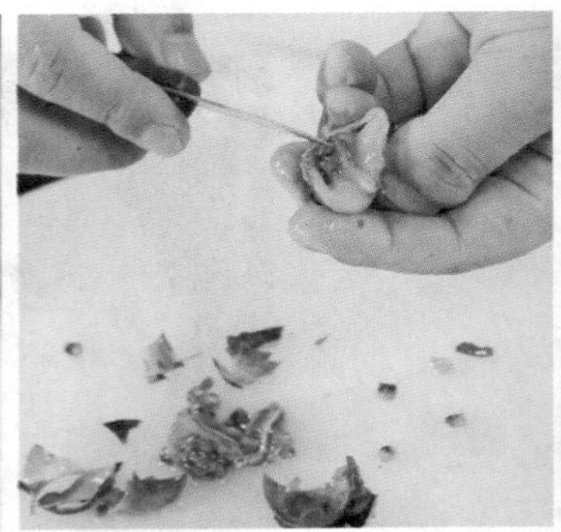
图 2-4-29　敲取肉

图 2-4-30　加盐搓洗

【加工要领】

熟悉菜肴质量要求，选择合适的加工方法。

思政小结——新时代的青年该怎么做

【小结导入】党的十九大报告专门用一段论述青年工作，强调“青年兴则国家兴，青年强则国家强”“青年一代有理想、有本领、有担当，国家就有前途，民族就有希望”，这一重要论述，内涵丰富、全面系统、思想深刻、意义重大，充分体现了党中央和习近平总书记对青年一代的高度重视、亲切关怀和殷切期望。

——《如何理解“青年兴则国家兴，青年强则国家强”》（《学习时报》2018年1月8日）

【思考讨论】作为新时代的青年学生，应该怎么做才能实现人生价值?

【分析强调】作为青年学生，第一应树立远大的理想；第二应努力提高自身素养；第三是调整心态，摆正位置，不要被一些负面的东西所影响；第四是有能吃苦的精神；第五是有责任感；第六是树立终身学习的观念。

项目五　出肉、分档与整料出骨加工

任务一　出肉加工

知识储备

◎ 知识点一：出肉加工的定义

原料的出肉加工就是按照菜肴制作的要求，将动物的肉从骨骼上剔下来。原料的出肉加工可以分为生料出肉加工和熟料出肉加工两种。生料出肉加工就是将动物性原料直接进行剔肉加工。熟料出肉加工就是将已烹制熟的动物性原料进行剔肉加工。

◎ 知识点二：出肉加工的意义与要求

1. 意义。出肉加工是切配前的一道重要工序，原料经出肉加工后，可以合理计算原料及菜肴成本，同时保证菜肴质量，有利于物尽其用，提高原料使用价值。

2. 要求。加工时首先要按照制作菜肴的要求选择出肉加工的方法与方式。其次是出肉必须出得干净，做到骨不带肉、肉不带骨。如果骨头用于做菜，也可以稍带些肉和筋膜。最后是负责出肉加工的人员，要熟悉动物的肌肉、骨骼的结构和不同部位的位置，做到下刀准确，不破坏各部位肌肉的完整性。

出肉加工实训案例——鸡的出肉加工

【所需器具】

盛器、刀具、砧板等。

【原料配备】

整光鸡1只。

【加工流程】

在鸡相应部位下刀割口→取下半边鸡肉→同理取下另外一边鸡肉→剔下翅骨→剔下腿骨→剔鸡皮→清洗内脏→放置保存。

扫一扫在线观看“鸡的出肉加工”视频

【训练要求】

熟悉代表性禽类原料鸡的出肉加工方法，善于总结、灵活运用，达到举一反三。

【加工过程】

1. 将整光鸡放在砧板上，在光鸡的脖子与身体连接处下刀割一道口（见图2–5–1），再在鸡胸脯尖顺直割一道长口，从胸割至尾（见图2–5–2），在鸡背脊顺直割一道长口，从颈上方割至尾（见图2–5–3）。然后刀刃贴骨由鸡身体前部往后部剔，直至剔下半边鸡肉（见图2–5–4），同理剔下另外半边鸡肉。

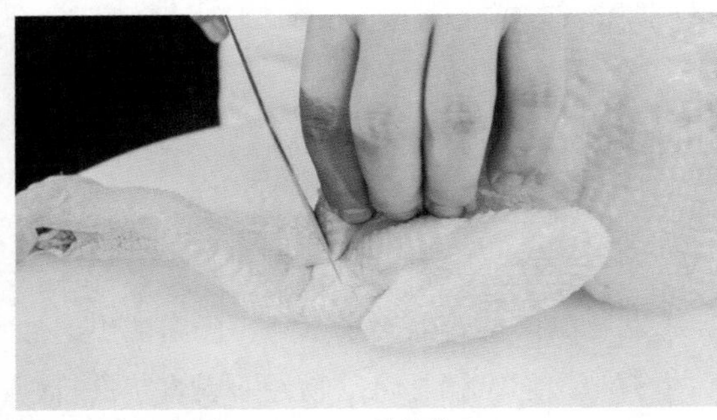

图 2–5–1 脖子处开口

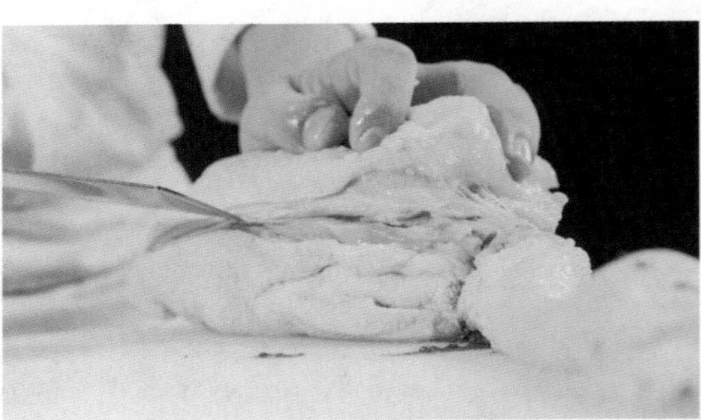

图 2–5–3 鸡背部处开口

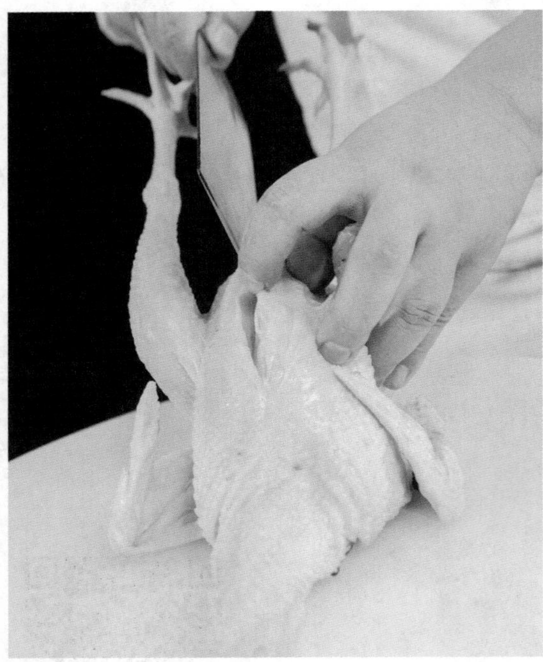

图 2–5–2 鸡腹部处开口

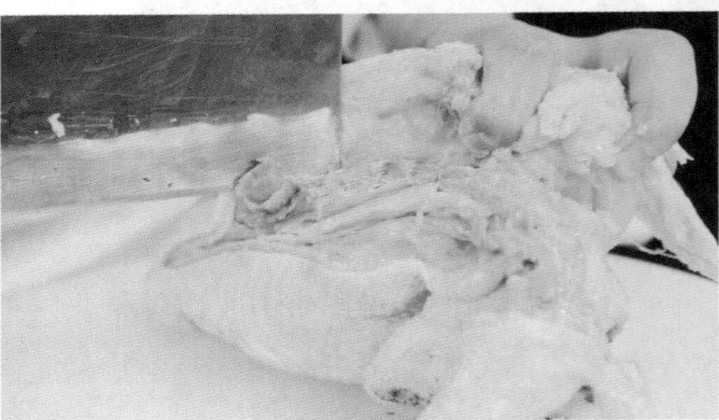

图 2–5–4 剔下半边鸡肉

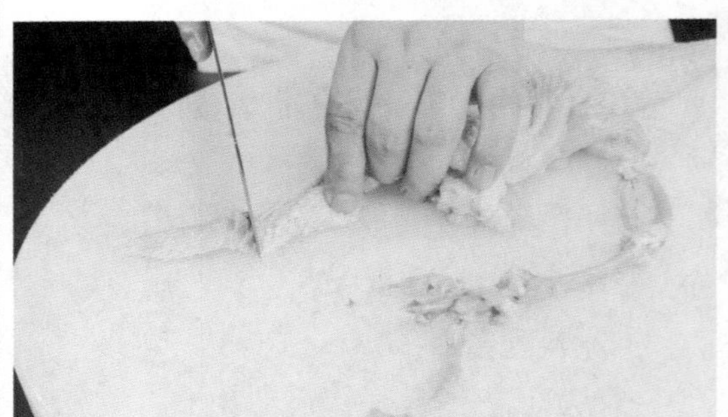

图 2–5–5 砍去翅膀尖

2. 将剔下的鸡肉剔去翅骨，砍去翅膀尖（见图2–5–5）。

3. 剔下腿骨，砍下鸡爪，剔去鸡皮（见图2–5–6）。

4. 取出骨架腹腔中的内脏（见图2–5–7），将鸡肠剖开清洗干净，鸡肝去掉苦胆清洗干净（见图2–5–8），鸡胗剖开清洗掉粪便，撕去鸡内金，鸡心剖开洗净血污。

5. 将鸡净肉、鸡骨架、鸡皮、鸡内脏、鸡爪分别放置（见图2–5–9）。

图 2-5-6　剔下腿骨

图 2-5-7　取出内脏

图 2-5-8　去掉苦胆

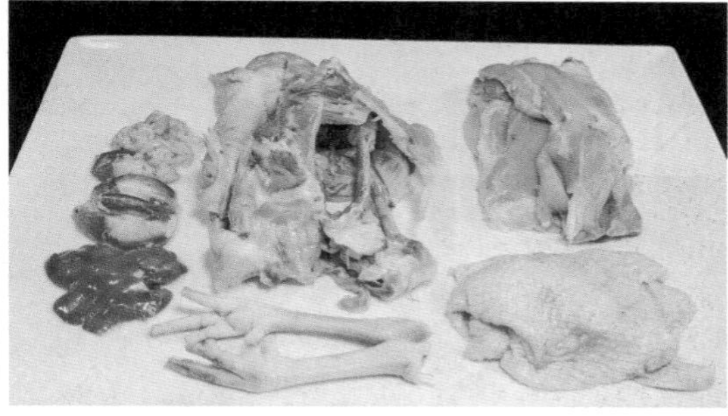

图 2-5-9　出肉成品

【加工要领】

1. 熟悉鸡的骨骼结构，下刀准确。

2. 应根据菜肴的质量要求确定是否剔下鸡皮。

出肉加工实训案例——鱼的出肉加工

【所需器具】

盛器、刀具、砧板等。

【原料配备】

宰杀好的草鱼1条（约1000 g）。

【加工流程】

将一片鱼肉与脊骨分开→将另一片鱼肉与脊骨分开→取下两片鱼肉→取下鱼胸骨→整理完成。

扫一扫在线观看
“鱼的出肉加工”视频

【训练要求】

熟悉代表性鱼类原料草鱼的出肉加工方法，善于总结、灵活运用，达到举一反三。

【加工过程】

1. 将草鱼鱼腹向左、鱼背向右、头部向内摆放在砧板上，左手按住鱼腹，右手持刀使刀刃从鱼尾处进刀（见图2-5-10），刀紧贴鱼背骨向头部移动，将整个鱼背割出一条刀口（见图2-5-11），然后将鱼旋转再从鱼尾下刀处深入（见图2-5-12），刀紧贴鱼背骨，将鱼胸骨与鱼脊背骨割断（见图2-5-13）。

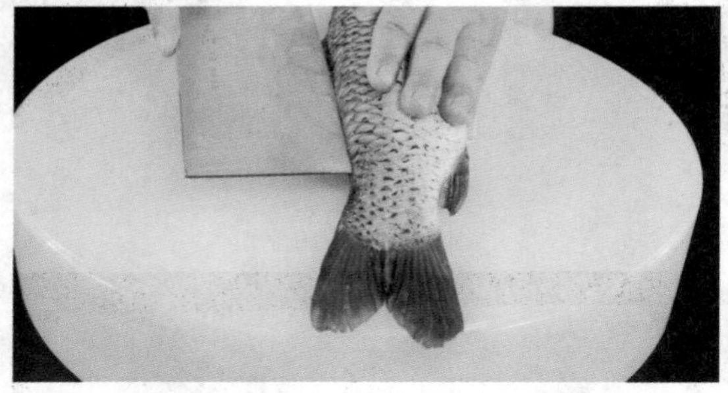
图 2-5-10 进刀方法

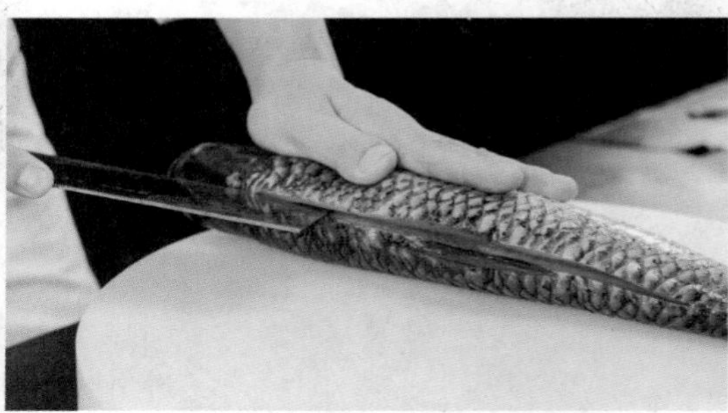
图 2-5-11 背脊骨开口

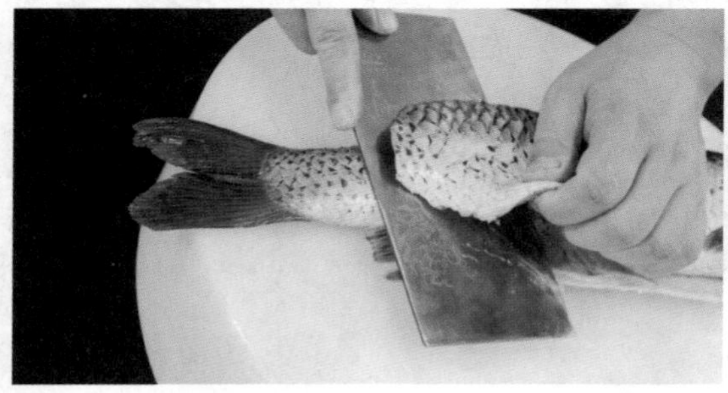
图 2-5-12 从鱼尾下刀

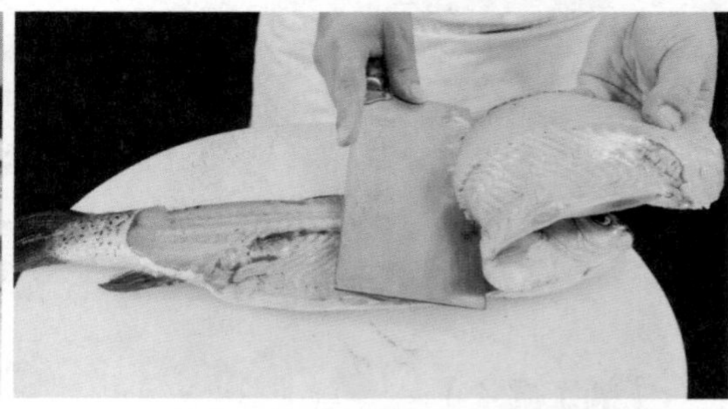
图 2-5-13 割断背脊与胸骨的链接

2．将鱼翻转，使草鱼鱼腹向左，鱼背向右，头部向外摆放在砧板上，左手按住鱼腹，右手持刀使刀刃从鱼头处进刀（见图2-5-14），刀紧贴鱼背骨向尾部移动，将整个鱼背另一侧割出一条刀口（见图2-5-15），然后再将鱼旋转，头部向左，从鱼尾处下刀处深入，刀紧贴鱼背骨，将鱼胸骨与鱼脊背骨割断（见图2-5-16）。

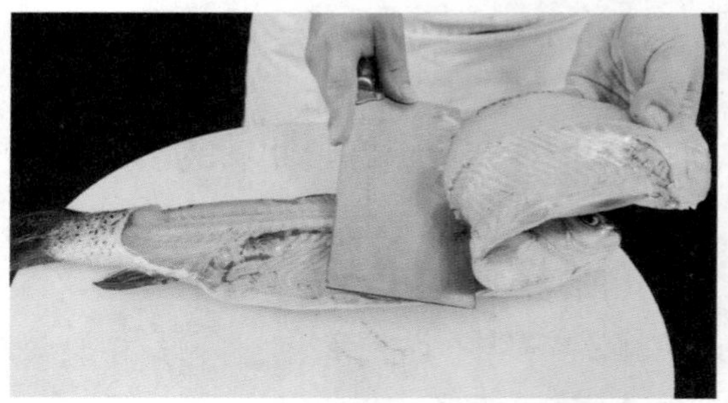
图 2-5-14 翻转进刀方法

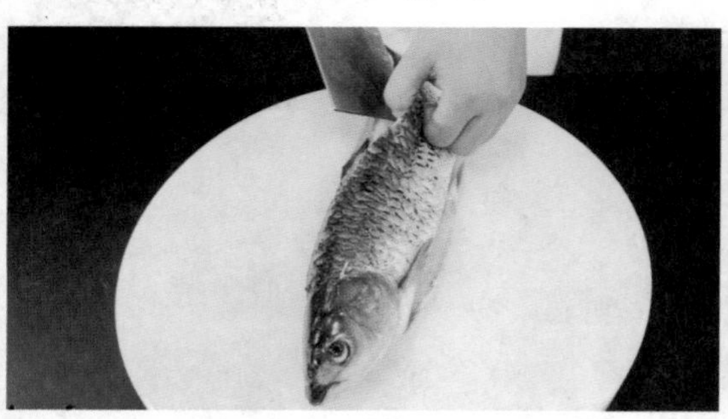
图 2-5-15 翻转背脊骨开口

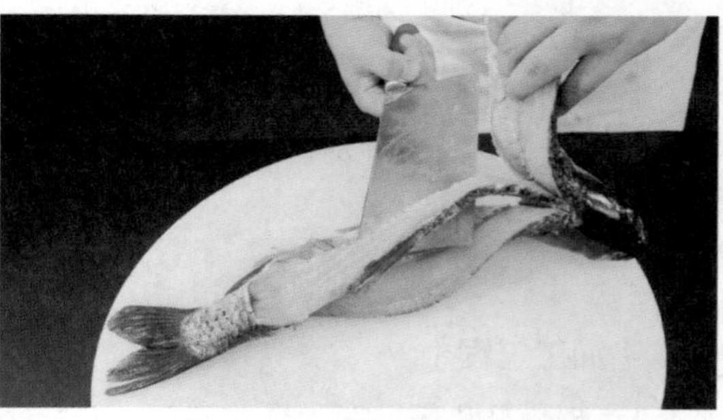
图 2-5-16 翻转取另一片鱼肉

3. 将鱼横向摆在砧板上，用刀从鱼胸鳍处下刀，将两片鱼肉分别切下（见图2-5-17）。

4. 将一片鱼的鱼皮向下，鱼背向右，竖摆放在砧板上，用刀从鱼的前部贴着鱼骨进刀（见图2-5-18），片至鱼腩处时，将鱼胸骨与鱼肉切开（见图2-5-19）。使用同样的方法，片下另一片鱼胸骨。

5. 最后形成鱼头与鱼脊骨鱼尾相连、两片鱼胸骨连鱼腩、两片净鱼肉（见图2-5-20）。

图 2-5-17　取下两片鱼肉

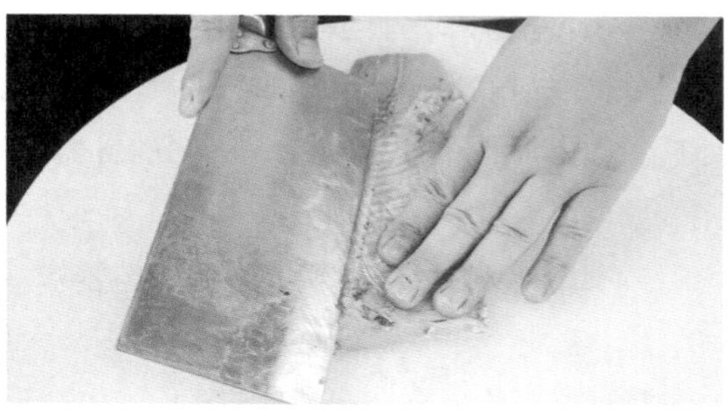

图 2-5-18　取胸骨方式

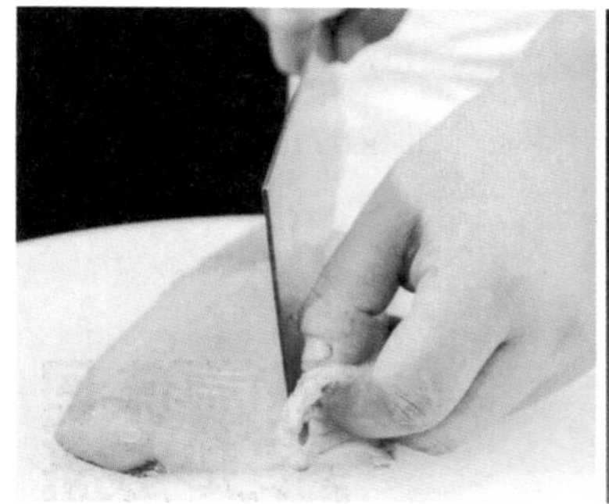

图 2-5-19　取下鱼胸骨

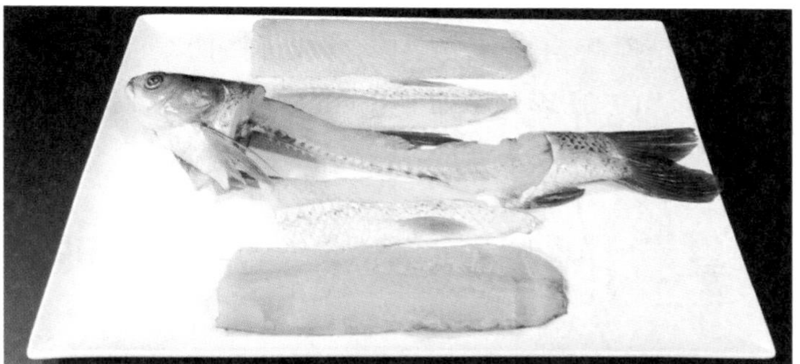

图 2-5-20　鱼的出肉加工成品

【加工要领】

熟悉鱼的骨骼结构，下刀准确。

思政小结——三百六十行，行行出状元

【小结导入】习近平总书记考察张掖市山丹培黎学校时强调，西北地区因自然条件限制，发展相对落后。要解决这个问题，关键是要发展教育，特别是职业教育。三百六十行，行行出状元，要大力提倡工匠精神，不断向实体经济输送专业技术人才。

——《习近平：职业教育发展　大有前途》（央视网，2019年8月21日）

【思考讨论】谈谈你是如何理解“三百六十行，行行出状元”的含义。

【分析强调】“三百六十行，行行出状元”这句谚语说的是，各行各业都有杰出的人才，无论从事什么职业，只要热爱本职工作、勤奋努力，都能做出优异的成绩。

任务二　分档取料

知识储备

◎ 知识点一：分档取料的定义

分档取料就是根据不同的烹调要求，对已经宰杀和初步加工的家禽、家畜、鱼类等整只原料，按其不同的肌肉组织，不同的骨骼部位，不同质地的肉块，准确地用刀进行分档切割、剔取。

◎ 知识点二：分档取料的意义与要求

1．意义。分档取料是切配工作中的一道重要工序，对于保证菜肴质量、突出菜肴特点、保证原料价格合理、合理核算成本、合理使用原料等方面都具有十分重要的意义。

2．要求。首先要熟悉原料各部位骨关节的位置，从骨关节之间的隔膜处下刀，这样可以基本分清原料不同部位的界限，保证取用的不同部位的原料质量。其次是必须掌握原料分档取料下刀的先后顺序，如果不按先后顺序进行，就有可能破坏各个部位的完整性，从而影响所取原料的完整性及质量。

分档取料实训案例——鸡的分档取料

扫一扫在线观看
“鸡的分档取料”视频

【所需器具】

盛器、刀具、砧板等。

【原料配备】

光鸡1只（约1500 g）。

【加工流程】

分割鸡爪→分割鸡头→分割鸡脖→分割鸡腿→分割鸡翅与鸡胸→分割小鸡胸→分割脊背→整理完成。

【训练要求】

熟悉代表性禽类原料鸡的分档取料的加工方法，善于总结、灵活运用，达到举一反三。

【加工过程】

1．鸡爪分割方法：用刀顺着鸡的关节，切下鸡爪（见图2-5-21）。

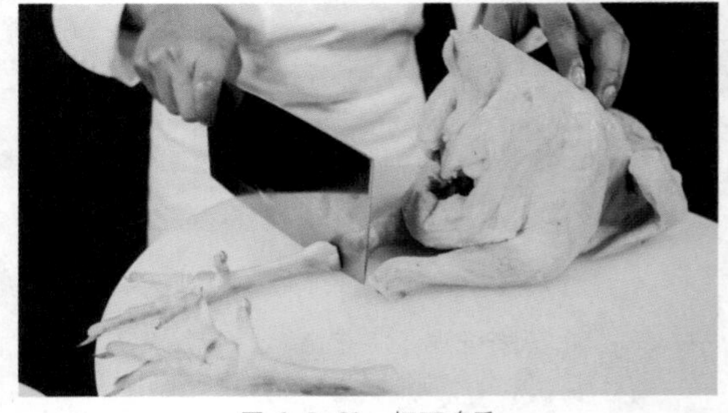

图 2-5-21　切下鸡爪

2．鸡头分割方法：用刀沿着头颈的宰杀口，劈下鸡头（见图2-5-22）。

3．鸡脖子分割方法：用刀沿着鸡颈与身体的连接处割下，即可得到鸡颈（见图2-5-23）。

4．鸡腿分割方法：左手抓住鸡腿，右手持刀，将鸡腿与鸡胸相连的皮割破，左手抓住鸡腿用力向后掰开，使腿关节掰断后露出（见图2-5-24），再将鸡大腿近身躯骨的筋膜及肌肉割断，卸下鸡腿（见图2-5-25）。

5．鸡翅与鸡胸分割方法：在鸡体的前部找到翅骨与锁骨连接处，攥住鸡翅，用刀尖将关节连接的缔组织割断，揪着鸡翅，割断鸡胸与肋骨、锁骨、龙骨之间的筋膜韧带（见图2-5-26），顺势将整个鸡胸一同剔下，将整个鸡翅和鸡胸从鸡体上分割下来（见图2-5-27）。分割好的鸡翅与鸡胸相连，鸡骨架基本无肉（见图2-5-28），将大鸡翅按着骨节分割成翅根、中翅和翅尖（见图2-5-29），将鸡胸上皮膜清除掉即可。

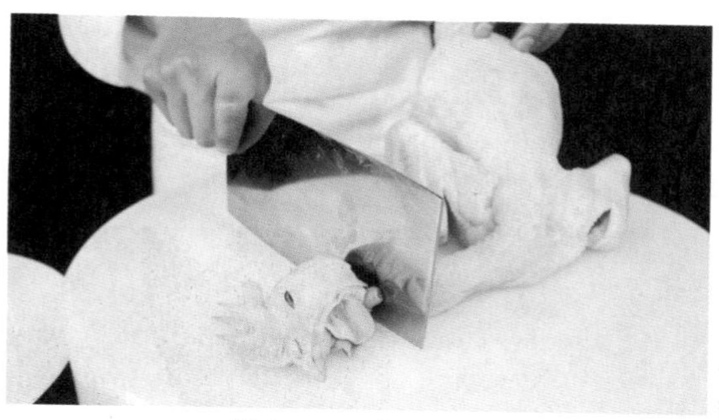
图 2-5-22 切下鸡头

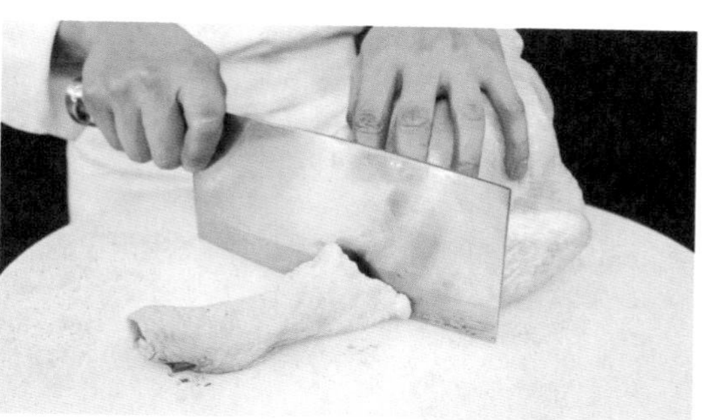
图 2-5-23 切下鸡颈

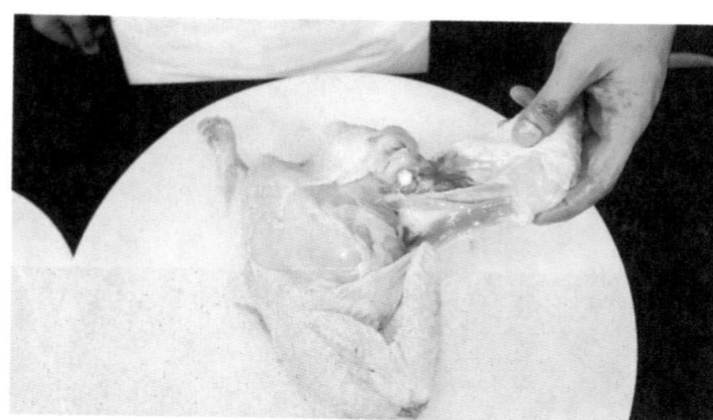
图 2-5-24 露出鸡腿关节

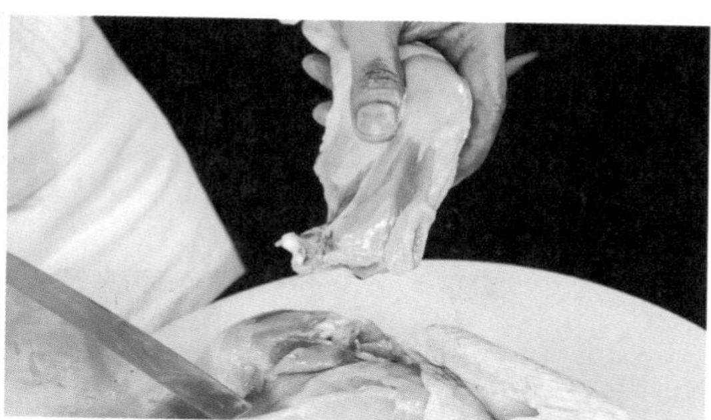
图 2-5-25 卸下鸡腿

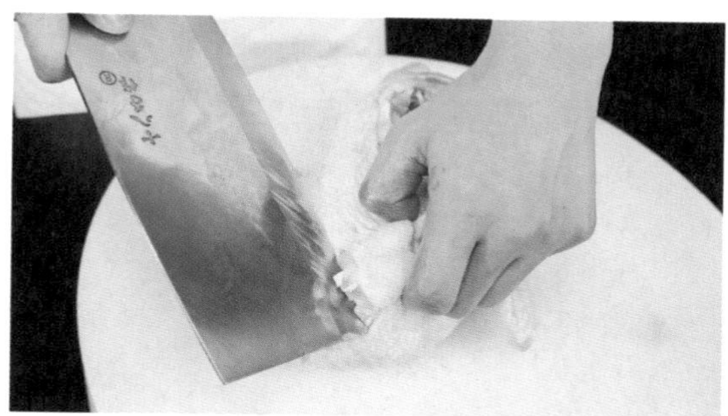
图 2-5-26 割断鸡翅根与身体连接

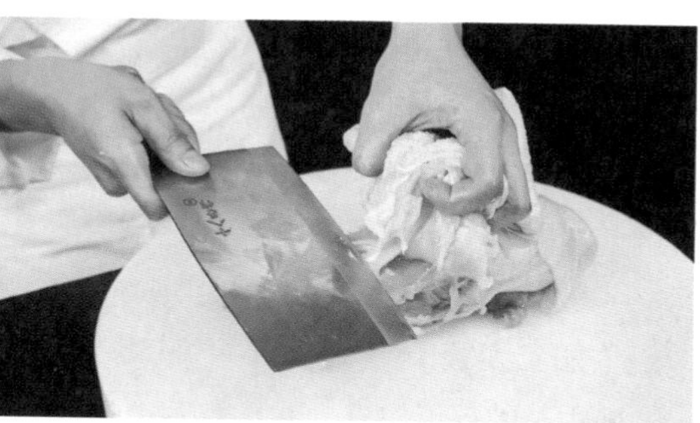
图 2-5-27 割下鸡翅和鸡胸

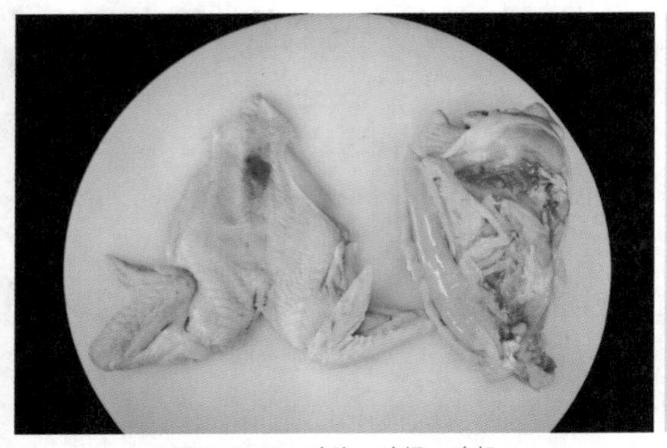
图 2-5-28　鸡胸、鸡翅、鸡架

图 2-5-29　鸡翅分割

6．小鸡胸的分割方法：将小鸡翅与龙骨、锁骨连接的肌膜揪断或割开（见图2-5-30），将小鸡胸从锁骨处慢慢揪下，剔去内部的筋膜即可（见图2-5-31）。

7．脊背分割方法：切下鸡胸骨架、锁骨等（见图2-5-32），即为鸡脊背（见图2-5-33）。

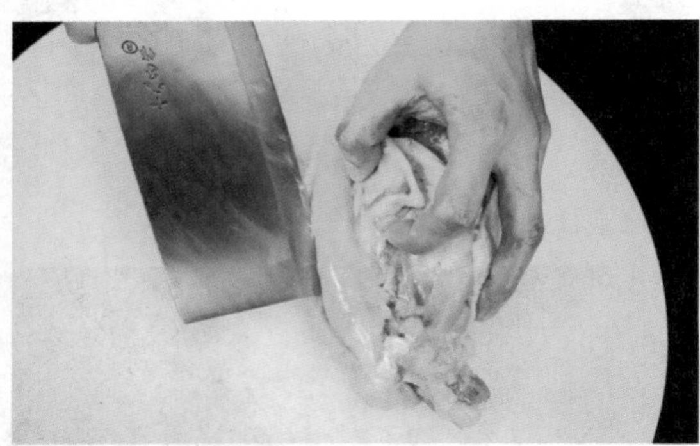
图 2-5-30　割开肌膜

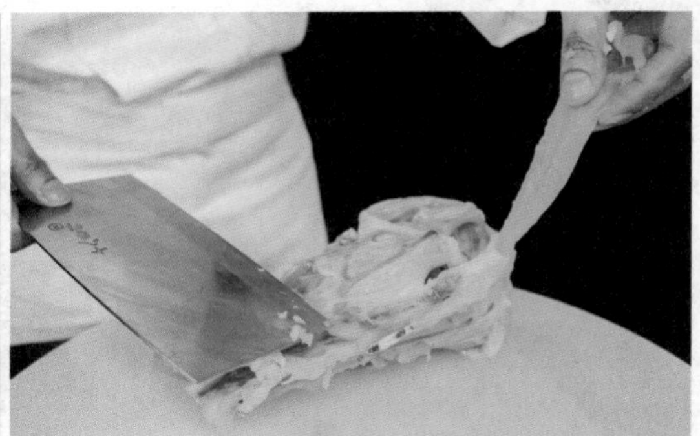
图 2-5-31　揪下小鸡胸肉

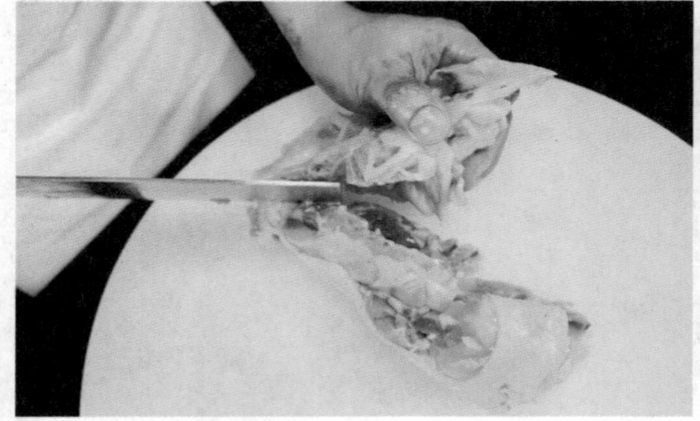
图 2-5-32　切开鸡骨架

图 2-5-33　鸡脊背成品

【加工要领】

熟悉鸡的部位构成，下刀准确。

分档取料实训案例——鱼的分档取料

【所需器具】

盛器、刀具、砧板等。

【原料配备】

宰杀好的大头鱼1条（约1200 g）。

【加工流程】

分割鱼头→分割鱼尾巴→分割鱼背脊与鱼腩→整理完成。

扫一扫在线观看“鱼的分档取料”视频

【训练要求】

熟悉代表性鱼类原料大头鱼的分档取料加工方法，善于总结、灵活运用，达到举一反三。

【加工过程】

1．鱼头分割方法：用刀沿鱼胸鳍以下1 cm左右处垂直劈下即可（见图2-5-34）。

2．鱼尾分割方法：用刀沿尾鳍前端6 cm左右垂直劈下即可取得鱼尾（见图2-5-35）。

3．鱼背脊与鱼腩分割方法：鱼头鱼尾割下后剩余的部分称为中段，用刀从背脊与胸骨架连接处下刀（见图2-5-36），将鱼中段分为鱼背脊和鱼腩两部分（见图2-5-37）。

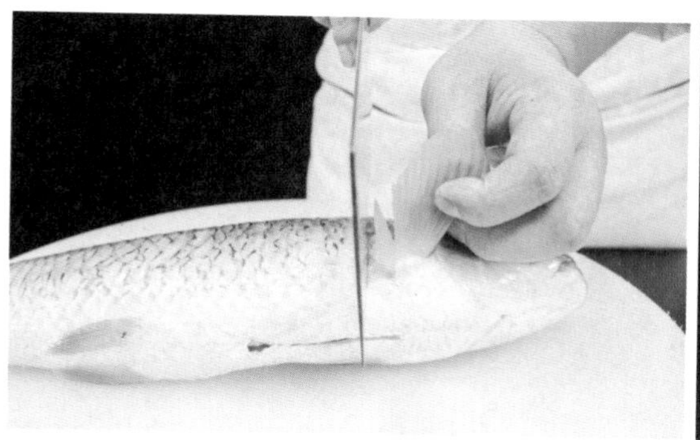

图 2-5-34　切鱼头

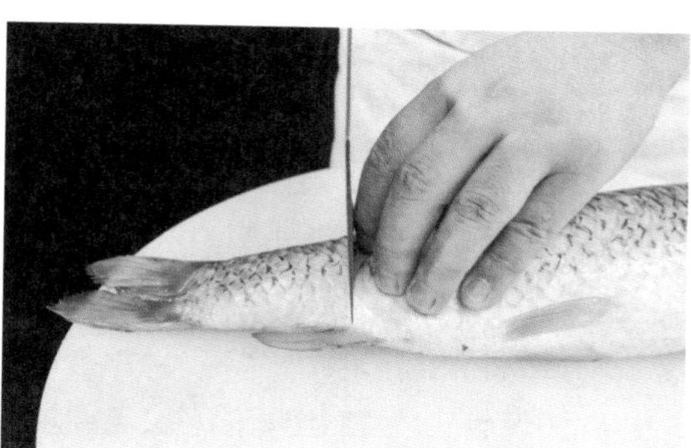

图 2-5-35　切鱼尾

图 2-5-36　分开鱼背脊与鱼腩

图 2-5-37　鱼分档成品

【加工要领】

熟悉鱼的部位构成，下刀准确。

思政小结——人尽其才，物尽其用

【小结导入】善行，无辙迹；善言，无瑕谪；善数，不用筹策；善闭，无关键而不可开；善结，无绳约而不可解。是以圣人常善救人，而无弃人；常善救物，而无弃物。是谓袭明。善人，不善人之师；不善人，善人之资。不贵其师，不爱其资，虽知大迷，是谓要妙。

——《道德经》

【思考讨论】请将以上文言文译成通俗易懂的白话文，并与他人分享这段话的内涵。

【分析强调】如老子所讲，这个世界上根本没有什么无用之人、无用之物，要学会用欣赏的态度看待人和事，更要用发掘的眼光去发现世间的美好。应当把一切好的人和事当作自己的榜样，把一切差的人和事当作人生道路上的借鉴，取长补短。

任务三　整料出骨

知识储备

◎ 知识点一：整料出骨的定义

整料出骨是剔出整只或者整尾原料中全部或主要的骨骼，仍保持原料原有完整形态的加工技术。一些精细菜肴需要整料出骨，在操作时要耐心细致，在选择取料时要精细。另外，宰杀加工要符合整料出骨的要求，不能磨损外皮。

◎ 知识点二：整料出骨的意义与要求

1. 意义。整形原料含有较多骨骼，烹调时往往对热的传递、调味品的渗透有一定的阻碍作用，特别是在原料腹内填酿其他原料，成熟速度更慢，也不容易入味。经整料出肉的鸡、鸭、鱼等原料，由于去掉了坚硬的骨骼，只保留较柔软的肉体，便于再塑造成其他形状，且成菜后由于无骨骼，食用就非常方便了。

2. 要求。首先是选择好原料，凡是作为整料出骨的原料，必须是体型大小合适、皮老肉多的原料。其次是初加工时就要为整料出骨做好准备，例如对鸡、鸭、鸽烫毛时，水温不宜过高，浸烫时间不宜过长，否则出骨时皮容易破裂；对鱼类刮鳞时不可碰破鱼皮，以免影响菜形；鸡、鸭、鸽等拔完毛，先不要剖腹取内脏，可以在剔骨时随着躯干骨骼一起剔出。最后是下刀的部位要准确，进刀要贴骨，剔下的骨尽量不带肉，肉中无骨，而且不破损外皮。

整料出骨实训案例——整鸡出骨

扫一扫在线观看
“整鸡出骨”视频

【所需器具】

盛器、刀具、砧板等。

【原料配备】

不去内脏光鸡1只（约1500 g）。

【加工流程】

去鸡爪→去鸡脖子骨→去鸡翅膀骨→去鸡身骨→去鸡腿骨→翻转鸡皮。

【训练要求】

熟悉代表性禽类原料鸡的分整鸡出骨方法，善于总结、灵活运用，达到举一反三。

【加工过程】

1．从鸡爪的关节处，用刀将其表皮及筋割断，取下鸡爪，同理取下另一只鸡爪（见图2-5-38）。

2．用剪刀从杀鸡的刀口处将颈骨剪断（见图2-5-39），然后在鸡颈两肩相夹处横划一条约6 cm长的刀口（见图2-5-40），将颈骨拉出，将气管拉出，将食管拉出并打一节（见图2-5-41），以免嗉子中的污物外流。

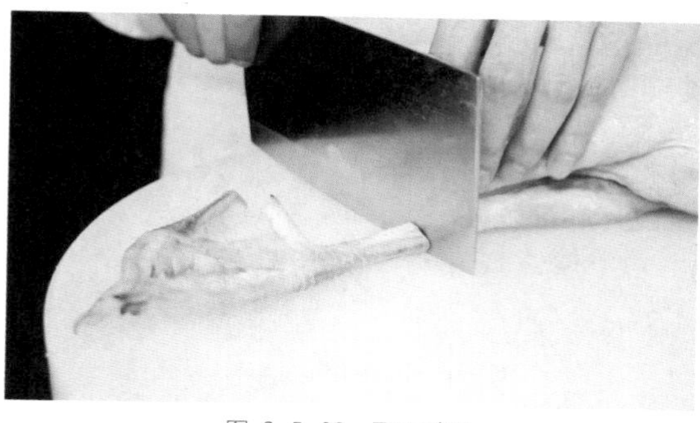

图 2-5-38　取下鸡爪

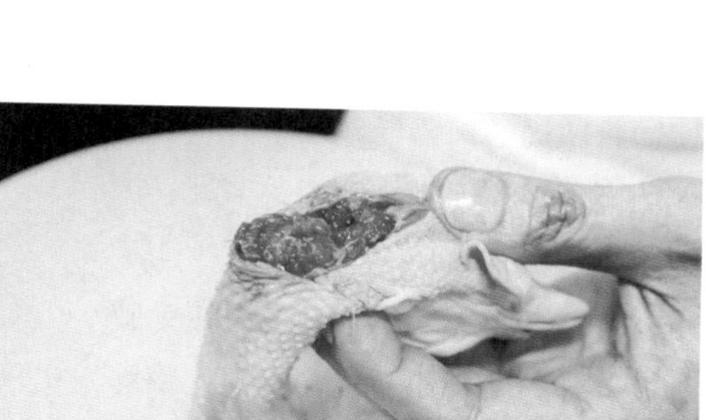

图 2-5-39　剪断颈骨

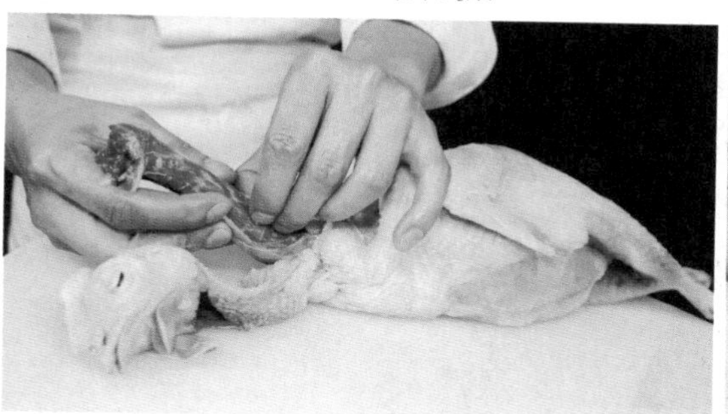

图 2-5-40　拉出颈骨

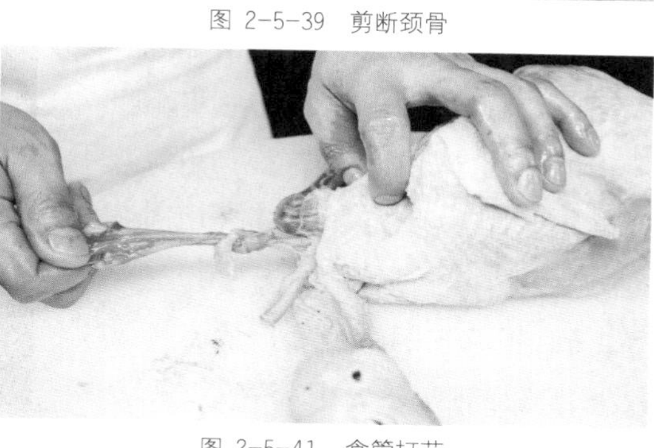

图 2-5-41　食管打节

3．从颈部刀口处将皮翻开，连皮带肉地用手缓慢向下翻剥，至翅膀骨关节处（见图2-5-42）。骱骨露出后，用小刀将连接翅膀骨关节的筋割断，使翅膀骨与鸡身脱离，同理取下另一只翅膀（见图2-5-43）。

4．将鸡竖起来，一手拉住鸡骨架，一手按住鸡胸的龙骨突起处，将皮继续向下翻剥（剥时要特别注意鸡背处，因其肉少且皮紧贴脊椎骨，易拉破皮），剥至腿部时，应将鸡胸朝下，将连接身体的大腿轻轻掰脱臼（注意不要掰破鸡皮）（见图2-5-44）。继续往下翻剥，翻剥至鸡腿处时，用小刀将骨头周边的筋割断，接着继续往下翻剥，翻剥至腹部时，将连接鸡尾的骨头用剪刀剪断，取出鸡骨架（见图2-5-45）。然后用小刀将翅骱骨四周的肉割断，用小刀将骨头上的肉轻轻往下刮，刮至关节处，用剪刀剪断骨骼即可。

5．将大腿皮肉翻下些，使大腿骨关节外露，用小刀绕割一周，使筋断开（见图2-5-46），用小刀将大腿骨周边的肉刮至膝关节处，用小刀沿关节割下取出大腿骨（见图2-5-47），然后用取大腿骨的方法将小腿骨上的肉翻剥至与爪连接处，用剪刀剪断小腿骨（见图2-5-48）。用同样的方法去掉另一条腿的骨头。

6．将鸡皮翻转朝外，形态仍然是一只完整的鸡（见图2-5-49）。

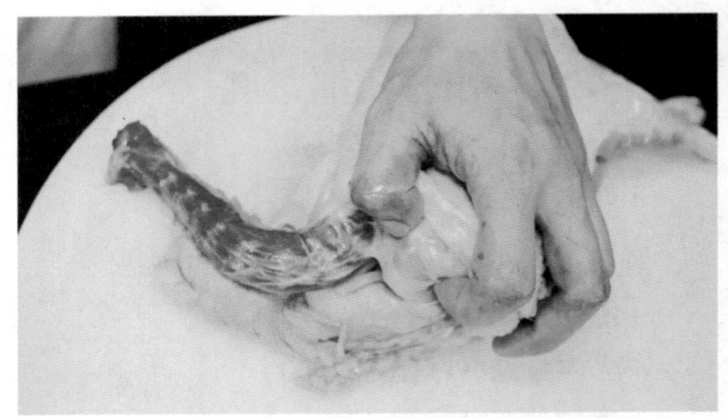
图 2-5-42　露出骱骨

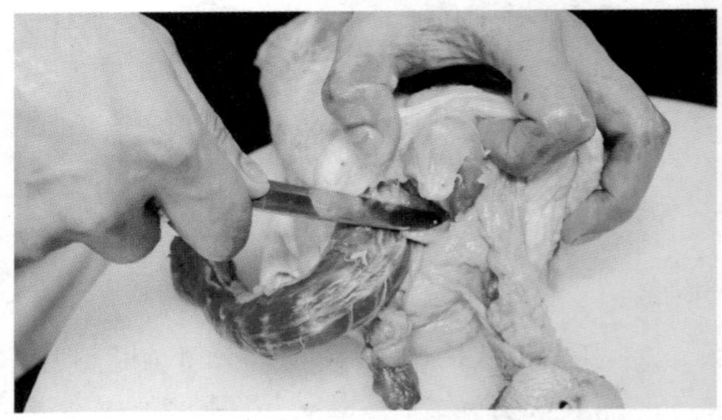
图 2-5-43　割断翅膀骨关节筋

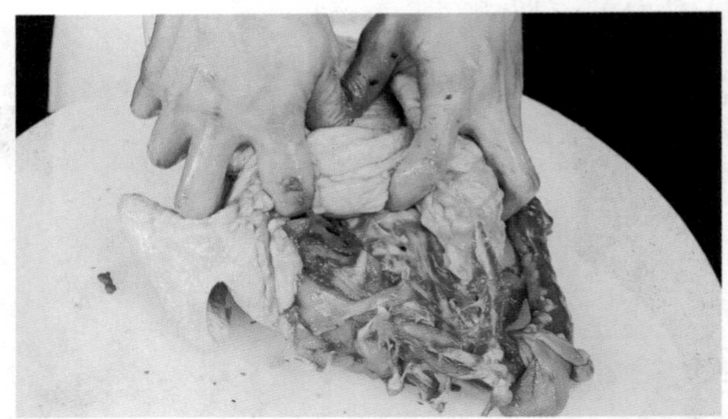
图 2-5-44　鸡胸朝下剥肉

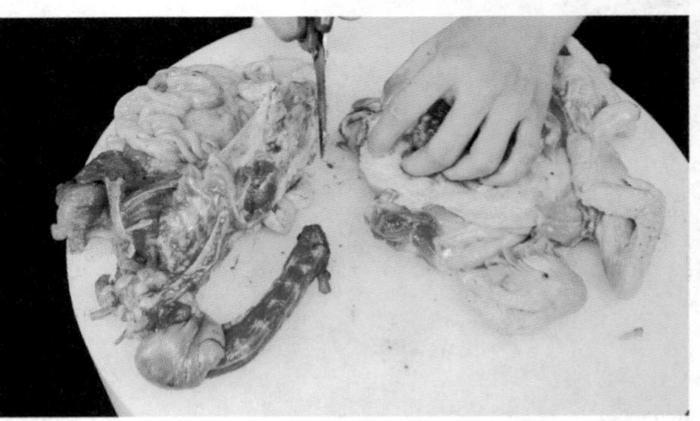
图 2-5-45　取出鸡骨架

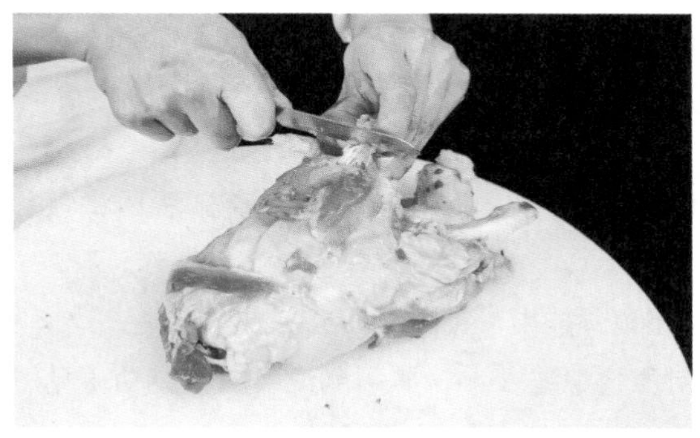
图 2-5-46　割断脚筋

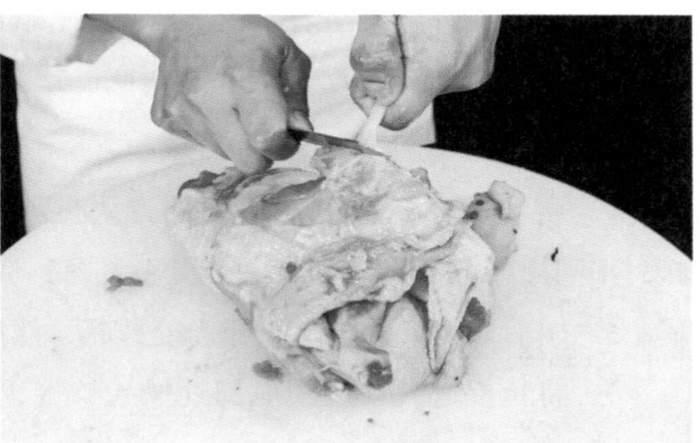
图 2-5-47　取出大腿骨

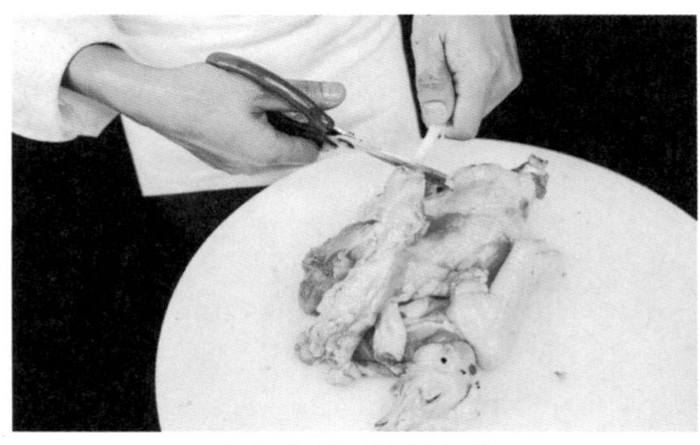
图 2-5-48　剪断小腿骨

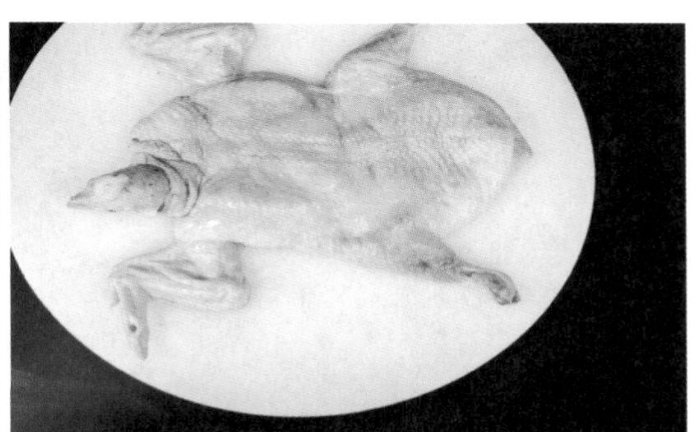
图 2-5-49　整鸡出骨成品

【加工要领】

1. 熟悉鸡的骨骼结构，下刀准确。

2. 灵活运用各类刀法。

整料出骨实训案例——整鱼出骨

【所需器具】

盛器、刀具、砧板等。

扫一扫在线观看
“整鱼出骨”视频

【原料配备】

大黄鱼1条（约500 g）。

【加工流程】

刮鳞→去鳃→取内脏→整理完成。

【训练要求】

熟悉代表性鱼类原料大黄鱼的整料出骨方法，善于总结、灵活运用，达到举一反三。

【加工过程】

1. 用刀刮掉鱼鳞，然后清洗干净（见图2-5-50）。

2. 将鳃盖打开，用剪刀将鱼鳃剪掉（见图2–5–51）。

3. 用一双筷子从鱼鳃处伸入鱼的肚子中，搅动两圈，拉出鱼的内脏，然后用清水清洗干净（见图2–5–52）。

4. 将鱼放在砧板上，用剔骨刀从鱼鳃处贴住脊骨伸入，将肉和骨分离，然后将鱼翻面，用同样的方法将肉和骨头分离（见图2–5–53）。

5. 用剪刀将脊骨与鱼头相连处剪断，然后将鱼骨抽出（见图2–5–54）。

6. 将鱼提起，在鱼腹肛门处插入竹签，向鱼腹中灌入水，如不漏说明取骨成功（见图2–5–55）。

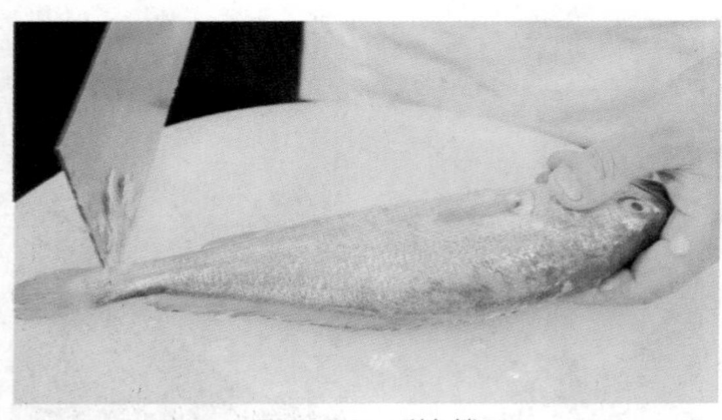
图 2–5–50 刮鱼鳞

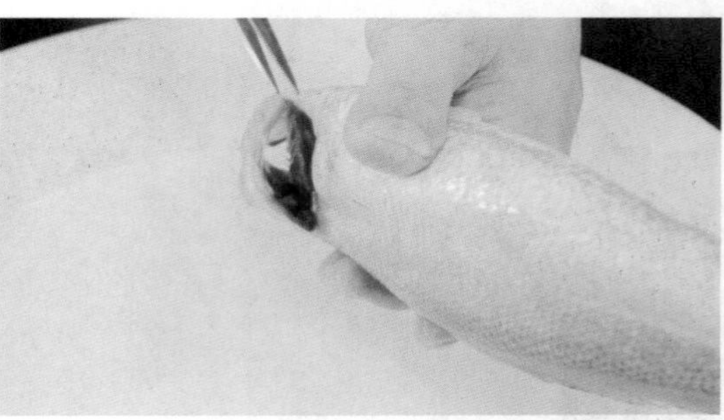
图 2–5–51 剪鱼鳃

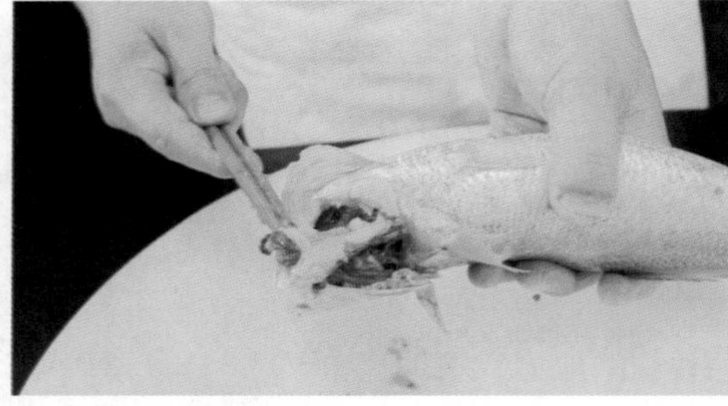
图 2–5–52 拉出内脏

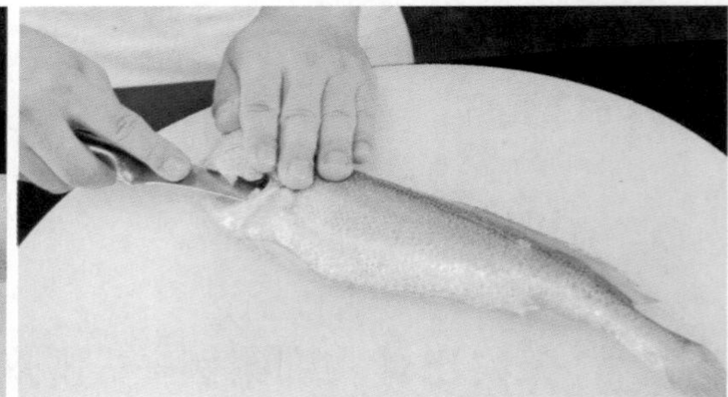
图 2–5–53 肉骨分离

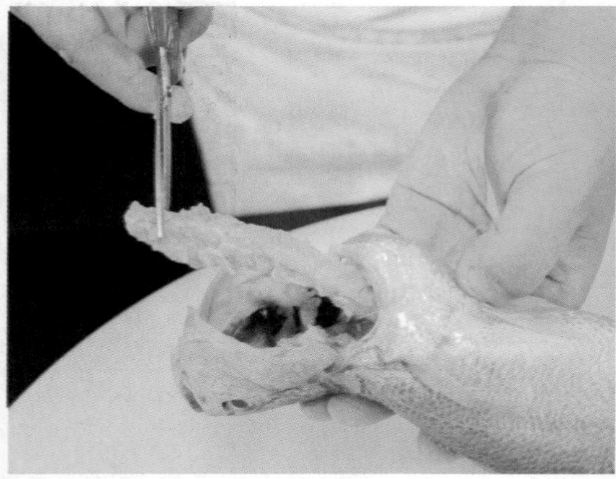
图 2–5–54 取出鱼骨

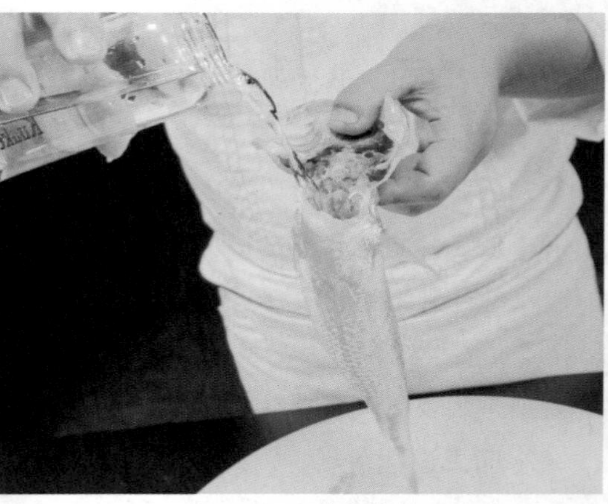
图 2–5–55 灌水测验

【加工要领】

1. 运刀要做到准、稳、匀、平。

2. 出骨时，双手要配合。

思政小结——“庖丁解牛”的启示

【小结导入】庖丁为文惠君解牛，手之所触，肩之所倚，足之所履，膝之所踦，砉然向然，奏刀騞然，莫不中音。合于《桑林》之舞，乃中《经首》之会。

——《庄子·养生主》

【思考讨论】请将以上文言文译成通俗易懂的白话文，讨论庖丁为什么能拥有这样高超的技术。

【分析强调】解牛本来是一件非常辛苦的事情，但在庖丁眼里变成了一种艺术享受，因为他完全掌握了解牛的规律。烹调技术纷繁复杂，但只要反复实践，掌握了它的客观规律，就能得心应手，运用自如，享受烹调带来的快乐。

项目六　干货原料涨发

任务一　水发

知识储备

◎ 知识点一：水发的定义

将干货类烹饪原料放入冷水或热水中浸泡，使原料回软涨发到符合食用要求的程度，这个浸泡工序称为水发。水发是一种最基本、最常用的发料方法。水发在具体运用中又分为冷水发和热水发两种。

1. 冷水发。把烹饪干货原料放在冷水中浸泡，使其自然吸收水分，尽量恢复新鲜时柔软、鲜嫩的状态，叫冷水发。冷水发在具体操作中可分浸和漂两种。浸就是把干货原料放在冷水中，使其慢慢吸收涨发，这种方法适用于体小、质嫩的一些原料，如木耳、口蘑等。漂发是一种辅助性的发料方法，在涨发过程中需要多次换水，在换水过程中漂洗去原料的异味和杂质，例如碱发后的原料用冷水漂去碱味，以达到食用的要求。

2．热水发。热水发是把干货原料放在热水中，且热水没过原料，有的还需要采用各种加热的方法，促进干货原料吸收水分，使其成为松软嫩滑的全熟品或者半熟品的涨发过程。热水涨发干货又分为一般热水发和反复热水发两种。一般热水发就是只用一次热水一次性就将干货原料发足、发透。适合一般热水发的原料有银耳、木耳、干笋、淡菜、海带、粉条、粉丝、腐竹、沙虫干等。反复热水发是将干货原料用热水进行几次涨发，甚至运用煮、焖、蒸的方法反复加热的涨发。反复热水发适用于鱼翅、海参、鲍鱼、干贝等原料。

◎ 知识点二：水发的技术原理与优点

1．冷水发的技术原理与优点。干货原料放在冷水中浸泡，干货通过自身的毛细管在缓慢的吸收浸润过程中吸足了水分，就恢复了原有的柔软、鲜嫩。软嫩的原料既利于切形配菜，又便于烹调食用。冷水发的优点是操作简单易行，并且能基本上保持干料原有的鲜味和香味。

2．热水发的技术原理与优点。热水发所用的水是热的，从而加速了水分子运动，提高了原料组织的吸水能力，加快了原料吸收水分涨发回软的进程。热水涨发的优点是干货烹饪原料涨发速度快，涨发效果好。

冷水发实训案例——冷水发冬菇

扫一扫在线观看“冷水发冬菇”视频

【所需器具】

钢盆、碟子、剪刀等。

【原料配备】

干花菇100 g。

【训练流程】

选择干花菇→初步泡制→剪去菌根→清洗干净→浸泡达标→保存待用。

【训练要求】

掌握冷水发的基本流程及原理，经过训练能基本掌握冷水发技能。

【训练步骤】

1．选择色泽正常、香气纯正、含水量低的优质干花菇（见图2-6-1）。

2．将干花菇放入干净的清水中，使菌褶向下（便于吸收水分）（见图2-6-2）。

3．浸泡1小时左右菌根变软，捞出，用剪刀剪去菌根（见图2-6-3）。

4．清洗掉杂质及泥沙等，然后再次放入干净的清水当中浸泡约3小时，待干花菇变软、菌褶张开，无任何硬茬后捞出备用（见图2-6-4）。

图 2-6-1　选择原料

图 2-6-2　初步浸泡

图 2-6-3　剪去菌根

图 2-6-4　涨发成品

【训练要领】

1. 不要用热水泡发干花菇，热水会使干花菇中的挥发性物质损失，使香气大大减少。

2. 泡发干花菇的水营养价值高，香味浓郁，沉淀后可以用来做菜。

3. 涨发好的干花菇存放时间不要超过24小时，存放时间越长，香味流失越严重。

一般热水发实训案例——一般热水发海带

【所训器具】

钢盆、碟子、砧板、刀具、炉灶、锅具等。

扫一扫在线观看“一般热水发海带”视频

【原料配备】

干海带150 g，白醋20 ml。

【训练流程】

选取原料→放入干海带→热水淹过干海带→涨发软干海带→洗净→切形→放入沸水中并加姜、葱稍焯水→捞起→用冷水泡好待用。

【训练要求】

掌握一般热水发的基本流程及原理，经过训练能基本掌握一般水发技能。

【训练步骤】

1．选择体厚，体表完整不破不裂，表面有一层白霜的海带为佳（见图2–6–5）。

2．将海带切成20 cm左右的段（见图2–6–6）。

3．用大的盛器装上热水，加入少许白醋。把海带浸入热水中，使热水完全盖过海带，浸泡2.5小时左右直到海带发软、发透（见图2–6–7）。

4．捞出海带，用清水清洗干净（见图2–6–8）。

5．根据烹饪需要进行改刀成型，如切成丝、切成片等（见图2–6–9）。

6．将改刀成型的原料放进沸水锅中焯水至熟，捞出。放入冷水浸泡待用（见图2–6–10）。

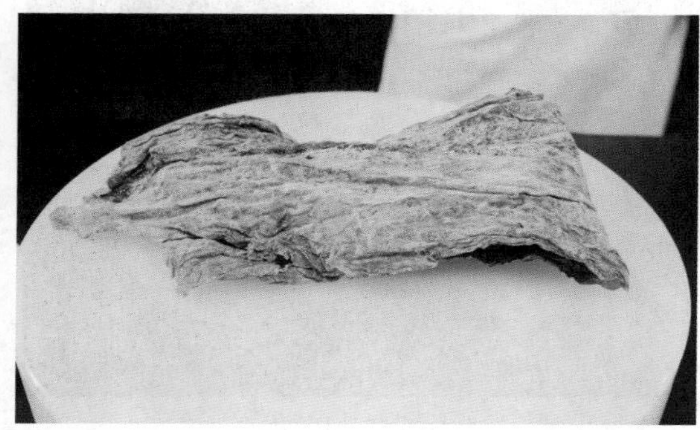

图 2–6–5　选择原料

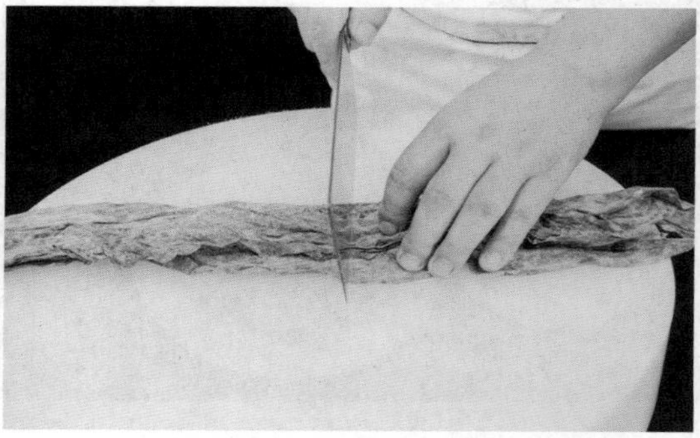

图 2–6–6　切段

图 2–6–7　浸泡

图 2–6–8　浸泡完成

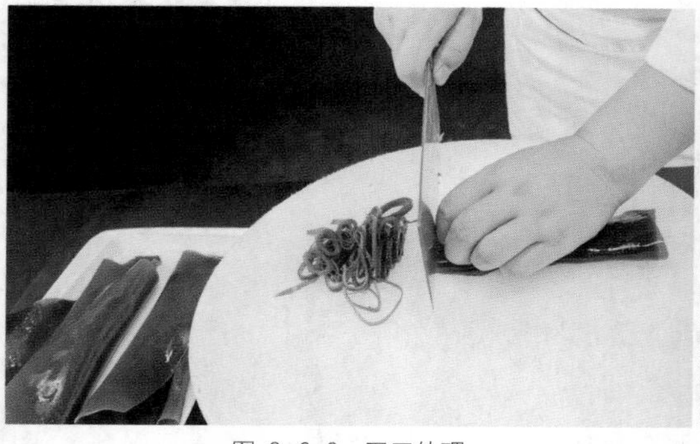

图 2–6–9　刀工处理

图 2–6–10　浸泡待用

【训练要领】

掌握好发制时间，不宜过长，发制原料恢复原状即可。

反复热水发实训案例——反复热水发海参

【所需器具】

钢盆、碟子、砧板、刀具、炉灶、锅具等。

扫一扫在线观看
"反复热水发海参"视频

【原料配备】

海参2条。

【训练流程】

选取海参→清洗海参→放入锅中→加热水至沸腾→关火焖24小时→再次入锅，加热→关火焖24小时→取肠及里皮→再次放入锅中，加热→关火焖24小时→用冷水浸泡待用。

【训练要求】

掌握反复热水发的基本流程及原理，经过训练能基本掌握反复热水发技能。

【训练步骤】

1．选择体大、肉肥厚，形体完整，肉刺齐全无损伤，光泽洁净，颜色纯正的海参（见图2–6–11）。

2．将海参用温水清洗干净，放进加有水的陶瓷锅中，盖上锅盖，中火烧至沸腾，小火煮约5分钟后关火端离火源，焖24小时（见图2–6–12）。

图 2–6–11　原料选择

图 2–6–12　浸泡 24 小时

3．捞出，再次用清水清洗，然后锅中另换清水，将海参放入，盖上锅盖，再次将水烧沸腾，小火煮约5分钟后关火端离火源，焖24小时（见图2–6–13）。

4．捞出海参，用剪刀从开口处剖到头（见图2–6–14），将肠及肠底部附着的一层皮摘除，最后清洗干净（见图2–6–15）。

5．锅中另换清水，放入海参，盖上锅盖，再次将水烧沸腾，小火煮约5分钟后关火端离火源，浸泡24小时即可使用（见图2-6-16）。

图 2-6-13　浸泡 48 小时

图 2-6-14　剪开腹部

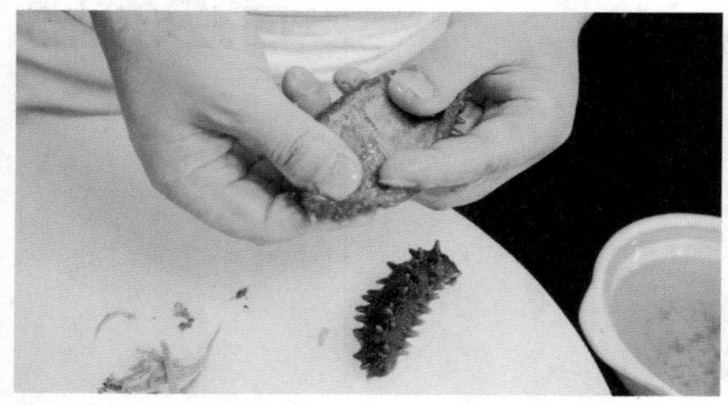

图 2-6-15　取出内脏

图 2-6-16　浸泡 72 小时

【训练要领】

1．器皿务必洁净，忌油、碱、盐。

2．如果天气炎热，每次焖制过程中水冷却后可换两次常温水浸泡。

3．肠及肠底部附着的一层皮应取干净，不然会影响涨发效果。

思政小结——要像对待生命一样关爱海洋

【小结导入】习近平鲜明提出推动构建海洋命运共同体。习近平强调，我们要像对待生命一样关爱海洋。

——《关乎人类福祉！习近平提出一个重要理论》（新华网，2019年4月23日）

【思考讨论】海洋渔业资源近年来面临着巨大的挑战，结合“我们要像对待生命一样关爱海洋”这句话，谈谈你的看法。

【分析强调】中国高度重视海洋生态文明建设，持续加强海洋环境污染防治，保护海洋生物多样性，实现海洋资源有序开发利用，大家应拒食、拒烹海洋珍稀原料。

任务二　油发

知识储备

◎ 知识点一：油发的定义

油发就是将干货原料放入油锅中，经过加热，使其回软、膨胀，变得松脆，然后再吸水回软，成为全熟的半成品的涨发工序。油发常用于主要成分为结缔组织的干货原料烹饪原料，如干肉皮、干蹄筋、干鱼肚等。

◎ 知识点二：油发的技术原理

油发是利用干货原料中的动物性蛋白质胶体颗粒，在高温受热后产生的蛋白质变性，即蛋白质胶体颗粒受热膨胀，从而恢复形态或形体膨胀。油发后需结合碱溶液涨发，利用碱的电离作用和脱脂作用，脱去油脂，恢复原料质地。

◎ 知识点三：油发的基本环节

油发一般分为三个环节。第一个环节是焐油。干料浸没于冷油中，加热使油温处于60℃至70℃，原料的结构变得更加紧密，体积缩小。第二个环节是膨化。焐制后的干料投入到210℃左右的高温油中，原料骤遇高热，体积急剧增大，形成蓬松的油发制品。第三个环节是回软脱油。膨化的干料放入热水泡软并加入少许碱粉搓挤去油分，再加少许白醋洗去苦涩味。

油发实训案例——油发蹄筋

【所需器具】

钢盘、炉灶、汤锅、盛器、漏勺等。

【原料配备】

猪蹄筋150 g，植物油1.5 L，食用碱粉20 g，白醋40 ml。

扫一扫在线观看“油发蹄筋”视频

【训练流程】

清洗蹄筋并晾干→低油温焐制→高油温膨化→温热水泡软→碱面洗制→白醋洗制→清水漂洗→浸泡待用。

【训练要求】

掌握油发的基本流程及原理，经过训练能基本掌握油发技能。

【训练步骤】

1. 用温水洗去蹄筋上的杂质，用厨房用纸吸干水分并充分晾干（见图2-6-17）。

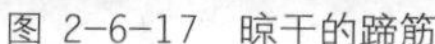
图 2-6-17　晾干的蹄筋

图 2-6-18　低油温焐制

2．将干燥的蹄筋放进冷油锅中，慢火加热，油温保持在60℃～70℃。随着时间的推移，蹄筋会慢慢缩短，当原料停止缩小时捞出（见图2–6–18）。

3．油温加热至7成（210℃左右）下锅，用筷子或勺子不断搅动（见图2–6–19），蹄筋体积会增大好几倍，当蹄筋停止膨胀时捞出（见图2–6–20），此时可以轻松拆断蹄筋，内成蜂窝状即炸好。

4．用温热水泡软蹄筋，然后加入少许食用碱粉搓挤去油分，再用少许白醋加入清水中，洗去蹄筋苦涩味（见图2–6–21），最后用清水浸泡待用（见图2–6–22）。

图 2-6-19　高油温膨化

图 2-6-20　高油温膨化完成

图 2-6-21　回软搓洗

图 2-6-22　油发蹄筋成品

【训练要领】

1. 油量要多，否则涨发不开。

2. 原料要干，受潮的原料应先将其烘干再入油锅，否则不易发透。

3. 投入油锅时，油温不宜过高，小火逐渐加热，焐油时间要够，这样容易发透。

4. 油发后的原料一定要将油分清洗干净。

思政小结——食品安全道德与法律意识培养

【小结导入】民以食为天，食品是人类社会发展不可替代的物质基础之一，食品安全对人类社会的发展有巨大的影响。为了确保食品安全，国家做出了各方面的努力，2009年国家颁布并实施了《中华人民共和国食品安全法》和《中华人民共和国食品安全法实施条例》。

【思考讨论】餐饮类专业的学生在学习期间和以后的工作中应如何践行食品安全?

【分析强调】为了更好地解决食品安全问题，需要在学习和工作中养成良好的食品安全道德与法律意识并认真贯彻执行。以道德意识的内在自律作用为出发点，配合法律的外在强制力，自觉维护食品安全的方方面面，从根源上保障食品安全。

任务三　碱发

知识储备

◎ 知识点一：碱发的定义

碱发就是将干品原料先放入冷水中浸泡回软，再放入一定比例的碱液浸泡一段时间，使干品原料吸收水分而涨发回软再吐水，清除原料体内碱质和腥膻气味，恢复其新鲜状态的加工方法。适用于碱发的原料主要有鱿鱼、墨鱼、章鱼等。

◎ 知识点二：碱发的技术原理

碱溶液既能使蛋白质轻度变性，将原料体内纤维结构变得松弛，有利于碱水的渗透和扩散，又能促使油脂水解，消除油脂对水分浸润的阻碍，加快渗透和扩散的速度，使碱水中的带电离子与蛋白质分子上的极性基团相结合，从而使原料的体积膨胀变大。

◎ 知识点三：碱发的技术要求

1. 熟悉碱溶液的调配比例。常见的碱水溶液有生碱水和熟碱水两种。生碱水是用冷水和食用碱按照20：1的比例调制；熟碱水是用开水、食用碱和石灰按照50：5：2的比例调和，搅拌融化后加入与开水量相等的冷水，沉淀后取清水即可用于涨发。

2．掌握发制时间。碱溶液会使原料的营养成分受到一定程度的损失，所以当碱溶液把干货原料发至接近新鲜程度的形状时即可将碱溶液沥去，换上清水浸泡，切出形状后再用沸水焯，再用清水漂洗干净，最终无苦涩味即可。

碱发实训案例——碱发鱿鱼

【所需器具】

砧板、片刀、钢盘、炉灶、汤锅、盛器等。

【原料配备】

干鱿鱼2条，食用碱100 g，清水2 L。

【涨发流程】

选取原料→冷水浸泡回软→兑制碱溶液→放入碱溶液中浸泡→清洗去碱。

扫一扫在线观看“碱发鱿鱼”视频

【训练要求】

熟悉碱水配制，懂得鉴别涨发各阶段的质量特点。

【训练步骤】

1．选择外表平滑、肉质坚硬、身干体厚、无霉点、光泽亮的干鱿鱼（见图2-6-23）。

图 2-6-23 选择原料

2．先将干鱿鱼用冷水浸泡3小时左右使鱿鱼回软（见图2-6-24）。

3．用冷水和食碱按20:1的比例兑制2kg的碱水溶液（见图2-6-25）。

4．捞出浸泡发软的鱿鱼放到碱溶液中浸泡8~12个小时即可发透（见图2-6-26）。

5．将发透的鱿鱼捞出，用清水冲洗干净（见图2–6–27），边洗边用手捏，并撕去外皮，直到鱿鱼外表不滑腻为止（见图2–6–28）。

图 2–6–24　浸泡回软

图 2–6–25　调制碱水溶液

图 2–6–26　法透状态

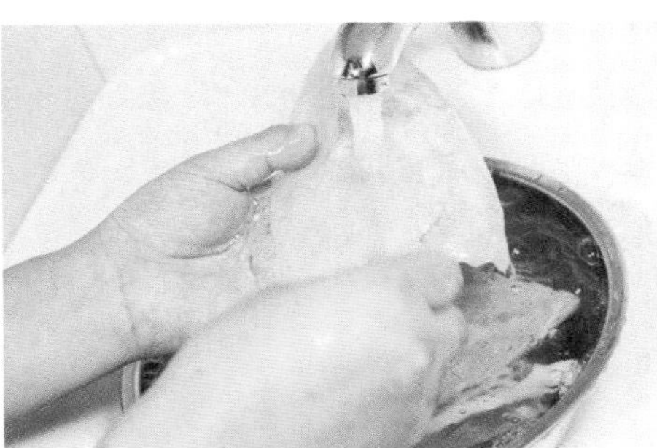
图 2–6–27　清洗去碱

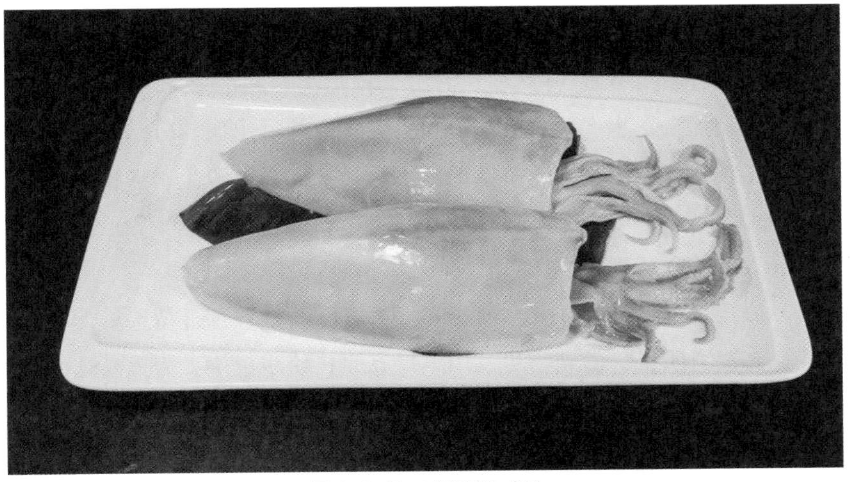
图 2–6–28　碱发鱿鱼成品

【训练要领】

1．涨发时间的长短与碱溶液的浓度有密切关系。浓度大可缩短涨发时间，浓度小则可适当延长时间。

2．涨发时，先发透的应先捞出，未发透的再继续发，避免有的涨发过度，有的涨发不足。

思政小结——守护百姓“舌尖上的安全”

【小结导入】食品安全关系人民群众身体健康和生命安全，关系中华民族未来。习近平总书记多次作出重要指示，强调要把食品安全作为一项重大的政治任务来抓，坚持党政同责，用最严谨的标准、最严格的监管、最严厉的处罚、最严肃的问责，确保人民群众“舌尖上的安全”。

——《食品安全让生活更美好》（央广网，2019年5月27日）

【思考讨论】作为餐饮类专业的学生，应如何践行食品安全责任?

【分析强调】2019年12月1日，修订后的《中华人民共和国食品安全法实施条例》正式施行。条例强化生产经营者的食品安全主体责任，增设“处罚到人”制度，充分体现食药领域“四个最严”的要求。作为即将成为餐饮食品的生产者与服务者，必须认真学习食品安全方面的知识与技能，依照相关条例开展工作。

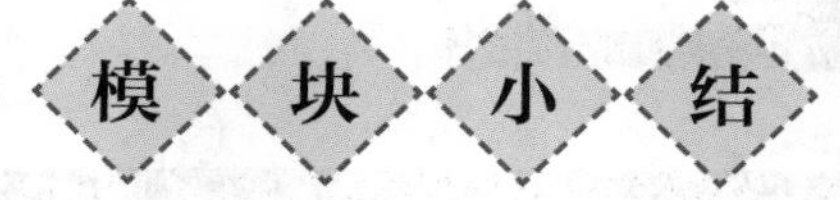

模块小结

本模块主要介绍了蔬菜类原料整理、清洗，家禽类原料的宰杀、煺毛、开膛及内脏处理，家畜内脏原料的清洗，水产原料的清洗、去壳、取肉、出肉、分档与整料出骨加工，干货原料涨发等加工技能。由于大多数鲜活原料不经过加工，其卫生、形状、质量等都是不符合食品卫生及质量要求，所以，必须对鲜活原料进行初加工，从而保证烹饪原料色、形、味、质、营养等方面符合烹调要求。

通过出肉、分档与整料出骨加工，便于根据原料的质量分别进行选料，有利于保持原料各自的特点，提高菜肴质量，做到物尽其用，提高原料使用价值。为提高这些技能，要熟悉原料的各个部位，从畜类、禽类、鱼类的肉与肉之间的隔膜处下刀，基本分清原料不同部位的界限，这样就能保证原料的质量。出肉、分档、出骨如果不按照先后顺序进行，就有可能破坏各个部位肌肉的完整性，从而影响所取原料的完整性及质量。

干货原料涨发工作是一道比较复杂的操作工序，也是一项技术性较强的工作。因此，在涨发前，需要了解并熟悉干货原料的种类、性质和产地，才能采取合适的涨发方法，达到涨发干货原料的要求。看到干货原料就知道干货原料的品质，以及是否会在加工干制和储存保管过程中受潮，从而选用正确的涨发方法。干货原料涨发中的每一道操作环节都是密切相连、相互影响的，所以必须认真对待每一道操作工序，只有这样才能将烹饪原料涨发到符合食用的要求。

在原料初加工技能的训练过程中加强基础知识的学习，对各种原料加工所涉及的原料、原则、要求等要熟悉，运用这些理论知识指导实训练习；认真观看教学视频和教师的示范演示，记住操作的每个细节，找准关键点进行针对性的反复训练，方能将原料初加工技术学到手。

扫描下方二维码进行线上答题。

练习题

模块三

烹调辅助技能实训

学习目标

素质目标：

1. 具有争做新时代“学习型”人才的精神。
2. 具备时间管理能力和诚实守信的可贵品质。
3. 拥有与时俱进、终身学习的理念。
4. 具备较强的“工匠精神”，激发自主学习、刻苦钻研、追求卓越的奋斗精神。
5. 具有强烈的爱国意识，树立文化自信。
6. 认识到环境保护的重要性，提高生态文明意识和生态文明素质。

知识目标：

1. 了解焯水、过油、汽蒸、走红等初步熟处理的相关定义。
2. 了解浆、糊、芡等技法和基础汤的相关定义。
3. 熟悉浆、糊、芡等技法的操作注意事项及奶汤形成的基本原理。
4. 掌握奶汤、清汤、素汤的原料配比并熟记其熬制工艺流程。
5. 掌握常见热菜复合酱汁原料配比并熟记其调制基本步骤。
6. 掌握焯水、过油、汽蒸、走红操作的基本方法。

能力目标：

1. 能根据原料的性质及烹饪要求选择初步熟处理的方法。
2. 能根据成菜质量要求选择上浆、挂糊还是拍粉。
3. 能调制常见浆、常见糊、常见芡，并能根据烹调需要进行灵活的运用。
4. 能进行普通奶汤、普通清汤、特制奶汤、特制清汤的熬制，并会合理保存。
5. 能进行常见热菜复合酱汁的调制，并能根据酱汁的风味特点灵活运用。

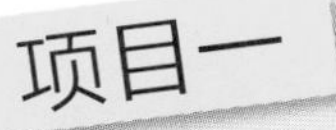

项目一 初熟处理

任务一 焯水

知识储备

◎ 知识点一：焯水的相关定义

焯水，又称出水、飞水等。东北地区称为“紧”，河南一带称为“掸”，四川则称为“泹”，广东、广西地区称为“灼”。将初步加工的原料放进冷水锅或沸水锅中加热至半熟或全熟，取出以备进一步烹调或调味的过程称为焯水。焯水是中式烹调工艺中一道极为重要的工序，对菜肴的色、香、味、形等方面起着极为重要的作用。焯水的应用范围较广，大部分蔬菜和带有腥膻气味的肉类原料都需要焯水。

根据原料进锅时的水温，焯水在具体的操作中可分为冷水锅焯水和沸水锅焯水。所谓冷水锅焯水，就是将加工好的烹饪原料与冷水同时入锅加热至标准程度，捞出投凉、漂洗，以备正式烹调所用。冷水锅焯水适于牛肉、羊肉以及内脏等异味较重、血污较多的动物性原料，也适用于笋类、萝卜等有较浓苦涩味的植物性原料。沸水锅焯水，就是将锅内的水加热至沸腾，然后将原料下锅，加热到所需程度，捞出漂洗干净，保存备用。沸水锅焯水适于血污和异味较少的鸡、鸭、猪肉等肉制品，以及大部分叶类蔬菜和经刀工处理过的根茎类植物原料。

◎ 知识点二：焯水操作的注意事项

不管是用冷水锅焯水，还是用沸水锅焯水，均需掌握以下注意事项：

1. 水量要足，要没过原料。

2. 依据原料的性质、质地、大小等合理选择冷水锅或者沸水焯水。

3. 加热过程中，注意均匀翻动原料，使其受热均匀。

4. 根据切配、烹调等需要掌握好原料的焯水时间，以控制合理的成熟度。

5. 叶类蔬菜和茎类蔬菜（如西芹、莴笋）焯水，水锅中应加入适量的食用油，起到保色的作用；动物性原料焯水时可加入适量的料酒、姜、葱等，以达到去腥的目的。

6. 有异味（如内脏、羊肉）和易脱色（如苋菜）的原料应单独焯水，防止影响其他原料的品质。

7. 蔬菜类原料焯水后应迅速投凉防止余温造成过度成熟，动物性原料应及时进行漂洗，冲洗掉浮沫及其他杂质。

冷水锅焯水实训案例——羊肉焯水

【所需器具】

砧板、刀具、炉灶、锅具、漏勺、盛器、手勺。

扫一扫在线观看
"羊肉焯水"视频

【原料配备】

羊肉750 g，料酒20 ml，姜片20 g，香葱15 g。

【制作流程】

原料选择→改刀→锅中放入冷水→放入切好的羊肉→加热→翻动羊肉→捞出→漂洗→保存待用。

【训练要求】

掌握冷水锅焯水的应用，掌握具体的冷水锅焯水的火候。根据各种原料的不同性质，把握焯水的时间。

【基本步骤】

1．将羊肉洗净后改刀切成片（见图3–1–1）。

2．在锅中注入适量的冷水，加入料酒、姜片、香葱，放入羊肉片（见图3–1–2）。

3．加热并不断翻动羊肉，使羊肉受热均匀（见图3–1–3），控制好加热时间，待达到成熟度后捞出（见图3–1–4）。

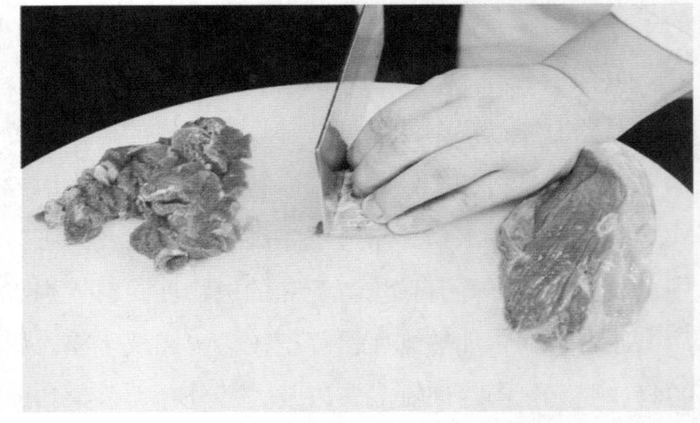

图 3–1–1　羊肉切片

4．放入清水中漂洗干净（见图3–1–5），捞出保存待用（见图3–1–6）。

图 2–1–2　羊肉下冷水锅

图 3–1–3　稍煮后产生浮沫

图 3-1-4　捞出羊肉

图 3-1-5　冲洗掉浮沫

图 3-1-6　羊肉焯水成品

【制作要领】

1．水量要足，加热时不断翻动原料。

2．根据原料的性质和烹调的要求确定加热的程度。

【运用拓展】

运用此半成品可以制作香辣炒羊肉、芫爆羊肉、孜香羊肉、红油羊肉等。

沸水锅焯水实训案例——莴笋焯水

【所需器具】

砧板、刀具、炉灶、锅具、漏勺、盛器、手勺。

【原料配备】

莴笋片约500 g。

【制作流程】

原料选择→刀工处理→锅中加入水烧沸腾→加入少许食用油→加入莴笋片→继续加热→翻动莴笋片→达到成熟度捞出→投凉漂洗→保存待用。

扫一扫在线观看
“莴笋焯水”视频

【训练要求】

掌握沸水锅焯水的应用，掌握沸水锅焯水的火候。根据各种原料的不同性质及烹饪要求，把握焯水时间。

【基本步骤】

1．将莴笋去皮，切成菱形片（见图3-1-7）。

2．锅中加入适量的水，加热至沸腾，加入少许食用油（见图3-1-8）。

3．把莴笋片放到沸水锅中，然后继续加热，并不断地翻动莴笋，使原料受热均匀（见图3-1-9）。

4．待达到成熟度后捞出，放入清水中透凉，捞出保存待用（见图3-1-10）。

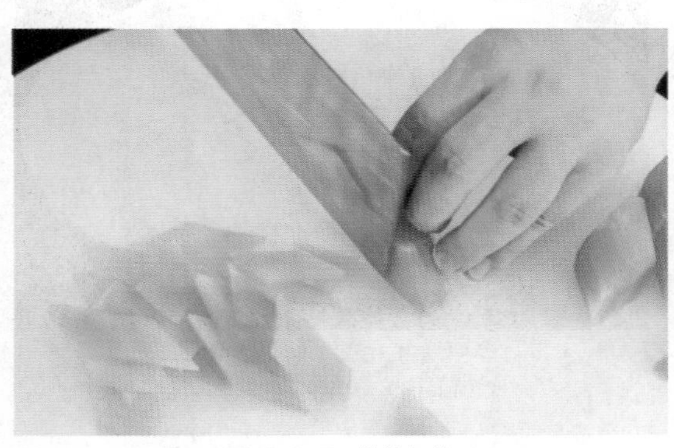

图 3-1-7　莴笋切片

图 3-1-8　加油入锅

图 3-1-9　翻动莴笋

图 3-1-10　焯水成品

【制作要领】

1．水量要足，加热时不断翻动原料。

2．根据原料的性质和烹调的要求确定加热的程度。

【运用拓展】

运用此半成品可以制作麻酱莴笋、口味莴笋、莴笋炒肉片、什锦蔬菜片等。

思政小结——做“学习型”人才

【小结导入】从身边的小事着手，努力改变自己的思想、观念，树立终生学习的理念，养成良好的学习习惯。

【思考讨论】谈谈为什么要养成良好的学习习惯。

【分析强调】社会竞争日趋激烈，外部环境要求我们要积极进取，不断学习新知识，努力提高自身文化素质，争当业务精兵。努力把自己塑造成新时代学习型人才，不断完善自己，才能为社会的发展做出更大的贡献。

任务二　过油

知识储备

◎ 知识点一：过油的相关定义

将经刀工处理后的烹饪原料，放进油锅中做初步的熟处理的过程叫过油，过油是烹调加工工艺过程中的一道重要工序。过油能使菜肴滑、嫩、脆、香，对丰富原料的色泽，增加菜肴的风味特色，去除原料的异味等方面均能起到积极的作用。

过油时根据温度的高低可分为走油和滑油两种。走油又称油炸，是指在大油量和七八成热的油锅中将原料炸制成半成品的熟处理方法。通过走油达到炸透、上色、定型的目的，主要适用于拔丝、红烧、干烧、红扒、脆熘等烹调技法烹制的菜肴主料的处理。走油既适合生料，也适合经过焯水处理过的原料，或经挂糊、上浆、拍粉、腌制等处理过的原料。滑油又称划油、拉油等，是将切配成形的烹饪原料经上浆后，投大油量和三至五成热的温油锅内加热处理的过程。滑油主要适合于爆炒、滑炒、烩等烹调方法制作的菜肴，动物性原料大多需要滑油处理，滑油的原料一般都是丝、片、条等加工后相对较小的原料。

◎ 知识点二：过油操作的注意事项

运用过油的方法对原料进行初熟处理，应掌握以下注意事项：

1. 用于颜色洁白自然烹调的成品菜肴时，应选用颜色浅的洁净食用油。

2. 油量一般为原料的4～5倍，原料下锅后油温降低幅度较小，受热均匀，有利于保障过油效果。

3. 要将过油的炒锅炙好，以防原料进锅后粘锅，影响过油的效果。

4. 原料挂糊、上浆时，应分散下锅，如果是丝、丁、片等小型原料，下锅后还应划散，以免粘连在一起。原料下锅后划动时机要恰当，不要过快过猛，防止糊浆脱落。即便是没有挂糊、上浆的原料，也应抖散下锅，适当划动，以便均匀受热。

5．熟悉原料的性质，根据原料的形状和烹调要求确定采用滑油还是走油，如果是滑油，油温应控制在90℃～150℃，如果是走油，油温应控制在210℃～240℃。

6．原料下锅时，应尽量缩小原料与油锅的垂直距离，以防油溅出而造成意外烫伤。

走油实训案例——罗非鱼走油

【所需器具】

砧板、刀具、炉灶、锅具、漏勺、盛器、手勺。

【原料配备】

主料：罗非鱼1条（约700 g）；辅料：淀粉（50 g）；调料：盐3 g。

【制作流程】

选取鱼→初步加工改刀→腌制→拍粉→炒锅预热→加入食用油→加热→投入原料→翻动（浸炸）→复炸（增酥）→捞出控油备用。

扫一扫在线观看"罗非鱼走油"视频

【训练要求】

从菜肴的色泽、质地、形状等方面掌握走油的技巧，要根据原料和成菜的要求灵活把握，尤其是要会识别油温。

【基本步骤】

1．罗非鱼杀好，冲洗干净后在鱼身上剞上一字花刀，洗净（见图3-1-11）。

2．全身均匀抹少许盐，然后拍上一层薄薄的淀粉（见图3-1-12）。

图 3-1-11　剞上一字花刀

图 3-1-12　拍粉

3．炒锅预热，倒入1L左右食用油，烧至六成热时，放入鱼浸炸至熟捞出，待油温升至七八成热后进行复炸（见图3-1-13）。

4．炸至鱼皮酥脆，捞起滤油后装碟（见图3-1-14）。

图 3-1-13　浸入油中炸制

图 3-1-14　罗非鱼走油成品

【制作要领】

1. 选料要新鲜。

2. 锅中的油量要多，否则翻动不便，受热不均，易产生不同的质感和色泽。

【运用拓展】

运用此半成品可以制作椒盐罗非鱼、甜酒罗非鱼、糖醋罗非鱼等。

滑油实训案例——牛肉丝滑油

【所需器具】

砧板、刀具、炉灶、锅具、漏勺、盛器、手勺。

扫一扫在线观看“牛肉丝滑油”视频

【原料配备】

主料：牛里肉400 g；辅料：淀粉糊30 g；调味料：生抽10 ml，盐2 g，料酒15 ml。

【制作流程】

选取原料→初步加工改刀→上浆→炒锅烧热→加入食用油→加热至三四成热→放入牛肉丝滑散成熟→捞出控油备用。

【训练要求】

从菜肴的色泽、质地、形状等方面掌握滑油的技巧，要根据原料和成菜的要求灵活把握，尤其是要会识别油温。

【基本步骤】

1. 牛肉切成二粗丝（见图3-1-15）。

2. 将切好的牛肉丝用盐、料酒、生抽腌制好后加入淀粉糊拌匀（见图3-1-16）。

3. 炒锅预热，倒入1L食用油，烧至三四成热时投入肉丝，晃动锅，用筷子抖散（见图3-1-17），滑至八成熟时，捞出备用（见图3-1-18）。

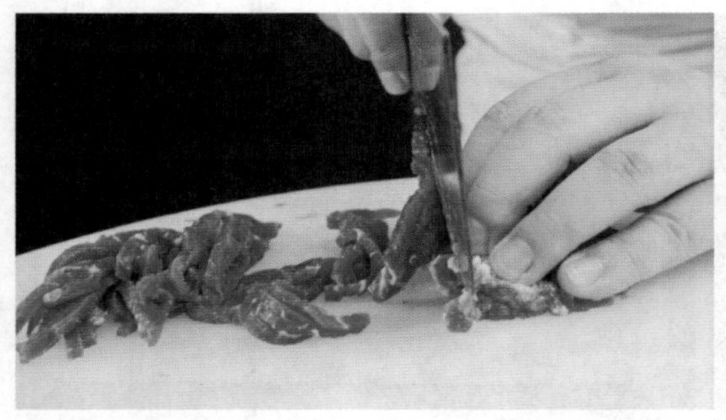

图 3-1-15　牛肉切丝

图 3-1-16　牛肉腌制

图 3-1-17　滑制牛肉丝

图 3-1-18　牛肉丝滑油成品

【制作要领】

1．准确掌握油温。油温的高低直接影响过油的效果。

2．掌握好过油时原料的质地。过油是为下一步烹调做准备，过油时原料质地直接关系到成菜的品质。

【运用拓展】

运用此半成品可以制作黑椒炒牛柳、葱爆牛肉、韭黄牛肉等。

思政小结——年轻人不要老熬夜

【小结导入】习近平在与中央党校县委书记研修班学员座谈时，讲述了自己当县委书记时的故事：那时年轻想办好事，经常通宵达旦地干，最后感觉到不行，要摆顺心态，“手里攥一千个线头，针眼一次只能穿过一条。”后来就想，到12点就睡大觉，第二天重新来过。

——《年轻人不要老熬夜》（人民网，2015年1月14日）

【思考讨论】习近平这句关于时间管理的告诫给了我们什么启示？

【分析强调】一寸光阴一寸金，寸金难买寸光阴。时间管理是一个概念，更是一种方法，每一个人都需要进行时间管理。通过事先规划和运用一定的技巧、方法与工具，实现对时间的灵活运用及有效运用，从而实现个人或组织的既定目标。

任务三　汽蒸

知识储备

◎ 知识点一：汽蒸的相关定义

汽蒸又称锅蒸，就是以蒸汽为传热介质，将已加工整理的原料放入蒸柜（笼），采用不同的火力，恰当控制蒸制时间，将原料蒸至半熟或全熟，为正式烹调做准备的熟处理方法。汽蒸能保持原料形整不烂，保持原料的营养和原汁原味，缩短正式烹调时间。

根据烹调的需要，汽蒸可分为旺火沸水长时间蒸制和中火沸水缓慢蒸制两种。旺火沸水长时间蒸制主要适用于体积较大、韧性较强、不宜软糯的原料，例如鱼翅、干贝、海参、蹄筋等干货原料的涨发，以及香酥鸡、八宝鸡、软炸酥方、姜汁肘子等菜肴的半成品的熟处理。中火沸水徐缓慢蒸制适用于极新鲜、细嫩、易碎、不耐高温的原料或半成品，例如绣球鱼翅、竹荪肝膏汤、芙蓉嫩蛋等菜肴的熟处理和蛋糕、鸡糕、鱼糕、金钩等半成品原料的熟处理。

◎ 知识点二：汽蒸操作的注意事项

运用汽蒸的方法对原料进行初熟处理，应掌握以下注意事项：

1. 一些原料在汽蒸以前，需先焯水、过油、走红，部分原料需要提前码味、定型，个别原料需要先制成茸、泥等。

2. 汽蒸除了要考虑原料的类别、质地、新鲜度、形状和蒸制后的质感等因素外，火力与蒸制时间的控制也很重要，否则就达不到汽蒸的效果。

3. 如果是几种原料同时蒸，要将不易熟的装在上层，易熟的装在下层。不同气味的原料应尽量避免在同一锅中加热，以防相互影响质量。

实训案例——整鸡汽蒸

【所需器具】

砧板、刀具、炉灶、蒸锅（蒸箱）、漏勺、盛器、手勺。

【原料配备】

主料：整光鸡1只（约1200 g）；辅料：老姜片40 g，香葱30 g；调味料：盐2 g，料酒15 g。

【制作流程】

选料→初步加工改刀→焯水→放入盛器中→调味→蒸笼（蒸箱）先充满蒸汽→放入原料→蒸汽加热断生→取出原料备用。

扫一扫在线观看
“整鸡汽蒸”视频

【训练要求】

掌握汽蒸的分类及应用，具体掌握汽蒸的火候。根据各种原料的不同性质，掌握汽蒸的时间。

【基本步骤】

1. 根据烹调需要选择鸡，并进行适当的初步加工（见图3–1–19）。

2. 根据菜肴要求将整鸡进行焯水紧皮处理（见图3–1–20），用调味品（盐、料酒、姜葱）腌渍入味（见图3–1–21）。

3. 将蒸笼（蒸箱）先充满蒸汽，放入处理好的整鸡，大汽量加热至需要的质量标准，取出即可（见图3–1–22）。

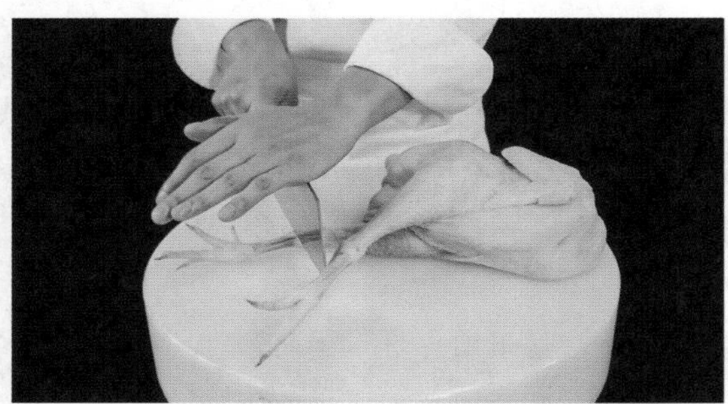

图 3-1-19　初步加工

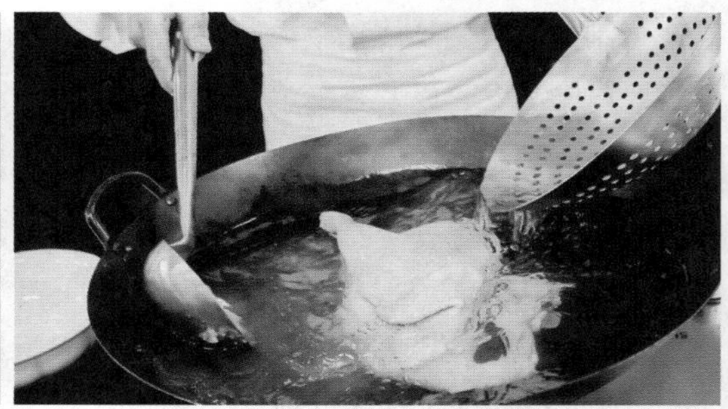

图 3-1-20　焯水紧皮

图 3-1-21　腌制入味

图 3-1-22　蒸制成品

【制作要领】

1. 根据成菜要求，许多原料在汽蒸前还要进行其他方式的热处理。

2. 调味要适当，汽蒸后属于半成品，必须进行加热前提味。

【运用拓展】

运用此半成品可以制作香酥扒鸡、姜汁全鸡、酸汤全鸡等。

思政小结——践行为人民服务的宗旨

【小结导入】为人民服务是社会主义职业道德的核心内容和根本宗旨，这是区别于其他社会形态道德的显著标志。为人民服务不仅是共产党员必须身体力行的道德规范，也是各行各业的从业人员应遵循的职业道德规范。

【思考讨论】结合自己所学专业谈谈如何践行为人民服务的宗旨。

【分析强调】把为人民服务作为自己的道德思想和行为准则，从身边事做起，突出服务质量，大力倡导以爱岗敬业、诚实守信、办事公道、服务群众、奉献社会为主要内容的服务观，最后达到为人民服务的境界。

任务四　走红

知识储备

◎ 知识点一：走红的相关定义

走红就是对经过氽水、过油等初步熟加工的整鸡、整鸭以及猪肘等大块的烹饪原料进行进一步上色入味的熟加工方法。走红可以加深成品的色泽，使其美观好看，减轻异味，增加香味，增进食欲等。走红适用于烧、扒、焖、蒸、煨等技法，适用于形体较大的动物性原料，如大块五花肉、整鸡、整鸭、蹄膀等。

根据走红方式的不同，在具体操作中可以分为卤汁走红和过油走红。卤汁走红是将经过氽水的原料放进按菜肴成菜色泽的需要而调制的有色卤汁锅中旺火烧沸，改用小火继续加热至上色，比如制作香酥猪肘等菜肴。过油走红是将经过氽水的原料，按照菜肴的不同需要，在表皮涂抹酱油、饴糖、甜酒汁等，稍晾干后，放入油锅中炸上色，比如制作脆皮鸡。

◎ 知识点二：走红操作的注意事项

运用走红的方法对原料进行初熟处理，应掌握以下及注意事项：

1. 卤汁走红前应用调味品、香料以及有色调味料，如糖色、酱油、红曲米等先调整好卤汁的口味及颜色。

2. 由于卤汁走红上色较慢，原料在卤汁中浸卤的火力与时间要恰当控制，既可使原料上色均匀，又可避免原料加热过度而影响正式烹调。

3. 上色的原料要涂抹均匀并风干，防止过油时出现色彩不均匀现象。此外，放入油锅时要轻，防止因热油飞溅烫伤。

4. 过油走红时要严格控制油温，过高或过低都会使原料上色达不到标准。

卤汁走红实训案例——乳鸽卤汁走红

【所需器具】

砧板、刀具、炉灶、锅具、漏勺、盛器、手勺。

【原料配备】

主料：乳鸽2只；辅料：红卤水2 L，姜片20 g，香葱30 g；调味料：料酒30 ml。

扫一扫在线观看
“乳鸽卤汁走红”视频

【制作流程】

选料→初步加工→焯水→加热卤汁至沸腾→放入原料→加热（旺火烧沸改小火）→控制加热程度（原料上色适当）→取出原料备用。

【训练要求】

掌握卤汁走红的技巧，达到增加菜肴色泽和附带增味的目的。

【基本步骤】

1. 根据烹调需要选择乳鸽，并进行适当的初步加工（见图3–1–23）。

图 3–1–23　初步加工

2. 锅中注入水，然后放入乳鸽，加适量的料酒、姜片、香葱，大火烧沸腾后转小火，煮到皮紧实即可捞出，放入清水中漂洗干净（见图3–1–24）。

3. 将卤汁加热至沸腾，放入初熟处理的乳鸽（见图3–1–25），旺火烧沸改小火，当原料上色且达到菜品质量要求的成熟度即可捞出备用（见图3–1–26）。

图 3–1–24　乳鸽焯水

图 3–1–25　卤制

图 3-1-26　乳鸽卤汁走红成品

【制作要领】

1．进行卤汁走红前应焯水，以去除血污。

2．走红时间、鸡成熟度应根据成菜质量要求而定。

【运用拓展】

运用此半成品可以制作五香乳鸽、葱油乳鸽、香辣乳鸽等。

过油走红实训案例——整鸭过油走红

【所需器具】

砧板、刀具、炉灶、锅具、漏勺、盛器、手勺。

【原料配备】

主料：光鸭1只（约1000 g）；辅料：老姜片40 g，香葱30 g，白卤水3 L，皮水50 ml；调料：料酒15 ml。

扫一扫在线观看
“整鸭过油走红”视频

【制作流程】

选料→加工整理→焯水→漂洗→加热白卤至沸腾→放入原料→加热（旺火烧沸改小火）→控制加热程度→取出原料晾干→涂抹一层有色调料→净锅注入油脂并加热→油热后放入整鸭→炸至上色→捞出。

【训练要求】

掌握过油走红的基本方法，会因料而异，灵活掌握过油走红的技巧。

【基本步骤】

1．将光鸭处理干净（见图3-1-27），锅中放入能没过鸭的水量，加入姜片、香葱结、料酒，放入光鸭，煮至皮紧，捞出漂洗干净（见图3-1-28）。

2．把白卤水烧至微沸，放入洗净的鸭（见图3-1-29），旺火烧沸改小火，把鸭肉浸至九成熟，取出，用白毛巾抹干表面水分，晾干（见图3-1-30）。

3．用皮水涂匀鸭肉表面，晾干（见图3-1-31）。

4．中火烧锅，加入食用油，加热至150℃时，用笊篱盛着鸭肉放入油中炸制，一边炸一边翻动鸭，炸至整鸭表面脆且呈大红色时取出即可（见图3-1-32）。

图 3-1-27　整理

图 3-1-28　焯水

图 3-1-29　卤制

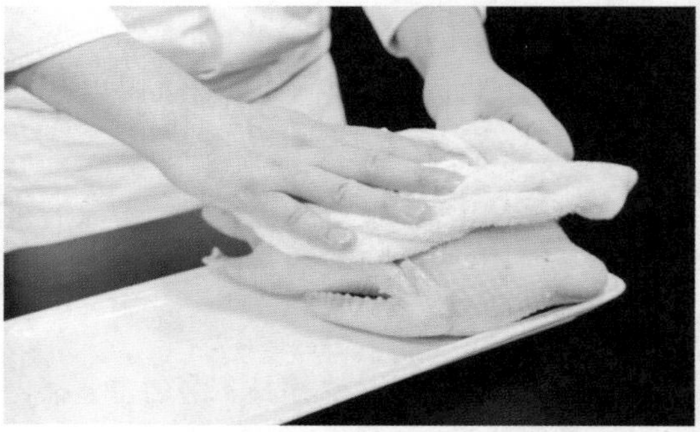

图 3-1-30　抹干表面水分

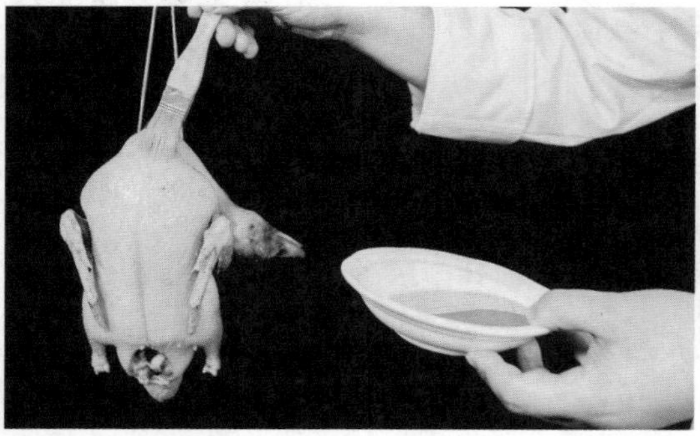

图 3-1-31　上皮水

图 3-1-32　整鸭过油走红

【制作要领】

1．上皮水前，表面的油脂、水分一定要擦拭干净，涂抹均匀，晾干后方可炸制。

2．皮水制作：麦芽糖30 g，热水30 ml，大红浙醋15 ml，绍酒10 ml，干淀粉15 g。将麦芽糖30 g用热水30 ml溶化，冷却后加入大红浙醋15 ml、绍酒10 ml、干淀粉15 g，搅匀成浆状即成。

【运用拓展】

运用此半成品可以制作片皮鸭、香酥脆皮鸭、甜酒脆皮鸭等。

思政小结——立足本职，开拓进取，服务群众

【小结导入】全面建成小康社会是党向人民做出的庄严承诺，是实现中华民族伟大复兴的关键一步，这给餐饮业带来无限的发展机遇和挑战，需要餐饮从业人员具有改革的勇气和创新的精神。

【思考讨论】面对这样的机遇与挑战，我们应如何做才能更好地服务群众？

【分析强调】应出色地做好本职工作，改变安于现状的观念，抛弃封闭保守的思想，克服不求进取的习惯，以适应新的情况和新的条件。要不断有所发现、有所创新、有所进步，锐意改革，大胆创新，这样才能成为餐饮行业需要的开拓型人才，才能更好地服务群众。

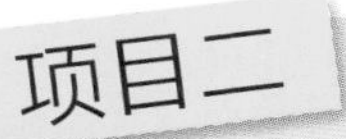

项目二　浆、糊与芡调制技能训练

任务一　常见浆调制

知识储备

◎ 知识点一：浆的相关定义

浆是指用淀粉或面粉等原料与水混合，调制成比较粘稠的半流体状。上浆是指在经洗涤、切形、腌制等烹饪原料中放入适量的粉浆，拌匀后在原料表面形成一层较为稀薄的浆的过程。烹饪原料经过上浆后，上浆的原料加热烹制过程中，淀粉糊化成黏性的胶体，将原料紧紧地包裹住，使原料表面与高温避免直接接触，使主料既成熟又避免营养物质流失。烹调

加工工艺中，根据调制浆的原料不同，可以将浆分为水粉浆、全蛋浆、蛋清浆、苏打浆等几种。上浆可以用于初熟处理方法中的焯水、滑油原料预处理，适用于质地细嫩，且经刀工处理后呈丝、片、条等形状的鸡、鸭、猪、牛、羊、鱼、虾等各类肉类烹饪原料。

◎ 知识点二：浆调制与上浆操作的注意事项

1. 质嫩形小的原料上浆时，浆应调稠一些；质老形小的原料上浆时，浆应调稀一些；冷冻原料上浆时，浆应调稠一些。

2. 原料上浆时，注意掌握下料的顺序，先下调料腌制，后下浆拌匀。

3. 原料上浆时，搅拌的动作应轻柔，防止一些较嫩的原料因搅拌动作过猛而弄碎。

4. 原料上浆时，应掌握好恰当的时间，提前太早，淀粉会沉淀。

实训案例——常见浆调制

扫一扫在线观看
“常见浆调制”视频

【所需器具】

盛器、筷子、调味勺等。

【原料配备】

水淀粉浆：干细淀粉150 g，清水65 ml；蛋清淀粉浆：干细淀粉100 g，鸡蛋清80 g；全蛋淀粉浆：干细淀粉100 g，全蛋液75 g；苏打浆：干细淀粉100 g，鸡蛋清80 g，小苏打少许。

【制作流程】

准备原料→根据配方比例混合调制。

【训练要求】

了解烹饪中最常见浆的调制，对浆的概念有感性认识；认识蛋清和淀粉的比例，掌握蛋清淀粉浆的调制；认识全蛋和淀粉的比例，掌握全蛋淀粉浆的调制；认识全蛋、淀粉、小苏打的比例，掌握苏打淀粉浆的调制。

图 3-2-1 水淀粉浆调制

图 3-2-2 水淀粉浆成品

【基本步骤】

1. 水淀粉浆调制：将干细淀粉放入钢盆中，加入清水（见图3-2-1），搅拌均匀，用调味匙舀出往上提拉不断，呈现连线状即可（见图3-2-2）。

2. 蛋清淀粉浆调制：将干细淀粉放入

钢盆中，加入蛋清，搅拌均匀（见图3-2-3），用调味匙舀出往上提拉不断，呈现连线状即可（见图3-2-4）。

图 3-2-3　蛋清淀粉浆调制

图 3-2-4　蛋清淀粉浆成品

3. 全蛋淀粉浆调制：将干细淀粉放入钢盆中，加入全蛋液（见图3-2-5），搅拌均匀，用调味匙舀出往上提拉不断，呈现连线状即可（见图3-2-6）。

图 3-2-5　全蛋淀粉浆调制

图 3-2-6　全蛋淀粉浆成品

4. 苏打浆调制：将干细淀粉和小苏打分别放入钢盆中，加入蛋清（见图3-2-7），搅拌均匀，用调味匙舀出往上提拉不断，呈现连线状即可（见图3-2-8）。

图 3-2-7　苏打浆调制

图 3-2-8　苏打浆成品

【制作要领】

1. 须选用细的淀粉。

2. 苏打浆调制时，小苏打不可过多，主要用来增加脆性。

【运用拓展】

1．水淀粉浆：适用于爆、炒、汆等烹调方法。水淀粉是目前使用最为广泛的浆。

2．蛋清淀粉浆：适用于爆、鲜熘、滑炒等烹调方法，特别适用于质地细嫩、本色菜肴原料的上浆，如清炒虾仁、鲜熘鱼片。

3．全蛋淀粉浆：使用时先将切成丝、片、丁的动物原料调味，再加入全蛋粉浆拌匀，使其薄而均匀地粘裹在原料外表。

4．苏打浆：使用时先将刀工处理后的原料调味，再加入苏打浆拌匀，使其薄而均匀地粘裹在原料外表。

思政小结——树立高尚的职业理想

【小结导入】在选择职业时，我们应该遵循的主要指针是人类的幸福和我们自身的完美。不应认为，这两种利益是敌对的，互相冲突，一种利益必须消灭另一种利益。人类的天性本身就是这样的：人们只有为同时代人的完美、为他们的幸福工作，才能使自己也达到完美。”

——《青年在选择职业时的考虑》（萧灼基．马克思传［M］．北京：中国社会科学出版社，2008）

【思考讨论】为什么要树立高尚的职业理想?

【分析强调】高尚的职业理想所产生的巨大精神力量，能使从业人员释放出极大的潜能，在平凡的工作中创造巨大的价值。近年，我国涌现出的许多烹饪大师和名师，无不是把自己的职业理想付诸实际工作中，通过自己的辛勤劳动为社会做出了贡献，也将自己人生价值提到一个新的高度。

任务二　常见糊调制

知识储备

◎ 知识点一：糊的相关定义

糊是指用淀粉或面粉等原料与水混合，调制成比浓稠的膏状体。挂糊是指在淀粉中加入蛋液、清水，有的还要加入小苏打粉或食用碱粉，调制成浓稠的糊状，再将成形的原料在下热油锅炸之前，放入糊中沾裹上糊的过程。原料挂糊后，如同穿上了一层厚厚的衣服，使原料不直接接触热油高温。因此，挂糊能保护营养成分和防止水分流失，使原料质地滑嫩、酥松、形态饱满、外表光滑。烹调加工工艺中，根据调制糊的原料不同，可以将糊分为水淀粉糊、蛋清淀粉糊、全蛋淀粉糊、发粉脆皮糊等。动物性原料、蔬菜、水果等均适于挂糊，在料形上常选用切成小型的原料。

◎ 知识点二：糊的调制与挂糊操作的注意事项

1. 应在原料放进油锅之前才挂糊，过早挂糊容易脱落。

2. 需要腌制的原料，在挂糊前要腌制入味。

3. 根据原料的含水量，控制好糊的浓稠度，避免糊太厚或太薄影响成菜质量。

4. 原料挂糊的厚度应一致。

实训案例——常见糊调制

【所需器具】

盛器、筷子、调味勺等。

扫一扫在线观看
"常见糊调制"视频

【原料配备】

水淀粉糊：干细淀粉150 g，清水100 ml；蛋清淀粉糊：干细淀粉115 g，鸡蛋清80 g；全蛋淀粉糊：干细淀粉110 g，全蛋液85 g；发粉脆皮糊：面粉170 g，淀粉50 g，发酵粉4 g，植物油50 ml，水200 ml。

【制作流程】

准备原料→根据配方比例混合调制。

【训练要求】

直观了解水粉糊的状态，掌握水粉糊的调制方法；掌握全蛋糊、蛋清糊、发粉脆皮糊的调制比例和调制方法。

【基本步骤】

1. 水淀粉糊调制：将干细淀粉放入钢盆中，加入清水，搅拌均匀（见图3-2-9），用调味匙舀起往上提拉不断，呈现柱状即可（见图3-2-10）。

图 3-2-9　水淀粉糊调制

图 3-2-10　水淀粉糊成品

2．蛋清淀糊调制：将干细淀粉放入钢盆中，加入蛋清，搅拌均匀（见图3–2–11），用调味匙舀起往上提拉不断，呈现柱状即可（见图3–2–12）。

图 3-2-11　蛋清淀糊调制

图 3-2-12　蛋清淀糊成品

3．全蛋淀粉糊调制：干细淀粉放入钢盆中，加入全蛋液，搅拌均匀（见图3–2–13），用调味匙舀起往上提拉不断，呈现柱状即可（见图3–2–14）。

图 3-2-13　全蛋淀粉糊调制

图 3-2-14　全蛋淀粉糊成品

4．发粉脆皮糊调制：将面粉、淀粉、发酵粉放入钢盆中，加入清水，搅拌均匀，加入植物油再次搅拌均匀（见图3–2–15），用调味匙舀起往上提拉不断，呈现柱状即可（见图3–2–16）。

图 3-2-15　发粉脆皮糊调制

图 3-2-16　发粉脆皮糊成品

【制作要领】

1．认识调制的稠度：较干则流动性不足。

2．调糊时必须细致，要使糊浓稠度均匀，糊内无粉状小颗粒。

3．选用的原料必须新鲜。

【运用拓展】

1．水淀粉糊：水淀粉糊适用于给动物性原料和植物性原料挂糊。

2．蛋清淀粉糊：蛋清淀粉糊适用于动物原料的挂糊，如拔丝甜肉、炸凤尾虾、拔丝土豆、拔丝香蕉、拔丝苹果等。

3．全蛋淀粉糊：适用于动物、植物原料的挂糊。

4．发粉脆皮糊：适用于炸蛋卷、炸鱼卷、炸网油卷、炸脆皮肉丸等。

思政小结——以提升专注度为核心的敬业教育

【小结导入】1999年高中毕业后，刘明伟从农村进城务工，进入烹饪行业成为一名学徒工。凭着对厨师这个行当的热爱和对烹饪的强烈兴趣，他勤奋学习、刻苦练功，积极动脑、善于琢磨，努力提升烹饪技能。2019年12月获“河北省突出贡献技师”荣誉称号，2020年11月获“全国劳动模范”荣誉称号。

——《刘明伟：从“烹饪大师”到“全国劳模”》（河北共产党员网，2020年12月11日）

【思考讨论】敬业精神的具体体现是什么？

【分析强调】专注自己所从事的事业就是敬业精神的具体体现。学习时要心无旁骛，一心向学，提高自己做事的专注度、投入度、执着度。

任务三　常见芡调制

知识储备

◎ 知识点一：芡的相关定义

勾芡就是根据烹调方法及菜肴成品的特点要求，在主、辅料烹调成熟或接近成熟时，将调好的湿淀粉（生粉）淋入锅内，使卤汁稠浓，增加卤汁对原料的附着力，从而使菜肴汤汁的粉性和浓度增加，改善菜肴的色泽和味道。勾芡是菜肴烹调的一个重要环节，它不仅直接影响菜肴的质量，还关系到菜肴成功与否，对菜肴烹调的成败有着重要意义。

芡根据浓稠稀薄分为厚芡和薄芡两大类。厚芡还分为包芡和糊芡。勾包芡用的生粉稍多、水稍少。勾包芡的目的是将菜中的全部汤汁沾裹到菜肴上，吃完菜肴后，碟中几乎不剩芡汁。糊芡比包芡稍稀一些。勾糊芡的目的是使菜肴的汤汁呈现稀薄糊状，使汤菜融和，柔软滑润。薄芡又分为玻璃芡和奶汤芡。勾成出锅的玻璃芡只能有一部分芡沾裹在菜肴上，另一部分芡汁沾不住菜肴呈流滴状态，芡稀薄透明。用生粉和稍多些的清水勾出稀薄沾不住菜肴的芡，叫米汤芡，比玻璃芡更稀薄一些。

◎ 知识点二：芡的调制与勾芡操作的注意事项

1．勾芡要把握最佳时机，必须在菜肴成熟或即将成熟时进行，过早或过迟都会影响菜肴质量。

2．勾芡时锅中菜肴汤汁量必须合适，汤太多或太少，对勾芡都会有影响。

3．菜肴的口味确定好后才能勾芡。

4．勾芡时通常使用中火。

5．勾芡时一般要加进一些油，习惯称为尾油，尾油量要合适，过多过少都会影响菜肴质量。

实训案例——常见芡调制

【所需器具】

盛器、筷子、调味勺等。

【原料配备】

糖醋排骨——勾包芡：炸排骨300 g、青椒片35 g、糖醋汁80 ml、淀粉水适量；菠萝甜露——勾糊芡：菠萝丁150 g、含50%糯米粒的甜酒100 g、纯净水500 ml、白糖50 g、水淀粉适量；蒸扣金瓜——勾玻璃芡：蒸金瓜1份、什锦果脯50 g、纯净水100 ml、白糖30 g、水淀粉适量；扒冬瓜脯——勾米汤芡：蒸冬瓜脯一份、干贝丝汤150 g、枸杞10粒、盐1 g、水淀粉适量。

扫一扫在线观看
“常见芡调制”视频

【制作流程】

准备原料→调制淀粉→烹调→勾芡→淋油（甜菜不需要）→出锅装盘。

【训练要求】

能根据菜肴的特点，恰当地运用勾芡的方法，熟悉各种芡汁的质量标准，达到成菜的要求。

【基本步骤】

1．糖醋排骨——勾包芡：锅烧热，下入少许食用油，倒入糖醋汁烧至沸腾，加入青椒片煮至刚熟，然后用水淀粉勾芡（见图3–2–17），使汤汁稠浓后加入适量熟油，然后倒入排骨，翻炒均匀即可出锅（见图3–2–18）。

2．菠萝甜露——勾糊芡：锅中加入纯净水及白糖，水沸腾且糖融化后加入菠萝丁、枸杞及甜酒煮至菠萝熟透后用水淀粉勾芡（见图3–2–19），汤汁呈稀薄糊状即可出锅（见图

3-2-20）。

3．蒸扣金瓜——勾玻璃芡：锅中加入纯净水及白糖，水沸腾且糖融化后加什锦果脯，煮透后用水淀粉勾芡（见图3-2-21），汤汁呈稀薄且透明状态即可出锅（见图3-2-22）。

图 3-2-17　勾包芡

图 3-2-18　糖醋排骨勾包芡成品

图 3-2-19　勾糊芡

图 3-2-20　菠萝甜露勾糊芡成品

图 3-2-21　勾玻璃芡

图 3-2-22　蒸扣金瓜勾玻璃芡成品

4．扒冬瓜脯——勾米汤芡：锅中加入干贝丝汤，加入枸杞、盐，烧至沸腾后用水淀粉勾芡（见图3-2-23），呈米汤状的稀稠度后淋入少许熟油，然后淋冬瓜脯上即成（见图3-2-24）。

图 3-2-23 勾米汤芡

图 3-2-24 扒冬瓜脯勾米汤芡成品

【制作要领】

1. 熟悉各种芡汁的质量标准及菜肴的质量标准。

2. 火候宜用中慢火，火候过猛易变焦，颜色变暗淡。

【运用拓展】

1. 勾包芡：适用于焦熘、红焖等烹调方法的菜肴，如糖醋咕咾肉、糖醋排骨、红烧鱼块、黄焖鸡、焖牛腩等。

2. 勾糊芡：适用于烩、露、羹等烹调法的菜肴，如烩鱼肚、菠萝甜露、银耳露、玉米露、鲜奶荔茸羹、薏米羹、燕窝羹等。

3. 勾玻璃芡：适用于盖在成熟而成形的菜肴面上，如蒸如意卷、蒸扣鸡、荔芋扣肉、红扣圆蹄等。

4. 勾米汤芡：适用于扒制法的菜肴，如红扒猴头蘑、扒鲍脯、扒瓜脯、扒笔笋、扒鸭掌、扒鸭舌等。

思政小结——基于烹调专业角度的职业纪律

【小结导入】职业纪律是指在特定的职业活动范围内，从事某种职业的人必须共同遵守的行为准则，包括劳动纪律、组织纪律、财经纪律、保密纪律、宣传纪律等基本纪律要求以及各行各业的特殊纪律要求。职业纪律的特点是具有明确的规定性和一定的强制性。

【思考讨论】在从事烹调工作过程中，是否需要遵守职业纪律?

【分析强调】从事烹调工作的人员服务餐饮企业，餐饮企业为消费者提供餐饮产品，在这样一个相互交织的职业活动中，需要从业人员遵守特定的职业纪律。例如：敬岗爱业，诚实守信；钻研业务，提高技能；恪守规程，标准办事；讲究卫生，安全生产；厉行节约，综合利用；遵纪守法，严格自律。

项目三　基础汤熬制技能实训

任务一　奶汤熬制

知识储备

◎ 知识点一：奶汤的相关定义

一般选用鸡、鸭、猪骨、猪蹄、猪肘、猪肚等容易让汤色泛白的原料，经焯水后，放冷水旺火煮至沸腾，撇去浮沫，改用中火使烫保持沸腾状，直至汤稠呈乳白色即可，这种富含蛋白质、鲜味较足的汤就叫作奶汤。

根据熬制奶汤材料的不同，奶汤可以分为普通奶汤和特制奶汤两种。普通奶汤一般是用鸡、猪骨、猪瘦肉等原料熬制而成，一般用于普通菜品的烹调加工。特制奶汤采用老鸡、老鸭、蹄髈、猪爪、猪筒骨、火腿等原料熬制而成，一般用于较为高级菜品的烹调加工。

◎ 知识点二：奶汤形成的原理

由于水的对流作用和不断地翻滚，脂肪被水分子撞击成许多小油粒，而分散于汤中。肉皮和汤中的胶原蛋白在不停地振荡下，螺旋状结构首先被破坏，接着发生不完全的水解形成明胶。明胶是一种亲水性很强的乳化剂，明胶分子与磷脂分子上的非极性基因伸向油滴，将油粒包裹在里面，阻止了油粒之间聚集；而明胶分子与磷脂分子中大量的亲水基因与水结合，使油稳定地分散在汤水中，形成水泡油型的乳状液，汤汁乳白，汤中的不溶物由于振荡作用而悬浮汤中。这就是奶汤形成原理，明白了其原理，掌握技术就容易多了。

◎ 知识点三：奶汤熬制的注意事项

1. 原料要冷水下锅，不放盐，以免肌肉和骨骼中的蛋白质过早变性凝固，使细胞的内溶物不易浸析出来。

2. 随着温度的升高，骨骼内部和表面的油脂溶化析出，血红蛋白首先溶出，吸附一些污物并逐渐变性凝固，由于它体积大、比重轻，形成浮沫，要随时撇出。

3. 采用旺火烧开，用中火保持沸腾，这样可使原料所含的物质尽量渗透出来，一直熬制到汤味鲜美、汤色乳白。

4. 选料一定要新鲜，由于熬制过程一直使用中火，水分蒸发较快，所以要适当多加水，以防汤汁过浓或过少。

5. 动物原料制汤前一般需要进行焯水处理，控制好焯水时间，过短原料尚未断生，血污尚未去尽；过长则原料中可溶性物质流失过大，影响鲜汤滋味。

实训案例 1——普通奶汤制作

扫一扫在线观看
“普通奶汤制作”视频

【所需器具】

砧板、刀具、炉灶、汤锅、漏勺、纱布、盛器等。

【原料配备】

老母鸡半只（约750 g）、猪筒骨1块（约600 g）、猪里脊肉300 g、葱20 g、姜30 g、料酒 25 ml、胡椒粒2 g、清水3 L。

【制作流程】

准备原料→刀工处理→焯水→冷水下锅→加入葱、姜、料酒→烧沸（撇尽浮沫）→保持沸腾1.5小时→过滤。

【训练要求】

掌握烹制普通奶汤的训练步骤和技巧，能独立制作出合格的普通奶汤。

【基本步骤】

1．将老母鸡、猪筒骨砍成大块状（见图3-3-1），将猪里脊切成块状，把姜拍松、胡椒粒拍破（见图3-3-2）。

2．锅中加入冷水，肉类原料放入冷水锅内加热至沸腾，撇去浮沫，然后捞出洗净（见图3-3-3）。

3．将原料放入汤锅内，加入清水，旺火烧沸，撇尽浮油（见图3-3-4）。

4．加入葱结、姜、料酒、胡椒碎（见图3-3-5），加盖，用中火熬制，约1.5小时至汤白而浓时关火。

5．用漏勺捞出大块的汤料（见图3-3-6），然后用厚纱布过滤汤中的杂质（见图3-3-7），冷却保藏即成（见图3-3-8）。

图 3-3-1　老母鸡砍成块

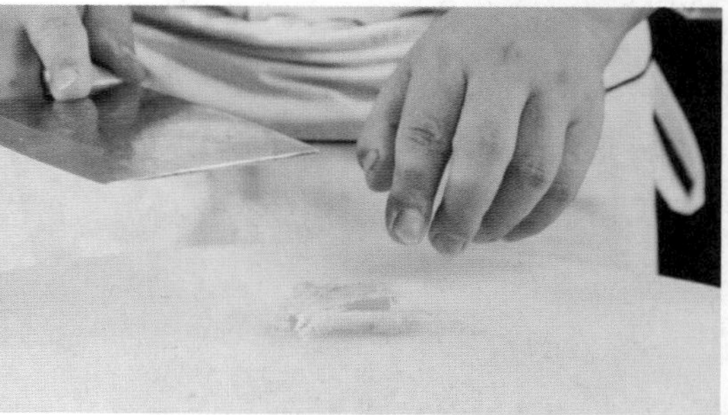

图 3-3-2　把姜拍破

图 3-3-3　撇去浮沫

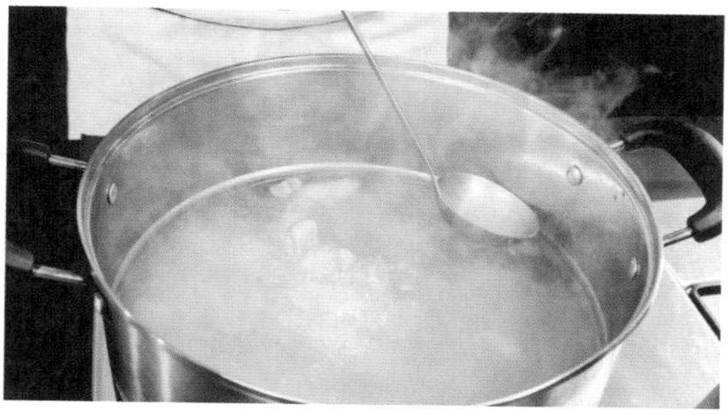

图 3-3-4　撇尽浮油

图 3-3-5　加料熬制

图 3-3-6　捞出汤料

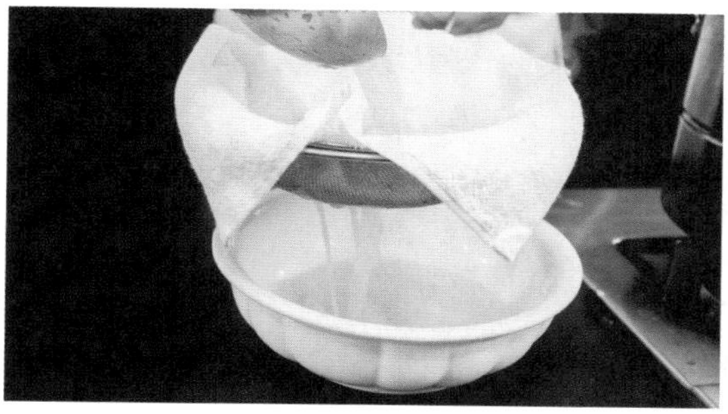

图 3-3-7　过滤杂质

图 3-3-8　普通奶汤成品

【制作要领】

熬制时需放入葱、姜、料酒等去异味、增鲜香，这些调味原料应在制汤原料入锅后放入，以达到除异增香的效果。

【运用拓展】

一般奶汤只供制作普通菜肴使用，如砂锅鱼头汤等。

实训案例 2——特制奶汤制作

扫一扫在线观看
“特制奶汤制作”视频

【所需器具】

砧板、刀具、炉灶、汤锅、漏勺、纱布、盛器等。

【原料配备】

老母鸡半只（约750 g）、老母鸭半只（约800 g）、猪肚半个（约400 g）、猪筒骨1块（约600 g）、猪里脊肉300 g、云腿200 g、葱结30 g、姜40 g、料酒 30 ml、胡椒粒2 g、清水4.5 L。

【制作流程】

准备原料→刀工处理→焯水→冷水下锅→加入葱、姜、料酒→烧沸（撇尽浮沫）→保持沸腾2小时→过滤。

【训练要求】

掌握烹制特制奶汤的训练步骤和技巧，能独立制作出合格的特制奶汤。

【基本步骤】

1．将老母鸡、老母鸭、筒骨等原料砍成块（见图3-3-9），将其他肉类原料切成稍小一点的块，把姜拍松、胡椒粒拍破（见图3-3-10）。

2．锅中加入冷水，将经刀工处理过的肉类原料放入冷水锅内，加热至沸腾，撇去浮沫，捞出洗净（见图3-3-11）。

3．将所有原料放入汤锅内，加入清水，旺火烧沸，撇尽浮油（见图3-3-12）。

4．加入葱结、姜、料酒、胡椒碎，加盖，用中火熬制约1.5小时，至汤呈奶白色、肉质软烂时关火（见图3-3-13）。

5．用漏勺捞出大块的汤料（见图3-3-14），然后用厚纱布过滤汤中的杂质（见图3-3-15），冷却保藏即成（见图3-3-16）。

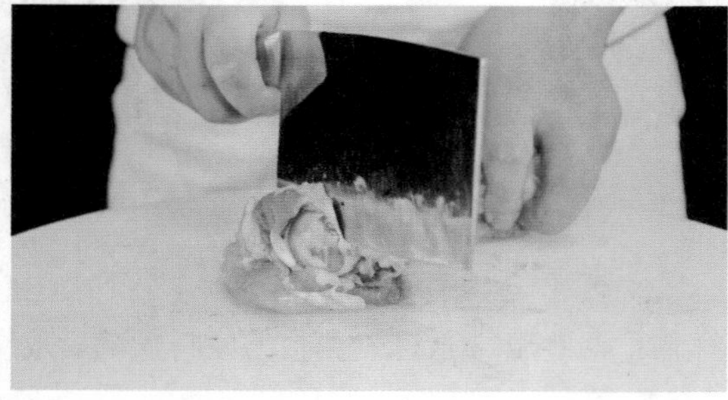

图 3-3-9　筒骨砍块

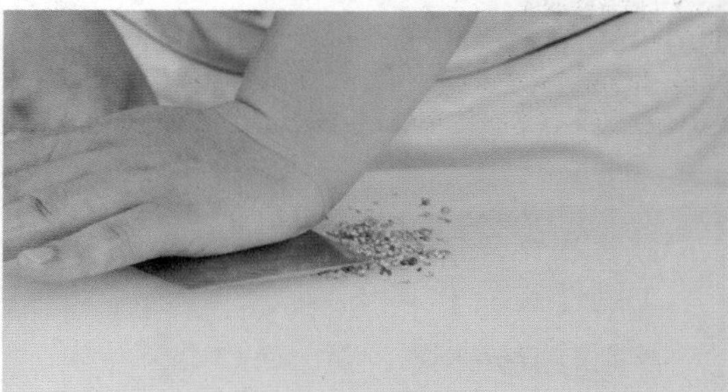

图 3-3-10　胡椒粒拍破

图 3-3-11　撇去浮沫

图 3-3-12　撇尽浮油

图 3-3-13 加入去腥提鲜料

图 3-3-14 捞出汤料

图 3-3-15 过滤杂质

图 3-3-16 特制奶汤成品

【制作要领】

1. 注意投放配料和调味料的时间。

2. 高质量的鲜汤营养价值高，但成本昂贵，所以要注意保藏好，可以冷藏，但不能结冰。

【运用拓展】

特制奶汤因成品色泽似奶汁而闻名，成品具有色汁如奶、汁浓鲜香的特点，常用于奶汤类菜肴和以奶汤作调味料的烧、烩白汁菜肴，如奶汤素烩、白汁鱼肚、奶汤白菜等。

思政小结——“史上最严”食品安全法

【小结导入】2009年2月28日，第十一届全国人民代表大会常务委员会第七次会议通过《中华人民共和国食品安全法》，自2009年6月1日起施行。2015年4月24日，第十二届全国人民代表大会常务委员会第十四次会议修订《中华人民共和国食品安全法》，现行的《中华人民共和国食品安全法》于2018年12月修正。全文共十章一百五十四条，被称为“史上最严”食品安全法。

【思考讨论】食品安全关系人民身体健康，餐饮服务业应如何执行《中华人民共和国食品安全法》相关要求？

【分析强调】餐饮服务行业的法律法规主要有《中华人民共和国食品安全法》《中华人

民共和国食品安全法实施条例》，对餐饮服务行业提出了明确要求，规定“取得餐饮服务许可证”是从事餐饮经营的基本资格，明确了餐饮服务单位与食品安全直接相关的具体规定，规定了保障食品安全必须满足的量化指标。

任务二　清汤熬制

知识储备

◎ 知识点一：清汤的相关定义

清汤是指熬制出的成品汤的汤色清澈透明的汤。清汤是制汤中最难制的汤，也是质量最好的汤。

根据熬制的工艺和使用的原料不同，清汤可分为普通清汤和特制清汤两种。普通清汤也称次汤和毛汤。其用料相对简单随意，不同的酒店选料有所不同，一般新鲜的动物性原料均可使用。有单用一种原料的，也有混合使用的，比如鸡骨架、鸡肉、鸭肉、鸭骨架、牛骨、羊骨、猪骨等。普通清汤一般用于普通菜肴的制作和特制清汤的基础汤。特制清汤又称上汤、顶汤、高汤等，是在一般清汤的基础上进一步提炼而成的汤，其汤色澄清，汤味鲜美醇厚，汤质清爽利口，鲜香甘冽，一般用于高级菜肴的加工制作，如开水白菜、泉水菜心等。

◎ 知识点二：清汤熬制的注意事项

1. 尽量不使用自来水，因为自来水中含漂白粉或氯气，漂白粉在消毒杀菌的同时，也将肉中的维生素B1破坏掉，无形中就失去一部分营养素。有条件的企业可以选用符合食用卫生标准的山泉水，除了能增加汤的营养外，还有利于促进营养物质的吸收。

2. 营养丰富、鲜味充足的原料，不宜加含盐的调味或含盐的原料，如火腿、咸肉等，否则蛋白质变性凝固，影响汤汁质量。动物性原料一般都需要焯水处理。

3. 一般使用大火烧开，然后用小火继续加热，保持汤微开状，以保持清汤色正。制汤时要一次加足水，不能中途加水。

4. 煮汤的容器以铁锅、不锈钢锅为佳，不宜选用铝锅、铜锅等器具，且容器要干净。

5. 熟悉制作高级清汤的具体工序：首先制得普通清汤，再将白肉（如鸡脯肉、猪里脊肉）斩成肉糜与冷清汤搅拌均匀，将其倒入滤过的清汤中，立即迅速加热，控制火候使之微沸，加热强度不宜过大，仅保持微沸10分钟左右，捞出浮在汤表面的肉糜，将捞出的肉茸用纱布包裹放入原汤中煨制肉糜软烂捞出，最后用纱布将汤汁过滤即可。

实训案例——普通清汤制作

【所需器具】

砧板、刀具、炉灶、汤锅、漏勺、纱布、盛器等。

扫一扫在线观看
"普通清汤制作"视频

【原料配备】

老母鸡半只（约700 g）、老母鸭半只（约800 g）、猪排骨500 g、筒骨400 g、猪瘦肉300 g、姜30 g、葱30 g、料酒35 ml、胡椒粒3 g、清水4 L。

【制作流程】

选料→初加工→冷水下锅→除去血污浮沫→加入葱、姜、料酒→烧沸→加热→过滤。

【训练要求】

能根据菜肴的特点，恰当地运用勾芡的方法，熟悉各种芡汁的质量标准，达到成菜的要求。

【基本步骤】

1. 将老母鸡、老母鸭、排骨、筒骨、猪瘦肉等原料砍成4 cm见方的块（见图3-3-17），把姜拍松，葱挽成结，胡椒粒拍碎（见图3-3-18）。

2. 将所有肉类原料放入冷水锅内加热至水沸腾，捞出冲洗掉表面污物（见图3-3-19）。

3. 将所有肉类原料放入汤锅内，加入清水，旺火烧沸，转小火保持微沸状态（见图3-3-20）。

4. 加入葱、姜、料酒、胡椒碎，保持沸而不腾状态熬制约3小时后关火，用漏勺、纱布过滤残渣（见图3-3-21），然后除去浮油（见图3-3-22），冷却保存即成。

图 3-3-17　排骨剁块

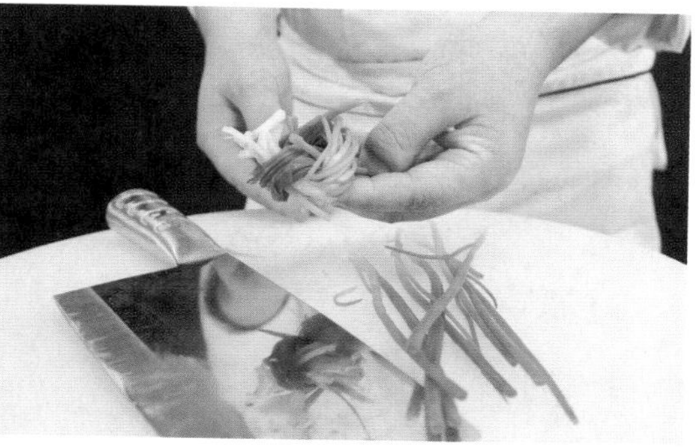

图 3-3-18　葱挽成结

图 3-3-19　冲洗掉表面污物

图 3-3-20　保持微沸状态

图 3-3-21　过滤残渣

图 3-3-22　除去浮油

【制作要领】

1．一般用旺火烧开，小火保持微沸加热到所需程度。

2．熬制鲜汤应采用冷水下料，水量一次加足，逐步升温，从而提高汤汁的鲜味程度。

【运用拓展】

汤汁稀薄、清澈度差、鲜味一般的普通清汤，多用于普通菜肴的制作和高级清汤的基础汁液。

实训案例——特制清汤制作

【所需器具】

砧板、刀具、炉灶、汤锅、漏勺、纱布、盛器等。

扫一扫在线观看
“特制清汤制作”视频

【原料配备】

一般清汤 2 L、白茸300 g（鸡脯茸 100 g+清水或凉清汤200 ml用粉碎机搅打而成）、红茸300 g（猪瘦肉茸100 g+清水或凉清汤200 ml用粉碎机搅打而成）、精盐5 g、料酒 15 ml。

【制作流程】

准备原料→加热清汤→扫汤→煨制→过滤→静置即成。

【训练要求】

能根据菜肴的特点，恰当地运用勾芡的方法，熟悉各种芡汁的质量标准，达到成菜的要求。

【基本步骤】

1. 将已熬制好的一般清汤倒入锅中，加入精盐、料酒，旺火加热至沸，改为小火（见图3-3-23）。

2. 用汤勺将汤搅动旋转起来，倒入红茸（见图3-3-24），保持小火加热，待红茸充分受热浮起后用漏勺轻轻撇去浮沫（见图3-3-25）。

3. 用汤勺将汤搅动旋转起来，倒入白茸（见图3-3-26），待其充分受热并浮面后用漏勺轻轻撇去浮沫。

4. 将捞出的肉茸用纱布包裹放入原汤中煨制 2小时以上，捞出肉茸包，用纱布将汤汁过滤（见图3-3-27），最后静置一段时间即可（见图3-3-28）。

图 3-3-23 清汤加调味料

图 3-3-24 加入红茸

图 3-3-25 撇去浮沫

图 3-3-26 倒入白茸

图 3-3-27　过滤汤汁

图 3-3-28　特制清汤成品

【制作要领】

吊制汤时应注意，汤开后应改用小火，使蛋白质与悬浮物凝聚成较大的浮沫。

【运用拓展】

特制清汤清澈见底，味美鲜香，广泛用于高级菜品和高级汤菜，如开水白菜、鸡豆花、清汤鸡丸等。

思政小结——守时诚信的重要性

【小结导入】高尔基曾说过：世界上最快而又最慢，最长而又最短，最平凡而又最珍贵，最容易被忽视而又最令人懊悔的就是时间。烹调中控制火候需要精确掌握加热时间和火力大小，掌握不好就不能达到应有的质量标准。

【思考讨论】你曾有不守时的情况吗？因不守时给你或他人带来哪些不利的影响？

【分析强调】守时的人可以得到更多的机会、信赖和尊重。时间观念还可以体现一个人的自律能力。通常时间观念强的人自律能力强，也容易在组织里面建立良好的印象。反之，时间观念差的人一般自律能力差，易于错失很多良好机遇。

任务三　素汤熬制

知识储备

◎ 知识点一：素汤的相关定义

素汤是指用植物性原料制作的汤。与荤汤相比，素汤使用较少，不过随着人们生活水平的提高和营养观念的更新，素汤的应用也越来越多。素汤具有较好的清香味和一定的鲜味，是烹制素菜的上好原料。素汤的制作比较简单，根据用料的不同，可以分为黄豆芽汤、蘑菇汤、鲜笋汤等。素汤既可以单独饮用，也可以在烹饪其他汤、酱汁和菜肴时作为调味汤使用。

◎ 知识点二：素汤熬制的注意事项

1．蔬菜素汤要求汤色清澈不浑浊，最好能清澈见底。菌菇素高汤要求汤色泽呈浅咖啡色为最佳，同样要求汤料不浑浊。海鲜味的素汤可以加点海藻类的食材，比如海带、裙带菜、紫菜、海苔等。

2．熬汤时，先放干香菇、海带这些味道浓郁且耐火的食材，后放黄豆芽、大白菜等味道清新的食材，这样才能使各种食材的味道在汤中均有体现而又相互平衡，从而体现一个“鲜”字。

3．菌菇汤小火慢炖2小时左右。蔬菜的炖煮时间不宜太久，大概1小时，时间久了蔬菜纤维被破坏就会导致汤汁不清；时间太短，汤的底味会不够。

实训案例——黄豆芽汤

扫一扫在线观看
“黄豆芽汤”视频

【所需器具】

砧板、刀具、炉灶、汤锅、漏勺、盛器等。

【原料配备】

黄豆芽500 g、清水2.5 L、色拉油20 ml。

【制作流程】

选料→清洗→炒制→加汤水→旺火烧开后改中火熬制→捞出料渣→过滤。

【训练要求】

掌握烹制素汤的训练步骤和技巧，能独立制作出合格的素汤。

【基本步骤】

1．锅内加入色拉油加热至140℃左右，放入黄豆芽煸炒至八成熟（见图3-3-29）。

2．加入清水，用旺火烧开，改为中火煮 50分钟左右（见图3-3-30）。

图 3-3-29　炒制豆芽

图 3-3-30　加水熬制

3．待汤汁呈乳白色、汁浓味鲜时捞出豆芽（见图3-3-31），用纱布过滤后留汤备用（见图3-3-32）。

图 3-3-31　捞出豆芽

图 3-3-32　过滤留汤

【制作要领】

1．选料一定要新鲜。

2．驾驭火力，先急后徐，中途不宜加冷水。

【运用拓展】

黄豆芽汤味道鲜美，色泽乳白，是炒、烩、煮白色菜肴和白汤菜的用汤。

思政小结——在“中国味道”中感受文化自信

【小结导入】对于中国人来说，吃饭不仅是为了果腹，也是一种生活方式，体现着生活智慧和生命尊严。

——《在“中国味道”中感受文化自信》（《人民日报》2017年2月28日）

【思考讨论】我们对饮食文化的了解有多少？我们如何真正做到文化自信？

【分析强调】不忘历史才能开辟未来，善于继承才能善于创新。优秀传统文化是一个国家、一个民族传承和发展的根本，如果丢掉了，就隔断了精神命脉。在“中国味道”中感受文化自信不是简单的一个词语，需要我们热爱、了解与肯定中华饮食文化，更需要我们开拓思维，将优秀的传统饮食文化与时代发展相结合，在此基础上积极创新。

项目四　常见热菜复合味汁调制实训

任务一　糖醋味汁调制

知识储备

◎ 知识点一：糖醋味汁概述

无论南方或是北方，糖醋味的菜肴都极为普遍。所谓糖醋味汁是由于在该味型中，主要运用了糖和醋。但以之命名带有甜、酸味的一类菜肴，就显得笼统了。传统的中式糖醋汁是没有番茄酱的，加入番茄酱是西方糖醋的做法，不过加入番茄酱可以使菜品有卖相，味道更为丰富，所以在很多糖醋菜中，加入番茄酱反而成了糖醋调料派里的主流。在糖醋味菜肴的制作中，有些地区汲取了西餐的调味方法并不断进行革新，以水果（如菠萝、芒果、雪梨）和蔬菜（如青椒、红椒、西芹等）与各种“甜”“酸”味调料配合，先制成“甜酸味汁”，在烹调菜肴时直接以之调味。糖醋味汁广泛用于冷、热菜式，主要应用于以禽类、家畜、水产、蔬菜等为原料的菜肴。

◎ 知识点二：糖醋味汁调制的注意事项

1．根据制作菜肴的风味所需，可酌情选用适量的葱、姜、蒜、干辣椒、绍酒、米酒、熟猪油、熟鸡油，酱油、糖色、红曲米水、菠菜汁和结力片等进行调味、调色、增稠等。

2．无论是直接选用各类酸味和甜味调味品直接调制此糖醋味，还是运用甜酸味半成品调料直接用于调味，都应建立在适当“咸味”的基础上进行，如“咸味”不够，则会使人感到“甜酸”味不纯。

3．调制糖醋味汁时，应注意各种甜酸味及酸甜味、甜味、酸味调味品之间的配合。

4．运用糖与醋进行调味时需注意入锅时间，若糖与醋一同入锅中加热调和后勾芡，醋的加热时间较长挥发较大，酸味随之减弱，甜酸味较为柔和。若糖先下锅，调和勾芡后再下入醋，则醋在锅中加热时间短挥发较小，酸味的浓度变化不大，成品的甜酸味较为浓郁。

扫一扫在线观看“传统糖醋味汁调制”视频

实训案例 1——传统糖醋味汁调制

【所需器具】

炒锅、炒勺、调味碗、调味匙。

【原料配备】

标志性调味品：白糖50 g、香醋40 ml；其他调辅料：精盐4 g、酱油10 ml、芝麻油3 ml、姜末和蒜末各15 g、鲜汤 200 ml、植物油50 g、水淀粉15 g（见图3–4–1）。

【调味原理】

精盐定咸味；白糖突出甜味；醋定酸味，定色；酱油辅助定咸味，增色；芝麻油增香；姜、蒜增香压异味。

【训练要求】

掌握热菜糖醋味型的基本方法和配方。

【基本步骤】

1．炒锅预热，放入精炼油（见图3–4–2）。

2．待油加热至五成热左右时，加入姜末、蒜末炒香，加入鲜汤、精盐、酱油、白糖、香醋定味，小火熬约10分钟至味浓郁（见图3–4–3）。

3．加入水淀粉勾芡（见图3–4–4），待味汁浓稠，加入芝麻油，推匀起锅，装入调味碗中即成（见图3–4–5）。

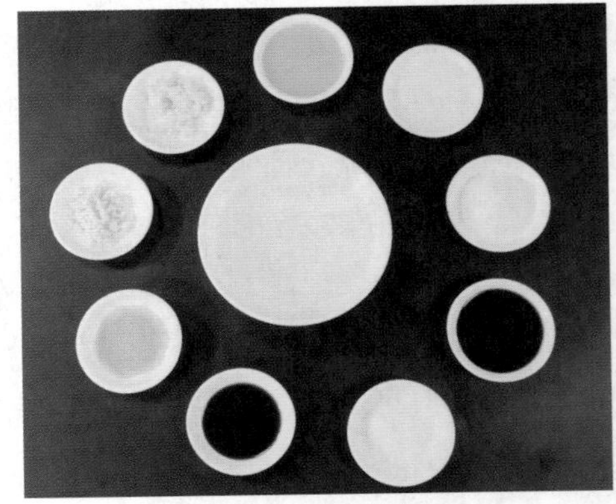

图 3–4–1　原料合集

图 3–4–2　加油升温

图 3–4–3　小火熬制

图 3–4–4　水淀粉勾芡

图 3–4–5　传统糖醋味汁成品

【制作要领】

1. 味型的风味是在确定咸味基础上，突出甜酸味感。

2. 水淀粉对味型的形成不起关键作用，只起浓汁的作用。

【运用拓展】

传统糖醋汁为大众所喜爱，多用于炸熘、炸收等烹调方法的菜肴，原料选择范围较广。

实训案例 2——茄汁调制

【所需器具】

炒锅、炒勺、调味碗、调味匙。

【原料配备】

味型标志性调味品：番茄酱100 g；其他调辅料：精盐2 g、白糖25 g、白醋20 ml、鲜汤70 ml、水淀粉10 g、植物油20 ml。

扫一扫在线观看“茄汁调制”视频

【调味原理】

精盐定咸味；白糖定甜味；醋辅助酸味；番茄酱突出酸味，决定色泽和风味。

【训练要求】

掌握热菜茄汁味型的基本方法和配方。

【基本步骤】

1. 炒锅预热，放入精炼油（见图3-4-6）。

2. 加热至四成热时，加入番茄酱炒至油红亮（见图3-4-7），加入鲜汤、精盐、白糖、白醋炒匀融合。

3. 加入水淀粉勾芡，待味汁浓稠（见图3-4-8），起锅装入调味碗中即成（见图3-4-9）。

图 3-4-6　加油升温

图 3-4-7　炒制番茄酱

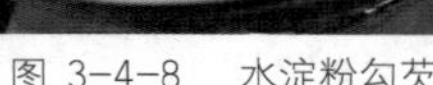
图 3-4-8　水淀粉勾芡

图 3-4-9　茄汁成品

【制作要领】

1. 炒番茄酱时，油温应控制在四成热，炒至油色红亮时方可加汤调味。

2. 鲜汤和水淀粉不影响味型的味感。

【运用拓展】

茄汁味为橘红色，适用于各种煎、炸类热菜，如茄汁大虾、茄汁鱼条、茄汁牛柳、茄汁肉等热菜菜肴，也可应用于茄汁拌鸡丝、茄汁拌猪肚等冷菜。

实训案例 3——西宁汁调制

扫一扫在线观看
“西宁汁调制”视频

【所需器具】

炒锅、炒勺、调味碗、调味匙。

【原料配备】

味型标志性调味品：鲜柠檬汁50 ml、白糖40 g；其他调辅料：精盐3 g、牛油30 g、奶酪25 g、浓缩柠檬汁45 ml、白醋10 ml、什香草2 g、吉士粉10 g（见图3–4–10）。

【调味原理】

精盐定咸味；白糖定甜味；白醋、鲜柠檬汁、浓缩柠檬汁定酸味，增色；什香草增味；吉士粉增色、增香、增稠；牛油、奶酪增稠、增味。

【训练要求】

掌握热菜西宁汁的基本方法和配方。

【基本步骤】

1. 将浓缩柠檬汁、白糖、白醋和什香草用瓦锅慢火煮滚（见图3–4–11）。

2. 将白糖煮溶，将什香草滚出味，约滚15分钟，加入吉士粉浆，离火晾凉（见图3–4–12）。

3. 将鲜柠檬汁放入钢盆中，加入精盐、牛油和奶酪，然后将钢盆坐入微开的水中将牛油、奶酪隔水煮融（见图3-4-13），趁热与前面两步熬好的半成品汁混合均匀（见图3-4-14），保存待用（见图3-4-15）。

图 3-4-10 原料合集

图 3-4-11 瓦锅慢火煮

图 3-4-12 加入吉士粉浆

图 3-4-13 牛油、奶酪隔水煮融

图 3-4-14 混合均匀

图 3-4-15 西宁汁成品

【制作要领】

1. 味型的风味是在确定甜酸的基础上，突出奶香味感。

2. 熬制酱汁不宜使用大火，应使用中小火，防止烧焦变色。

【运用拓展】

酸甜味有柠檬的清香，适合煎、熘类的菜肴，如煎鱼柳配西柠汁、柠汁芒鱼腩。

思政小结——保护环境实现可持续发展

【小结导入】人与自然是生命共同体，人类必须尊重自然、顺应自然、保护自然。环境与餐饮业有着十分密切的联系，环境既是餐饮业存在的基础，又是餐饮业发展的前提。保护环境，就是保护餐饮业的生存和可持续发展，利在当代，功在千秋。

【思考讨论】在学习中如何养成保护环境、实现可持续发展的基本意识？

【分析强调】生态文明建设，是国家重要发展战略之一，是建设和谐社会和实现民族复兴的需要。作为新时期职业院校的学生，必须牢固树立保护环境的意识，把保护环境作为学习的重要内容，遵守国家相关法律法规、政策法令，大力倡导“绿色环保”“绿色餐饮”“绿色消费”的新观念、新时尚。

任务二　鱼香味汁调制

知识储备

◎ 知识点一：鱼香味汁概述

鱼香味菜肴以鱼辣子泡椒为主要调料，在烹调中能够产生一种烹鱼的味道，这种味型在中式烹饪中具有举足轻重的地位。鱼香味主要来源于各种辣、酸、甜、酸甜、甜酸、咸、鲜类调配料。鱼香味是诸多味型中最能代表川菜的，且广泛存在于以四川为核心辐射周边地区的地域内。

在运用当中，由于地区差异，鱼香味在菜肴中所体现的风味也有所差异，在口味上主要体现为咸甜酸辣兼备，葱姜蒜香浓郁。鱼香味适应性广泛，家禽菜、家畜菜、素菜、禽蛋菜都可用，不仅适用于热菜，也适用于冷菜，只是烹制有所差异。

◎ 知识点二：鱼香味汁调制的注意事项

1. 鱼香味汁的调料一般为泡红辣椒酱、葱粒、姜米、蒜蓉、绍酒、白糖、香醋、酱油、味精、鲜汤，其中以泡红辣椒（又称鱼辣子）为主，泡红辣椒一般在加工成酱后再用。

2. 制作冷菜的鱼香味原材料相同，但制法上有一些差异：一种是调料不下锅，将所有原料调均匀溶解兑成味，拌入或淋入加工好的半成品菜肴之中；另一种是将泡红辣椒、姜、蒜调均匀，用八成热的热油炒，再将葱、白酱油、味精、白糖、醋加入泡红辣椒、姜、蒜的碗中调均匀，冷却后拌入或淋入加工好的半成品菜肴之中。

3. 操作时注意调料的质量，要掌握咸、甜、酸、辣的相互抵消、相互压抑和相互渗透，以及主料的溶出量，同时，要掌握好油温和火力对味、色的作用（特别是姜、葱、蒜、泡红辣椒）。

实训案例——鱼香味汁调制

扫一扫在线观看
“鱼香味汁调制”视频

【所需器具】

炒锅、炒勺、调味碗、调味匙。

【原料配备】

味型标志性调味品：泡辣椒末40 g、郫县豆瓣酱茸30 g；其他调辅料：精盐2 g、香醋12 ml、酱油10 ml、白糖15 g、姜末和蒜末各15 g、鱼眼葱 20 g、鲜汤 200 ml、植物油50 ml、水淀粉15 g（见图3-4-16）。

【调味原理】

精盐定咸味；酱油辅助定咸味，增色；白糖定甜味；醋定酸味，增色；姜葱蒜增香压异，突出各自的香味；泡辣椒定辣味，增色，与精盐、酱油共同确定咸味。

图 3-4-16 原料合集

【训练要求】

掌握热菜鱼香味型的基本方法和配方。

【基本步骤】

1. 炒锅预热，放入精炼油。

2. 待油加热至5成热左右时，加入泡辣椒末和郫县豆瓣酱末炒香出色（见图3-4-17），加入姜末、蒜末炒香，加入鲜汤、精盐、白糖、醋、酱油定味，小火熬约10分钟至味浓郁（见图3-4-18）。

3. 加入水淀粉勾芡（见图3-4-19），待味汁浓稠，加入芝麻油、葱花，推匀起锅，装入调味碗中即成（见图3-4-20）。

图 3-4-17 炒泡椒与豆瓣酱

图 3-4-18 调入酱油

图 3-4-19　淀粉勾芡

图 3-4-20　鱼香味汁成品

【制作要领】

1. 味型的风味是在确定咸甜酸的基础上，突出香、辣味感。

2. 水淀粉对味型的形成不起关键作用，起浓汁的作用。

【运用拓展】

鱼香味汁运用于以家禽、家畜、蔬菜、禽蛋为原料的菜肴，特别适用于炸、熘、炒之类的菜肴。

思政小结——食品安全更需要诚信与责任

【小结导入】食品安全关系到广大人民群众的身体健康和生命安全，关系到经济健康发展和社会稳定，关系到政府和国家的形象。食品安全已经成为衡量人民生活质量、社会管理水平和国家法制建设的一个重要方面。

【思考讨论】食品安全为什么需要诚信与责任？如何提升商家的诚信与责任意识？

【分析强调】诚信，自古以来就是中华民族的传统美德。为继承传统美德，我们应当弘扬诚实守信的道德风尚，增强全社会的信用意识。通过立法的形式，建立企业诚信制度。健全相关法律法规和加强对企业的监督力度。

任务三　辣酱调制

知识储备

◎ 知识点一：辣酱概述

辣酱是用辣椒融合其他调辅料制作成的酱料，是餐桌上比较常见的调味品。最原始的辣酱就是将辣椒磨成浆加食盐搅拌均匀后发酵而成。经过多年的发展，我国已经形成许多具有地方特色的传统辣酱类产品，比较著名的有贵州的“老干妈辣椒酱”、安徽安庆的“蚕豆辣椒酱”、西安的“阿香婆辣酱”、四川的“郫县豆瓣酱”、湖南的“永丰辣酱”以及香港的“李锦记辣酱”等。

辣酱大多是以大豆、蚕豆、小麦、糯米、辣椒等为原料，经制曲和长时间的发酵酿制而成。

◎ 知识点二：辣酱调制的注意事项

1. 放入调料时，咸淡要控制好，了解调料本身的性质，做到因材施艺，各种调辅料投放恰当、适时、有序。

2. 遵循一定的规格调味，突出菜肴的风味特点。

3. 以人为本，充分了解季节变化对口味的影响、消费者习惯性的口味特点，合理调制酱料。

实训案例 1——辣椒酱调制

【所需器具】

炒锅、炒勺、调味碗、调味匙。

【原料配备】

味型标志性调味品：红泡椒碎100 g、郫县豆瓣酱茸100 g；其他调辅料：姜末20 g、白砂糖15 g、鸡粉5 g、炸蒜蓉35 g、植物油100 ml（见图3-4-21）。

扫一扫在线观看
“辣椒酱调制”视频

【调味原理】

红泡椒、郫县豆瓣酱定咸味、定色、定辣味；白砂糖和味；炸蒜茸增香；姜增香压异；鸡粉增加鲜味。

【训练要求】

掌握辣椒酱的基本方法和配方。

【基本步骤】

1. 炒锅预热，加入色拉油，烧至四成热放郫县豆瓣酱茸、红泡椒碎、姜末小火熬制，熬制过程中用手勺慢慢推，以免糊锅（见图3-4-22）。

2. 大约熬20分钟，酱料香酥后关火（见图3-4-23，成品见图3-4-24）。

图 3-4-21　原料合集

图 3-4-22　小火炒制

图 3-4-23　酱料香酥关火

图 3-4-24　辣椒酱调制成品

【制作要领】

1．熬制过程中一定要不断地搅拌。

2．一定要充分熬制，才能提升酱料的香味。

【运用拓展】

辣椒酱可用作调料、蘸料，适合爆、炒，如酱爆牛肉、辣炒鸡胗等。

实训案例 2——黄辣奇味酱调制

扫一扫在线观看
“黄辣奇味酱调制”视频

【所需器具】

炒锅、炒勺、调味碗、调味匙。

【原料配备】

味型标志性调味品：白米醋50 ml、花生酱100 g；其他调辅料：鸡清汤200 ml、面捞50 g、三花淡奶80 ml、白糖40 g、姜黄粉10 g、盐4 g、鲜红辣椒3粒（见图3-4-25）。

【调味原理】

白米醋定酸味；花生酱增加香味；鸡清汤提鲜，增加汤量；面捞增稠；三花淡奶增香压异；白糖增甜；姜黄粉提色；辣椒定辣；精盐定咸味。

图 3-4-25 原料合集

【训练要求】

掌握黄辣奇味汁的基本方法和配方。

【基本步骤】

1. 将鲜红辣椒剁碎（见图3-4-26）。

2. 炒锅置中火上，放入鸡清汤（见图3-4-27）。

3. 鸡汤烧开后放入白米醋、花生酱、砂糖、黄姜粉、三花淡奶、盐、鲜红辣椒末小火调匀（见图3-4-28）。

4. 放入面捞小火搅至溶化（见图3-4-29）后小火煮10分钟即成（见图3-4-30）。

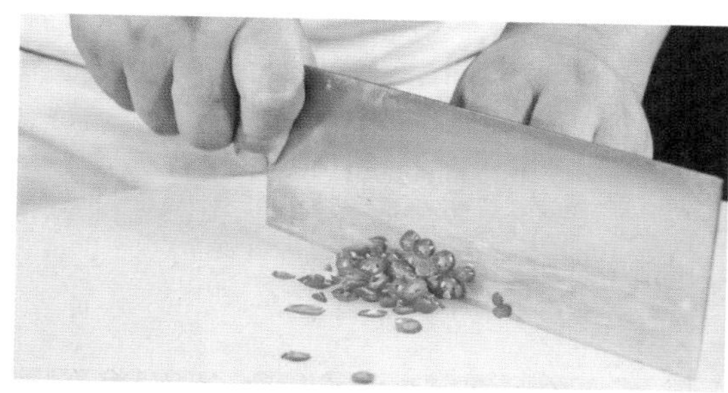
图 3-4-26 剁碎鲜红辣椒

图 3-4-27 加入鸡汤

图 3-4-28 加入各类调辅料熬制

图 3-4-29 加入面捞

图 3-4-30 黄辣奇味酱成品

【制作要领】

1. 面捞制作：微火将牛油20 g（用色拉油也可以）煮溶，把面粉30 g缓缓倒入锅中，边倒边搅拌直至面粉与牛油成均匀的糊状。

2. 熬制过程应控制火候，保持酱汁的微沸状态即可。

【运用拓展】

黄辣奇味酱主要用来焗蟹、焗鸡块。

实训案例 3——黑胡椒酱调制

扫一扫在线观看
“黑胡椒酱调制”视频

【所需器具】

炒锅、炒勺、调味碗、调味匙。

【原料配备】

味型标志性调味品：黑胡椒碎40 g；其他调辅料：牛基础汤200 ml、牛油50 g、干葱蓉15 g、蒜蓉15 g、蚝油30 g、白糖6 g、生抽15 ml、味粉3 g、面捞30 g（见图3-4-31）。

【调味原理】

黑胡椒碎定辣味、香味；牛油增香味、增光亮；干葱蓉、蒜蓉增香压异，突出各自的香味；白糖和味；蚝油、生抽定咸，增鲜、增色；味精增加鲜味；面捞增稠。

【训练要求】

掌握调黑胡椒酱的基本方法和配方。

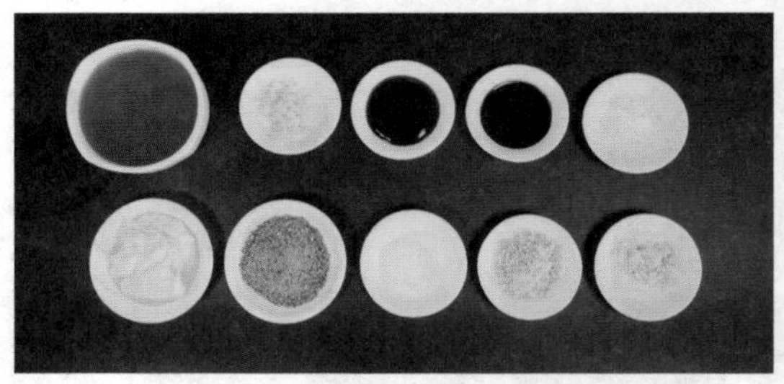

图 3-4-31　原料合集

【基本步骤】

1. 黑胡椒碎放入干锅内小火炒香，取出备用（见图3-4-32）。

2. 锅内放入牛油，小火熬化后放入干葱蓉、蒜蓉小火炒香，加入黑胡椒碎小火炒香（见图3-4-33）。

图 3-4-32　炒黑胡椒碎

图 3-4-33　混合炒制

3. 加入牛基础汤，下蚝油、白糖、生抽、味精，面捞小火熬制浓稠（见图3-4-34）出锅即可（见图3-4-35）。

图 3-4-34　小火熬制

图 3-4-35　黑胡椒酱成品

【制作要领】

1. 黑胡椒碎需要先干炒，这样香味更加浓郁。
2. 干葱蓉、蒜蓉需要炒至微微发黄。

【运用拓展】

黑胡椒酱口味辛辣，酱香味浓，多用于肉菜，如黑椒煎羊排、黑椒牛柳等；也可用于海鲜菜，如黑椒煎八爪鱼、黑椒炒虾球等。

思政小结——坚守标准化，履行职业规范

【小结导入】习近平主席在致第三十九届国际标准化组织大会的贺信中指出，“标准助推创新发展，标准引领时代进步”。更好发挥政府作用保护公共利益，有效发挥市场作用满足企业提质增效的需求，定能让标准成为质量的“硬约束”，成功助力高质量发展。

——《以“标准化”助力高质量发展》（《人民日报》2019年9月25日）

【思考讨论】餐饮企业的发展需要标准化吗？为什么？

【分析强调】餐饮企业的不断发展壮大需要标准化协同发展，以支撑产业发展。实践中通过对生产流程进行衡量、不断细化，制定一整套系统的标准，为餐饮企业的长远发展奠定基础。

任务四　避风塘料调制

知识储备

◎ 知识点一：避风塘料概述

避风塘料是烹调油炸类食品常用的调料，属于粤菜系。在粤菜餐厅的食谱之中，用避风塘料制作的菜肴极为常见，其精髓是蒜蓉的独特风味，这种蒜蓉的特别之处在于它甘口焦香，脆而不煳，蒜香味与辣味、豉味结合，达到了一种口味的平衡。

◎ 知识点二：对避风塘料调制的注意事项

1．面包糠和大蒜一定要炸酥，否则会严重影响口感。大蒜一定要剁细一点，大约0.1 cm见方，切完后用清水洗一遍，以防炸制时相互粘连。

2．有的地方喜欢先把豆豉用油泡一天后再炸或炒，这样油会太多，吃不出干香味。炸好的面包糠大蒜末一定要吸干油，否则原料太油腻。面包糠与大蒜末要分开炸，面包糠含水量小，炸制时间相对比较短，蒜末含水量高，需要慢慢炸黄。

实训案例——避风塘料调制

【所需器具】

炒锅、炒勺、调味碗、调味匙。

扫一扫在线观看“避风塘料调制”视频

【原料配备】

味型标志性调味品：干葱蓉100 g、蒜蓉100 g、面包糠80 g、椰茸80 g、熟白芝麻15 g；其他调辅料：辣椒面5 g、豆豉50 g、干辣椒丝5 g、胡椒粉2 g、味粉2 g、鸡粉2 g、精盐4 g（见图3–4–36）。

【调味原理】

精盐定咸味；面包糠、椰蓉确定香酥口感；白芝麻增香；干葱茸、蒜茸增香压异，突出各自的香味；辣椒面定辣味；胡椒粉辅助增加辛辣味；味粉、美极鲜鸡粉增加鲜味。

图 3-4-36　原料合集

【训练要求】

掌握避风塘料的基本方法和配方。

【基本步骤】

1. 将干葱蓉、蒜蓉倒入滤勺中用清水清洗干净后滴干水分（见图3-4-37）。

2. 干葱蓉、蒜蓉放入烧至五成热的色拉油中，小火浸炸5分钟至色泽金黄（见图3-4-38），捞出放在油纸上吸干油分（见图3-4-39）。

3. 面包糠、椰茸放入烧至五成热的色拉油中，小火浸炸3分钟至酥（见图3-4-40），捞出放在油纸上吸干油分（见图3-4-41）。

4. 锅中放入少许油，加入豆豉、辣椒面、辣椒丝炒香即可捞出（见图3-4-42）。

5. 将所有原料混合在一起，搅拌均匀即可（见图3-4-43）。

图 3-4-37　清洗干葱蓉、蒜蓉

图 3-4-38　炸制干葱蓉、蒜蓉

图 3-4-39　干葱蓉、蒜蓉成品

图 3-4-40　炸制面包糠、椰茸

图 3-4-41　面包糠、椰茸成品

图 3-4-42　炸制面包糠、椰茸

图 3-4-43　面包糠、椰茸成品

【制作要领】

1．干葱蓉、蒜蓉炸制前应用清水清洗，并充分滴干或用毛巾吸干水分。

2．炸制面包糠、椰蓉等干性材料时，油温应控制在150℃左右。

【运用拓展】

避风塘料用以制作各类避风塘系列菜肴，如避风塘茄盒、避风塘大虾、避风塘羊排。

思政小结——与时俱进，终生学习

【小结导入】书山有路勤为径，学海无涯苦作舟。时代在进步，为了符合社会发展的需要，我们需要勤于学习，更新知识，提升能力，才能与时俱进。因此，终身学习已成为时代的趋势。

【思考讨论】我们为什么要与时俱进，终生学习？

【分析强调】科学技术的发展使餐饮业发生了巨大变化，大家应该牢固树立与时俱进、终生学习理念，适时加强学习，不断更新知识，才能不负国家和时代的重托。

任务五　豉油皇汁调制

知识储备

◎ 知识点一：豉油皇汁概述

豉油皇就是“酱油之皇”的意思，粤语中的豉油就是酱油的意思。豉油皇由一般的酱油加上一些配料熬制而成，用于单独的拌调。豉油皇常用于蒸鱼、炒面、炒肉等，如豉油皇鹅肠、豉油皇咸肉、豉油皇鸡、豉油皇蒸石斑鱼、豉油皇肠粉等。

◎ 知识点二：豉油皇汁调制的注意事项

1．熟悉各种原料的比例，不宜太多或太少，太多味过于浓烈而抢味，太少则味寡淡。

2．需要控制好火力，酱汁沸腾前可以用旺火，当酱汁沸腾后改用小火，保持酱汁的微沸状态即可。

3．熬制时间不宜过长，熬制大约10分钟即可关火，煮太久会变味。

4．为获得清澈、无杂质的酱汁，需要分两次过滤酱汁。第一次初步过滤掉蔬菜后再调味，然后再次烧沸腾，沸腾后即可关火，用密度大的纱布再次过滤，即可获得香味浓郁、酱汁清澈的成品。冷却后装瓶放入冰箱冷藏，随用随取。

实训案例——蒸鱼豉油皇调制

扫一扫在线观看
“蒸鱼豉油皇调制”视频

【所需器具】

炒锅、炒勺、调味碗、调味匙。

【原料配备】

味型标志性调味品：生抽300 ml、冰糖100 g；其他调辅料：西芹片66 g、胡萝卜片65 g、干香菇30 g、香菜（连根）35 g、姜片20 g、洋葱丝20 g、海米30 g、瑶柱35 g、银鱼干80 g、鸡粉40 g、鱼露30 ml、老抽10 ml、清汤1.6 L（见图3–4–44）。

图 3–4–44 原料合集

【调味原理】

生抽、盐定咸味；老抽增色；冰糖定甜味；清汤辅助增鲜，增加液体量；各种蔬菜增香压异，融合各自的香味。

【训练要求】

掌握蒸鱼豉皇油调制的基本方法和配方。

【基本步骤】

1. 炒锅中放入适量油，烧热后放入银鱼干炸至上色后捞出沥干油待用（见图3–4–45）。

2. 将西芹、胡萝卜、香菜、姜、香葱、洋葱、海米和瑶柱一起炒香后倒入瓦煲中（见图3–4–46）。

图 3–4–45 炸银鱼干

图 3–4–46 炒制蔬菜等原料

3. 将瓦煲放在炉灶上，加入鲜汤（见图3–4–47），接着放入炸好的银鱼干和干香菇，大火烧沸后转小火煮约10分钟，将煮过的料渣沥出，保留锅中的蔬菜汤（见图3–4–48）。

4．在蔬菜汤中调入鸡粉、冰糖、鱼露、生抽，煮沸，撇出浮沫（见图3–4–49）。

5．用老抽调色，然后用厚纱布过滤掉杂质即可（见图3–4–50）。

图 3–4–47 注入鲜汤

图 3–4–48 过滤料渣

图 3–4–49 撇出浮沫

图 3–4–50 蒸鱼豉油皇汁成品

【制作要领】

1．各种香料的比例要恰当。

2．熬制过程不宜使用大火，保持酱汁的微沸状态即可。

【运用拓展】

蒸鱼豉油皇适合蒸制白灼海鲜和其他类型豉油菜。

思政小结——奋斗新时代，出彩新青年

【小结导入】不同时代的青年人有着不同的时代气息，但一代代青年人都期盼祖国更加繁荣富强。青年是民族的未来，是国家的希望，肩负着建设繁荣富强中国的重大责任。

【思考讨论】面对新时代，青年应当怎么做?

【分析强调】作为新时代的青年人，我们必须顺应时代的发展要求，切实把奋斗精神贯彻到学习、工作、生活中，努力去实现心中伟大的理想，与时代同进步，真正体现出新一代青年人自强不息的气质。

任务六 麻辣油调制

知识储备

◎ 知识点一：麻辣油概述

麻辣油以干辣椒、花椒为主要原料，经加工将其粉碎呈粗片颗粒状，放入植物油中加热浸渍而成，可作为调味料直接食用，宜可作为原料加工各类食品，适用于调制麻辣的热菜菜肴以及凉菜调味。深受四川、重庆等地人们的欢迎。

◎ 知识点二：麻辣油调制的注意事项

1. 根据所在地区人们的嗜辣程度确定辣椒品种和用量，颜色要选择红一些的，红色素含量高，调制出的辣椒油才红艳。调制时可以适当添加一些紫草，调制出的辣椒油颜色更漂亮。

2. 麻辣油晾凉以后如果香味没有激发出来，补救的方法就是将容器里面的麻辣油倒入干净的锅中再次烧热，香味就出来了。

3. 辣椒粉的粗细要适当，如果颗粒过粗，熬制时辣椒面易变黑，颜色不好看。可以过细，虽然不易变黑但香味不易出来。

4. 油最好选用菜籽油，菜籽油分为黄籽油和黑籽油两种，这两种油中黄籽油的香味会更加浓郁。

5. 目前我国的花椒主要有青椒、大红袍、九叶青、凤椒、秋椒、大椒、小椒等品种，每个品种都各有特点。熬制麻辣油最好选用大红袍花椒，大红袍花椒色泽鲜红，香气浓郁持久，麻味适中，辛麻感集中持久。

实训案例——麻辣油调制

【所需器具】

炒锅、炒勺、调味碗、调味匙。

【原料配备】

味型标志性调味品：干粗辣椒粉150 g、大红袍花椒30 g；其他调辅料：香葱30 g、姜片20 g、蒜粒30 g、八角4 g、豆蔻3 g、桂皮5 g、植物油600 ml（见图3–4–51）。

扫一扫在线观看“麻辣油调制”视频

【调味原理】

干粗辣椒粉定辣味；大红袍花椒定麻味；香葱、姜片、蒜粒、八角、豆蔻、桂皮增香压异，突出各自的香味。

图 3-4-51　原料合集

【训练要求】

掌握麻辣油调制的基本方法和配方。

【基本步骤】

1．植物油入锅，加入香葱、姜片、蒜粒炼制（见图3-4-52），待油挥发尽不良气味，香葱、姜片、蒜粒炸干后捞出（见图3-4-53）。

2．停火待油温自然冷却至四五成，将粗辣椒粉、八角、豆蔻、桂皮放入油中搅动，并保持四五成油温20分钟左右，加入花椒粒加热至略有花椒香麻味（见图3-4-54），停火浸渍6～8小时后将麻辣油过滤即可（见图3-4-55）。

图 3-4-52　炼制葱姜蒜

图 3-4-53　捞出料渣

图 3-4-54　小火熬制香料

图 3-4-55　麻辣油成品

【制作要领】

1．避免油温过高导致花椒的香麻成分流失。

2．熬制好的油浸泡时间要足够，这样油的颜色才红亮，麻辣味也才更加浓郁。

【运用拓展】

麻辣油麻辣鲜香，适用水煮牛肉、夫妻肺片、麻婆豆腐等各式川菜。可在0℃~4℃的温度下密封保存20天左右。

思政小结——用爱岗敬业诠释“工匠精神”

【小结导入】为无为，事无事，味无味。大小多少，报怨以德。图难于易，为大于细。天下难事，必作于易；天下大事，必作于细。是以圣人终不为大，故能成其大。夫轻诺必寡信，多易必多难，是以圣人犹难之，故终无难。

——《道德经》

【思考讨论】请将以上文言文译成通俗易懂的白话文，并与他人分享这段话的内涵。

【分析强调】工匠精神落到实处其实就是爱岗敬业。爱岗敬业，是一种职业道德要求，是工作能力的体现，更是每个人必备的基本素质。我们应牢记自己的理想信念，践行时代责任，用爱岗敬业诠释“工匠精神”。

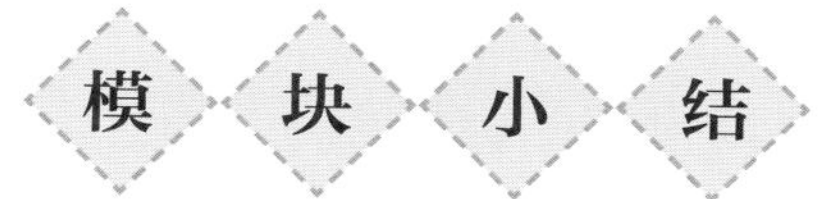

模块小结

本模块主要介绍了原料初熟处理中采用最多的焯水、过油、走红等方法，常见浆、常见糊、常见芡的种类及其调制，奶汤、清汤、素汤的分类、原料组成、形成原理及熬制方法与技术，糖醋味汁、鱼香味汁、辣酱、避风塘料、豉油皇汁、麻辣油等常见调味酱汁的原料组成、成味机理、熬制方法与技术。这些内容均是正式烹调中不可或缺的辅助性烹调手段。

原料初步熟处理需要根据菜肴品种的烹制要求，用沸水、热油、热蒸汽对经过加工成形的原料进行加热，使其达到用于正式烹调前的半熟或全熟的程度。通过初步熟处理，可为菜肴正式烹调做好充分准备，缩短正式烹调时间，使原料生熟一致、软硬适度，颜色协调。

基础汤包含奶汤、清汤、素汤等种类。餐饮业里流传着这样一句话“唱戏全靠戏腔，做菜全靠鲜汤”，这句话表明汤在菜肴制作中占有举足轻重的地位。汤质量的好坏对菜肴口感有很大的影响，特别是制作高级菜肴所需的高级鲜汤能增加鲜味，显示出鲜汤给菜肴增加纯正鲜味的意义。为获得优质的基础汤，需要掌握各类基础汤的原料配比，并熟练掌握制汤的关键。例如，必须选用新鲜、鲜味足且无腥味、臊味、膻味的原料做制汤原料；制汤的原料应冷水下锅，锅中一次下足水，中途不宜加水，熬制中不要开锅；制汤不要先放盐，还要掌握恰当的火候和时间等。熬汤时，原料在加热水解过程中会有许多物质溶于汤中，例如氨基酸、甘油肌苷酸、鸟苷酸、黄苷酸、糖原含氮浸出物，这些物质能够为汤带来一定的风味，形成鲜美的滋味。

对烹饪原料进行上浆、挂糊、拍粉和勾芡，可保护原料中的营养成分、水分少流失、少损失，使原料形态饱满、色泽美观等。复合调味酱汁是各个餐厅根据本单位所经营的菜肴点心和地方特色自行调配，突出餐饮企业的不同风味特色。餐饮市场的竞争归根结底是人才的竞争，作为准餐饮人应将烹饪理论与技术牢牢掌握好，基础扎实才有创新的可能，才能应对市场严峻的考验。

扫描下方二维码进行线上答题。

练习题

模块四

勺工技能实训

学习目标

素质目标：

1. 践行保护环境、勤俭节约、崇德向善、诚实守信等行为规范。
2. 具有质量意识、安全意识、工匠精神、创新思维。
3. 具有自我管理能力和较强的集体意识及团队协作精神。
4. 具有健康的体魄，养成良好的卫生习惯及行为习惯。
5. 具有较强的奋斗精神和积极向上的心态。

知识目标：

1. 了解勺工操作姿势训练注意事项。
2. 了解推勺、晃锅的基本要求，掌握推勺、晃锅操作技术。
3. 熟悉出锅装盘的操作要求，掌握出锅装盘的操作方法与技巧。
4. 掌握推勺、晃锅、翻锅训练时的注意事项。
5. 掌握勺工综合技能训练时应遵循的几大要求。

能力目标：

1. 能通过火焰的外在特征，直观地分辨出旺火、中火、小火、微火。
2. 能通过锅中油的外在特征，直观地分辨出温油锅、热油锅、旺油锅。
3. 通过菜例实训，掌握勺工综合技能的各环节技术，通过灵活运用使之融为一体。
4. 能按照勺工操作的姿势标准进行操作。
5. 会推勺、晃锅、翻锅及出锅装盘。
6. 能运用推、拉、送、扬、拖、翻、晃、转等一整套动作制作菜肴，并会举一反三。

项目一 火力、油温识别

任务一 火力识别

知识储备

◎ 知识点一：火力概述

正确识别火力是掌握火候的前提。火力是指各种能源物质经物理或化学变化转变为热能。传统烹调中使用的能源物质以燃气为主，燃气的燃烧状态可以通过肉眼直观观察，可以通过火焰的燃烧状态进行粗略的分类。餐饮行业中，一般根据火焰高低、火光明暗和辐射热强弱等，把火力分为旺火、中火、小火、微火四类。

随着科学技术的发展，以电为能源的商用电磁炉、电陶炉被运用到现代厨房。传统的加热方式逐渐被革新，调节火力的大小可以通过电脑进行标准化操作，大大降低了技术难度。

◎ 知识点二：各种火力的烹调运用

1. 旺火又称大火、武火、猛火或急火等，是火力中最强的火。烹调中主要用于快速加热、快速成菜，例如爆炒腰花、水煮香水鱼、滑炒肝片等，原料在锅中停留时间短，营养成分流失少，能较好地突出原料的鲜嫩质感。

2. 中火又称文武火，是比旺火稍小的火。烹调中主要用于滑熘、红烧等技法，例如菠萝咕噜肉、红烧水豆腐等，原料在锅中停留时间稍长，容易入味。

3. 小火又称文火，此种火力较小。小火主要适用于长时间加热的炖、焖等技法，例如灵芝炖老鸭、黄焖鱼块等，原料可达到软烂程度。

4. 微火又称慢火，火力很小。微火主要适用于干货原料的涨发以及一些蒸炖类菜肴的保温。

实训案例——四种火力识别

扫一扫在线观看
“四种火力识别”视频

【所需器具】

鼓风式炒炉一台。

【训练流程】

识别微火→识别小火→识别中火→识别旺火。

【训练要求】

熟悉四种火力的呈现状态。

【训练步骤】

1. 识别微火。火呈淡蓝色，夹杂淡红色，火光暗淡，供热微弱（见图4–1–1）。

2. 识别小火。火焰细小，时有起落，呈淡红色，光度暗淡，辐射热较弱（见图4–1–2）。

3. 识别中火。火焰低而稳定，火焰顶部呈淡红色，基部呈淡蓝色，光度较亮，辐射热较强（见图4–1–3）。

4. 识别旺火。火焰高而稳定，火焰顶部呈红色，基部呈明亮的蓝色，光度明亮，热气逼人（见图4–1–4）。

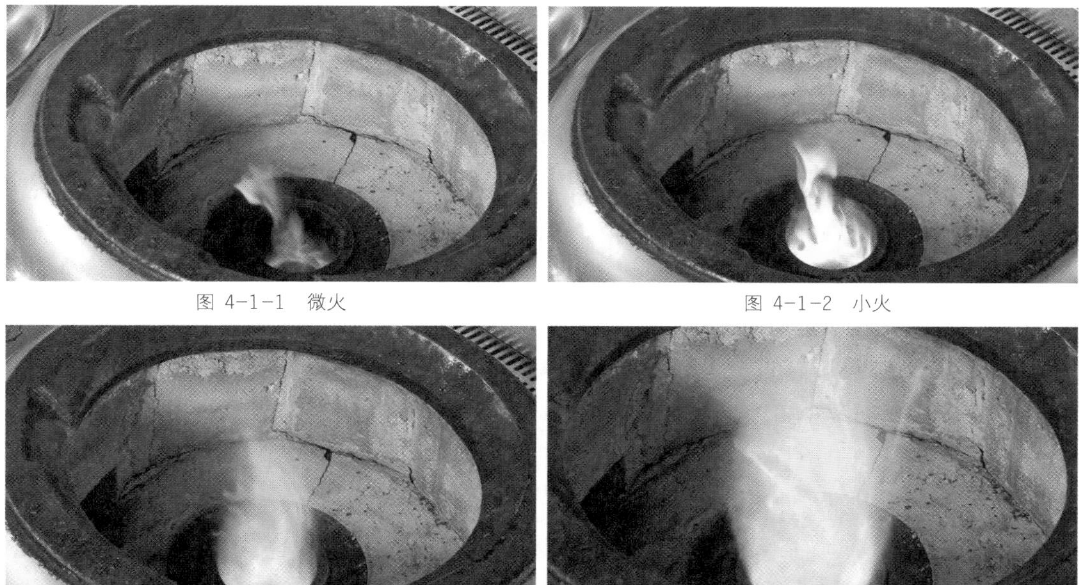

图 4–1–1 微火

图 4–1–2 小火

图 4–1–3 中火

图 4–1–4 旺火

【训练要领】

认真观察火焰高低、火光明暗程度等特征。

思政小结——安全守法教育：厨房用火安全的基本常识

【小结导入】在各种灾害中，火灾是最经常、最普遍地威胁公众安全和社会发展的主要灾害之一。2019年9月，某餐饮企业因厨房用火不慎引起火灾，烧毁建筑面积1380平方米，直接财产损失49万余元，直接受灾户达18户，给社会生活造成极大的影响。

【思考讨论】这个火灾事故给我们什么样的反思?

【分析强调】人类能够对火进行利用和控制，是文明进步的一个重要标志。厨房火灾的发生主要是由于操作人员责任心、安全意识不强，厨房燃油管道、电源线路等老化，厨房防火措施没有落实到位，厨房内可燃杂物没有及时清除。用火时，一定要确保安全，自觉遵守用火相关要求，谨慎用火。

任务二　油温识别

知识储备

◎ 知识点一：油温概述

油温是指锅中油经加热达到的温度。油温对于食物的质感和成型非常重要，不论划油，还是走油，都需要不同的温度，不可能利用温度计之类的用具来测验油温，只能通过实践经验来判断。因此，懂得鉴别不同的油温就特别重要。油的最高温度约为300℃，饮食行业一般将油温分为温油锅（三四成热）、热油锅（五六成热）、旺油锅（七八成热），每成油温约为30℃。

◎ 知识点二：各种油温的烹调运用

低油温适用于滑油，中油温适用于干炸、酥炸，高油温适用于清炸。油温还由原料大小而定。体积大的要用稍低的油温，较长时间加热才能使原料受热均匀。

◎ 知识点三：控制油温的方法

1．使用旺火加热时，原料下锅时油温应低一些，因为旺火可使油温迅速升高。使用中火加热时，原料下锅时油温应高一些，因为以中火加热，油温上升较慢。

2．在过油过程中，如果发现火力太旺，油温上升太快，应立即端锅离火或者在不离火的情况下冲入冷油，以使油温降低至适宜的程度。

3．投料量多的，下锅时油温要高一些，因为原料本身是冷的，投料数量多，油温必然迅速下降，且回升慢。投料量少的，下锅时油温应低一些，因为投料量少，油温较低的幅度也小，而且回升快。

实训案例——三种油温识别

扫一扫在线观看
"三种油温识别"视频

【所需器具】

炉灶、炒锅、手勺。

【原料配备】

食用油1 L、猪肉片200 g、鸭翅段200 g、菊花鸭胗200 g（训练时可以另选其他材料）（见图4-1-5）。

图 4-1-5 原料配备

【训练流程】

识别温油锅→识别热油锅→识别旺油锅。

【训练要求】

熟悉三种油温的呈现状态。

【训练步骤】

1. 识别温油锅。锅烧热，倒入食用油，加热至80℃~130℃，油面较平静，无青烟（见图4-1-6）。将原料倒入锅中滑油，原料周边出现少量的气泡（见图4-1-7）。

图 4-1-6 无原料温油锅状态

图 4-1-7 有原料温油锅状态

2. 识别热油锅。锅烧热，倒入食用油，加热至130℃~180℃，油面较静，略有青烟（见图4-1-8）。原料倒入锅中干炸或酥炸，原料周围出现大量的气泡，无爆裂声（见图4-1-9）。

图 4-1-8 无原料热油锅状态

图 4-1-9 有原料热油锅状态

3. 识别旺油锅。锅烧热，倒入食用油，加热至180℃~240℃，油面较平静，有青烟（见图4-1-10）。原料倒入锅中清炸，原料周围急剧产生大量气泡，并带有轻微的爆裂声（见图4-1-11）。

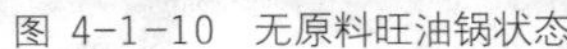
图 4-1-10　无原料旺油锅状态

图 4-1-11　有原料旺油锅状态

【训练要领】

认真观察油面状态，是否有油烟、炸制原料时周边产生的气泡等特征。

思政小结——共享出彩：机会平等的政治伦理

【小结导入】“共同享有人生出彩的机会”是一个富有文采的表述，用更直白通俗的话来说，就是社会的不同群体要享有共同富裕的机会，享有走向成功和幸福的机会。

——《共享出彩：机会平等的政治伦理》（《河南日版》2013年4月1日）

【思考讨论】为了让人民“共同享有人生出彩的机会”，我们该怎么做？

【分析强调】人人都应该拥有平等的权力，社会应该为了实现人人平等创造平台和条件，每个人也应该积极主动地参与集体工作和社会实践。

项目二　勺工基本技能训练

任务一　勺工操作姿势训练

知识储备

◎ 知识点一：勺工操作姿势概述

勺工是一项技术性高、劳动强度大的操作。正确的操作规范，有利于提高工作效率、省时省力、减少职业病。勺工操作姿势是指在翻锅、推勺、晃锅的过程中，站立姿势、左右手抓锅、拿手勺、与炉灶的距离等均按照操作规范操作。

灶台高低会影响操作姿势，用于翻炒的灶台，高度一般为85～90cm。灶台太高，人的手就要过高提起，这样就会加重手臂及手腕的负担，人会感到十分吃力。反之，灶台太低，人必然会弯腰曲臂，加大腰腹的负担，时间长了就会感到腰酸背疼。翻炒时的具体姿势要求如下：面向炉灶站立，人体正面与灶台边缘保持一定距离。两脚分开站立，两脚尖与肩同宽，上身保持自然正直，自然含胸，略向前倾，目光注视勺中原料的变化，左手持炒锅，右手持手勺。

◎ 知识点二：勺工操作姿势训练注意事项

1. 熟悉工具的特点和使用方法，并能正确掌握和灵活运用。

2. 掌握勺工各个环节的技术要领，不同环节都有其技术上的标准方法和要求，只有掌握了这些要领并按此去操作，才能掌握勺工技术。

3. 勺工操作要求动作简捷、利落、连贯、协调。

4. 加强身体锻炼，要有良好的身体素质与扎实的基本功。

5. 训练过程中要按照标准规范进行，养成文明操作和规范训练的良好习惯。

实训案例——勺工操作姿势

扫一扫在线观看
“勺工操作姿势”视频

【所需器具】

炉灶、炒锅、手勺、手布、沙袋或米袋。

【训练流程】

两脚站稳→身体稍前倾→双眼注视沙袋→右手持手勺、左手握勺柄颠翻。

【训练要求】

从勺功的每个基本动作入手，先进行每个动作的训练，再进行协调训练，熟练地掌握翻勺的基本方法。

【训练步骤】

1. 两腿自然分开站稳，不超过肩宽（见图4-2-1）。

2. 身体稍前倾，不要弯腰曲背，身体与灶台保持一定距离，间隔约15 cm（见图4-2-2），目光注视勺中的原料。

3. 右手持手勺（见图4-2-3），左手抓锅耳（见图4-2-4），两手相互配合（见图4-2-5），有节奏地颠翻（见图4-2-6）。

图 4-2-1　两脚与肩同宽

图 4-2-2　身体与灶台的距离

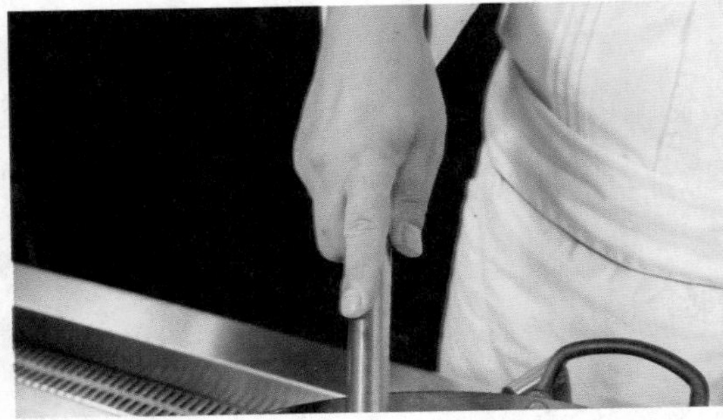

图 4-2-3　右手持手勺

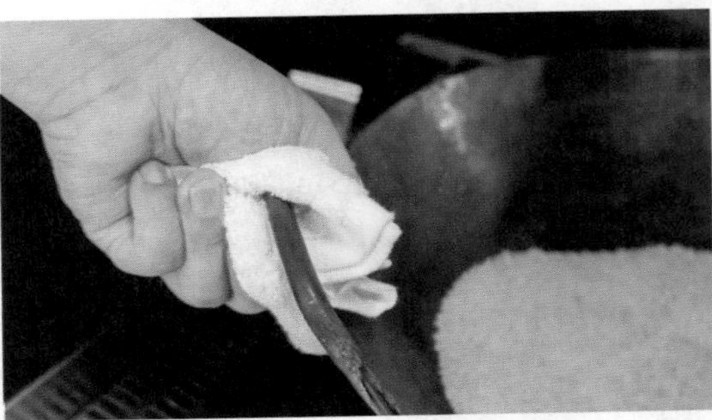

图 4-2-4　左手抓锅耳

图 4-2-5　两手相互配合

图 4-2-6　颠翻

【训练要领】

1．训练时身体应稍向前倾，不能弯腰曲背。

2．训练时目光要专注于勺中食物的变化，不可东张西望。

3．两手颠翻手勺时动作要灵活、敏捷、准确、协调。

思政小结——标准化给我们带来的启示

【小结导入】黄记煌创始人、董事长黄耕表示标准化产品是大势所趋，供应链提供标准化产品解决了餐厅后厨人工成本高和效率低的问题，也就是餐饮老板经常提到的“四高一低”。

——《餐饮业求变革：中餐探索标准化　提供更好服务》（中国经济网，2017年11月29日）

【思考讨论】餐饮企业为什么要标准化?

【分析强调】标准化对经济、技术、科学和管理等有重大意义。标准化可以让传统餐饮从原始的状态解放出来，让从业人员有更多的时间和精力，提供更好的服务，用更精准的营销方案，满足消费者多样化的需求。

任务二　推勺、晃锅训练

知识储备

◎ 知识点一：推勺、晃锅概述

要想炒好菜，掌握好勺工相当重要，光凭手勺在锅中搅动是很难把菜肴炒好的。想要巧妙运用勺工，就需要掌握好一些技巧，这对初学者来说尤为重要。推勺一般是紧贴锅底先向右边再向左边推一勺，再从左向右拉一勺，两勺推拉成“8”字形。晃锅就是左手抓锅，通过手腕旋转锅，锅中的原料随之旋转。在用煎、塌、贴、烧、扒等烹调方法制作菜肴，以及翻勺之前都可运用晃锅。此种方法单柄勺、双耳锅均可使用。

◎ 知识点二：推勺、晃锅训练注意事项

1．推勺的目的是让原料受热均匀，减轻持续翻锅带来的疲劳感。推勺时，左手握住锅耳，锅不离灶口，右手持手勺呈“8”字形反复推动，动作要自然大方，姿势要优美协调。

2．晃锅的目的是让炒锅与原料一起转动，如果只让手勺转动而不使原料转动则称转勺或转锅。晃勺时，左手握住锅耳，锅不离灶口，快速将炒锅向左或向右转动。手腕向左或向右转动时速度要快，否则炒锅会与原料一起转，起不到转锅的作用。

实训案例——推勺、晃锅

【所需器具】

炉灶、炒锅、手勺、手布、翻锅原料。

扫一扫在线观看
“推勺、晃锅”视频

【训练流程】

沙子入锅→折叠毛巾→左手抓锅耳→右手握勺→推勺训练→端起锅放在灶边→顺时针（逆时针）晃动锅。

【训练要求】

掌握推勺、晃锅的技巧。勺功具有一定的技巧性，应加强腕力的训练，熟练掌握各种推勺、晃锅的方法，达到动作潇洒大方，姿势优美协调。

【训练步骤】

1. 推勺训练：将翻锅原料倒入锅中，毛巾折成S型小方块置于左手掌上（见图4-2-7），虎口对准锅耳和锅边交叉处，大拇指扣住锅耳，其他几个手指自然弯曲成拳头状握紧锅耳（见图4-2-8）。右手握勺，食指伸直贴在手勺杆上，其他手指握住手勺把（见图4-2-9），将翻锅原料反复推拉（见图4-2-10、4-2-11），持续练习直到熟练。

图 4-2-7 毛巾折成“S”型

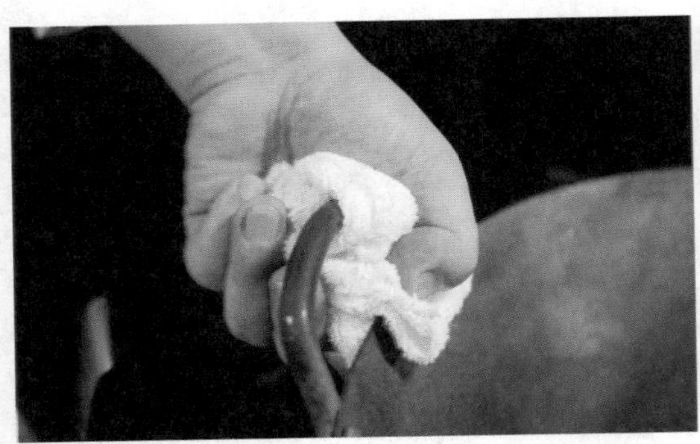
图 4-2-8 抓锅方式

图 4-2-9 拿手勺方式

图 4-2-10 手勺向外推

图 4-2-11 手勺向内拉

2. 晃锅训练：在练好推勺的基础上，将锅端起放在灶边上，左手手腕和小臂用力，手腕先向顺时针方向旋转，小臂摆动，使锅中的原料随着旋转（见图4-2-12），然后再向逆时针方向旋转（见图4-2-13），反复练习直到熟练。

图 4-2-12　顺时针方向旋转原料

图 4-2-13　逆时针方向旋转原料

【训练要领】

1. 要用手腕和小臂发力，发力过程中手腕要灵活。
2. 操作时左右手要协调配合，保持平稳。
3. 抓锅耳和拿手勺的位置要准确，这样可以节省力、提升训练效率。

思政小结——勇于挑战，化压力为动力

【小结导入】《风雨无阻创造美好生活》这篇重磅长文引发了舆论的高度关注，它让我们看到了国家发展的伟大成就，看到了发展中面临的重大机遇和挑战，也看到了创造美好生活的信心、决心和动力。

——《化压力为动力，变挑战为机遇》（中青在线，2018年8月10日）

【思考讨论】请学习《风雨无阻创造美好生活》这篇文章，并谈谈你的学习体会。

【分析强调】遇到较大压力时要勇于承受压力并学会调节自己，提高各方面的能力，积蓄能量等待合适时机释放自己的才华。俗话说“没有压力就没有动力”“能承受的压力有多大，成就就有多大”。

任务三　翻锅训练

知识储备

◎ 知识点一：翻锅概述

为了使原料在炒锅中受热均匀、成熟一致、入味均匀、着色均匀、挂浆均匀，除了使用推勺、晃锅技巧以外，还可用翻锅的方法。翻锅是勺工的重要内容，是烹调操作中重要的基本功之一，翻锅技术可直接影响菜肴质量。

翻锅的技法很多，按翻勺方向的不同，可分为前翻、后翻、左翻、右翻；根据翻勺的幅度大小，可分为小翻勺和大翻勺；按方向分为顺翻、倒翻、左翻、右翻，一般顺翻和左侧翻居多，顺翻较为保险；按其位置分为灶上翻、灶边翻。当然，采用什么翻法主要随个人的习惯及实际效果而定。各种翻锅技法中前翻锅最为常用，所以本任务的实训以前翻锅为例进行示范。

◎ 知识点二：翻锅训练注意事项

1．翻锅其实并不难，但需要注意技巧并多练习。

2．需要循序渐进，“一口吃不成大胖子”。可以首先进行空翻练习，基本节奏掌握后加入重物，单用左手推拉翻锅训练，等到熟练以后再配合手勺，反复翻锅的过程中看着重物，尽量不让重物翻出锅。等到练习得差不多了，再开始炒一点简单的东西，反复翻锅，翻锅的时候注意里面的菜别翻出来。

3．后翻的时候锅不能抬得太高，否则炉灶里面的火就会空烧，从而影响锅中食物的受热；锅翻的时候不能翻腕，避免出现侧滑。

实训案例——翻锅

扫一扫在线观看
“翻锅”视频

【所需器具】

炉灶、炒锅、手勺、手布、翻锅原料。

【训练流程】

左手抓锅耳→端起锅放在灶边→右手握手勺（左右推拉翻锅省略此步）→推拉翻锅（手勺辅助翻锅，需手勺同时运行）→反复练习直到熟练。

【训练要求】

从基本动作入手，正确掌握端锅的手法和操作站立姿势。握勺、推勺操作正确，动作娴熟。

【训练步骤】

1．左手推拉翻锅训练：翻锅时先要握紧锅耳，将锅端至炉灶边缘，左手将锅和原料先向前送出去（见图4-2-14），然后顺势向后用力拉，翻锅原料由于惯性和锅的弧度，由前向后翻过来（见图4-2-15）。反复训练，直到熟练。

2．手勺辅助翻锅训练：左手将锅送出去的同时，右手拿手勺推动锅中原料，与左手推动锅的运动方向一致（见图4-2-16），然后顺势向后用力拉，在拉回的同时右手的手勺移开，避免翻动的原料下落时打在手勺上，左右手配合要协调（见图4-2-17）。反复训练，直到熟练。

图 4-2-14　向前送出去

图 4-2-15　向后用力拉

图 4-2-16　手勺配合推锅

图 4-2-17　手勺配合拉锅

【训练要领】

1．手腕和小臂灵活用力，左右手要协调配合，保持平稳，抓锅耳和拿手勺的位置要准确，这样可以降低劳动强度，提高效率。

2．明确翻锅的基本方法与要求，循序渐进，持之以恒，相互交流。

思政小结——坚持文化自信，弘扬中华饮食文化

【小结导入】2016年7月，在庆祝中国共产党成立95周年大会上，习近平指出，“文化自信，是更基础、更广泛、更深厚的自信”，强调“坚持不忘初心、继续前进，就要坚持中国特色社会主义道路自信、理论自信、制度自信、文化自信”。

——《十八大以来，习近平这样强调文化自信》（新华网，2017年10月13日）

【思考讨论】从专业学习的角度出发，谈谈我们应如何坚持饮食文化自信。

【分析强调】饮食是社会文明的一面反光镜，饮食文化是中华文化的重要组成部分，我们应该认识中华饮食文化的优良传统和优势，继承、发扬、开拓、创新，开发出更多营养、卫生、科学的菜点，改善人们的饮食，丰富饮食文化。

任务四　出锅装盘训练

知识储备

◎ 知识点一：出锅装盘概述

将锅中的菜肴装入盛器中的过程叫作出锅。出锅是烹调环节中极为重要的一环，对于从事临灶烹调工作的厨师而言，出锅装盘是必须掌握的一项重要技术。

对于中餐厨师而言最基本的技能当属刀工与勺工，而出锅是勺工不可分割的部分，要想上灶炒好菜，必须拥有好的出锅转盘技术。所以应该学习出锅装盘技能，这样才能提高工作效率，使菜肴既美观又符合卫生和科学的要求。

◎ 知识点二：出锅装盘训练注意事项

1. 要想练好出锅装盘技能，首先要加强手部腕关节的力量训练，没有力量做支撑，很难应对饭口高峰期的高强度操作。

2. 在勺工技能训练过程中，勺工技术的各环节都要练到位。初学者刚开始练习时可以使用沙子、米、麦、玉米等材料，依据“盛入法”和“左右交叉轮拉法”两种最基础的出锅技术标准，反复练习。

3. 在实际烹调中，应根据菜肴的形状特点，如丝、丁、片、块、整条、整件、整头等，菜肴的质感，菜肴的汤水含量等因素，综合考虑选用舀入法、倒入法、铲入法、拖入法等进行出锅装盘。

实训案例——出锅装盘训练

扫一扫在线观看
“出锅装盘训练”视频

【所需器具】

炉灶、炒锅、手勺、手布、出锅装盘原料。

【实训流程】

左手端锅→右手握手勺→将原料舀入或刮拉倒在盘中→反复练习直到熟练。

【实训要求】

能正确掌握出锅的手法和技巧，出锅时左右手要配合好。

【实训步骤】

1. **盛入法**：左手端锅，右手拿手勺，将锅中的原料用手勺一勺一勺舀入盘子中（见图4-2-18），锅中的原料较少时，可以用左右手配合，将锅中的原料抛入勺子中（见图4-2-19），再装入盘中。

图 4-2-18　手勺舀入盘子中

2. **左右交叉轮拉法**：左手端锅，右手拿手勺，将锅端起来，锅口向下稍微斜盘，左边一勺右边一勺将菜肴抡拉到碟子中（见图4-2-20）。

图 4-2-19　原料抛入勺子中

图 4-2-20　左右抡拉到碟子中

【实训要领】

1. 严格按照“盛入法”和“左右交叉轮拉法”的操作技术标准，反复训练。
2. 站立姿势、握锅、拿勺等方式应标准，加强手腕力量的训练。

思政小结——由浅入深地认识中国烹饪学

【小结导入】先人曾不断地在中国烹饪学涉及的知识领域进行探索，但未形成系统、完整、专门化的学问，连“烹饪学”这个词语也没有出现过，可这并不等于没有烹饪学的存在。实际上，从有烹饪之时起，烹饪学就伴随烹饪实践而存在。

【思考讨论】我们为什么要不断地学习研究中国烹饪学？

【分析强调】对任何一门学科的认识和探索，永远都不会达到最终完善的地步。对中国烹饪学的认识与研究也是如此。今天的责任就是努力学习，梳理先人的认识和研究成果，并使这一优秀的民族文化遗产发扬光大，更好地为社会主义建设服务，为中国人民乃至世界人民服务。

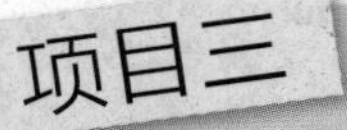

项目三 勺工综合技能训练

勺工是根据烹调和食用的要求，将各种加工成形的烹调原料入味成熟的过程。勺工是烹调工序中的重要环节，它一方面要根据原料在加热中发生的色、香、味、形、质的变化恰当地掌握火候，另一方面还要在加热中视原料形、质的不断变化加以调味。

勺工技能综合训练就是模拟临灶炒菜的过程，在炒菜过程中综合运用推、拉、送、扬、拖、翻、晃、转等动作，使炒锅中的原料能够不同程度地前后左右翻动，使菜肴在加热、调味、勾芡、装盘等方面达到应有的质量要求。

进行勺工综合技能训练时，应注意以下几个方面的要求：

1．想要掌握好推勺、晃锅、翻锅、出锅等技术，不在于使劲，而在于技术与经验的积累。技术好的厨师一般都能靠单手腕和手臂力量完成翻锅。

2．综合训练时，要根据原料形状、着芡方法、火候要求、成品形状、动作程度等进行不同翻勺方法的练习，最终达到掌握翻锅技术的目的。

3．推、拉、送、扬、拖、翻、晃、转等一整套动作必须协调一致，一气呵成，否则会影响菜肴成菜效果。

任务一　香菇焖鸡

知识储备

◎ 知识点一：菜肴简介

香菇焖鸡是一道色香味俱全的菜品，属于淮扬菜系。淮扬菜是中国传统四大菜系之一，发源于扬州、淮安。淮扬菜系大多以江湖河鲜为主料，以顶尖烹艺为支撑，以本味本色为上乘，以妙契众口为追求，雅俗共赏而不失其大雅，尤其是“和、精、清、新”的独特理念。淮扬菜始于春秋，兴于隋唐，盛于明清，素有“东南第一佳味，天下之至美”之美誉。淮扬菜选料严谨、因材施艺；制作精细、风格雅丽；追求本味、清鲜平和。

◎ 知识点二：烹调特色

此菜运用焖制技法进行烹调。焖多用于有一定韧性的鸡、鸭、牛、猪、羊肉，以及质地较为紧密细腻的鱼类。原料初步熟处理时，需根据其性质选用焯水、煸炒、过油等方法。用陶瓷炊具焖制时，要加盖并封严密，有时甚至要用纸将盖缝糊严，以保持锅内恒温，促使原料酥烂，故有“十滚不如一焖”的说法。焖制菜大多具有形态完整、质地酥烂、滋味醇厚、汤汁浓稠等特点。

实训案例——香菇焖鸡

扫一扫在线观看“香菇焖鸡”视频

【所需器具】

炉灶、炒锅、手勺、切刀、钢盆、盘碟、砧板、抹布。

【原料配备】

主料：土鸡半只（约700 g）（见图4-3-1）；辅料：鲜香菇150 g，红美人椒3条，青美人椒3条，蒜粒50 g，姜30 g，生粉40 g；调料：料酒8 ml，精盐2 g，鸡精、味精各2 g，白糖2 g，老抽2 ml、蚝油10 g，胡椒粉1 g，香麻油2 ml，鲜汤300 ml（见图4-3-2）。

【制作流程】

原料切配成型→腌制鸡肉→滑油→焖制→勾芡→下包尾油→成菜装盘。

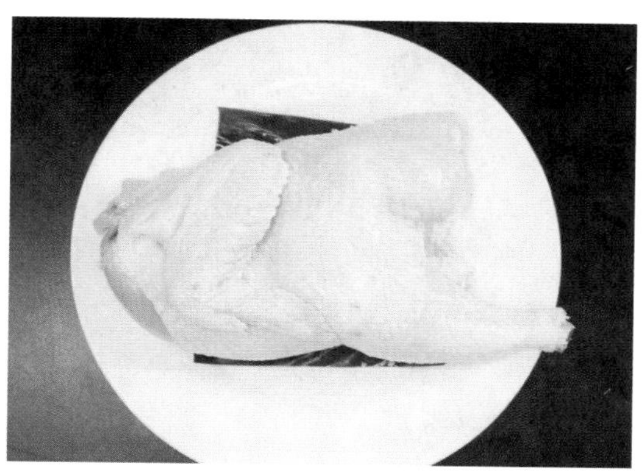

图 4-3-1　土鸡半只

图 4-3-2 辅料、调料合集

【训练要求】

动作要求：按照刀工和勺工的基本要求训练。难点和重点：汤汁量的掌握和火候的控制技巧。

【基本步骤】

1．用刀将鸡肉斩成4 cm见方的块；鲜香菇切块；美人椒切成斜刀厚片；姜切丁；蒜粒去掉根部木质化部分（见图4–3–3）。

2．鸡肉用盐、适量的生粉拌匀（见图4–3–4）。

3．锅烧热后放入1.5L食用油，加热到四成油温时，放入鸡肉，滑油至五成熟，用笊篱捞出，滤去油分（见图4–3–5），青红美人椒片入油锅滑油至熟捞出备用（见图4–3–6）。

图 4-3-3 切香菇

图 4-3-4 腌制鸡肉

图 4-3-5 鸡肉滑油

图 4-3-6 青红椒滑油

4．锅中留底油，随即放入蒜粒、姜丁、鸡肉，溅入料酒，略爆炒至香，加鲜汤，调入盐、味精、鸡精、白糖、蚝油、老抽，加入鲜香菇，加上锅盖，使用中火焖至原料熟透，加入胡椒粉，用湿淀粉勾芡（见图4–3–7），加入香麻油、尾油和美人椒片翻炒均匀，装盘即成（见图4–3–8）。

图 4-3-7　焖制勾芡

图 4-3-8　香菇焖鸡成品

【制作要领】

1. 原料放入炒锅后必须爆炒香后才下汤水焖制，可使菜品汁香味浓。

2. 加盖焖制可保持菜品的香味和成熟度一致。

3. 焖制时要使用中火，汤水在适当收汁后再勾芡，并且勾芡要均匀。

【运用拓展】

运用此烹调技法可以制作生焖鲈鱼、黄焖鸡、鲜笋焖牛腩等。

思政小结——环境保护的价值

【小结导入】生态道德又称环境道德，是道德范畴具有特殊含义的一部分，指反映生态环境的主要本质、体现人类保护生态环境的道德要求，并须成为人们的普遍信念而对人们行为发生影响的基本道德规范。

【思考讨论】为什么要保护环境？

【分析强调】人类诞生于自然环境之中，是自然环境的组成部分，与自然环境密切联系。良好的环境为人类的生存和发展提供了良好的物质基础，不良的环境将对人类的生存和发展构成危害，因此保护和改善环境是我们人类义不容辞的责任，也是维护我们自身生存和发展的前提。

任务二　鱼香肉丝

知识储备

◎ 知识点一：菜肴简介

鱼香肉丝是川菜中的一道特色名菜，风靡大江南北。在川菜的烹饪技法中，核心是讲究菜品的味型。川菜共计24种味型，如鱼香味、泡椒味、酸辣味、家常味、麻辣味等。鱼香肉丝更准确地说应该是“鱼香味肉丝”。鱼香肉丝菜肴咸鲜酸甜兼备，葱姜蒜香浓郁，其味由调味品调制而成，此法源自四川民间独具特色的烹鱼调味方法，而今已广泛用于川味的熟菜中。

◎ 知识点二：烹调特色

此菜运用滑炒技法进行烹调。滑炒技法适用于含水量多、质地鲜嫩、无骨的动物性原料。滑炒菜肴一般要求色白、嫩滑，味多以咸鲜为主（也有其他味型），炒制时用“跑马芡”与“对汁芡”二种方法定味收汁，以加快速度，适应炒制时间短促，满足旺火速成的需要。不管采用哪种方法，都要两手紧密配合，不断颠翻、拌炒，使回锅原料复热均匀、吸收调味、炒熟炒透、粘挂芡汁、及时出锅，这些是做好滑炒菜的关键。

实训案例——鱼香肉丝

【所需器具】

炉灶、炒锅、手勺、切刀、钢盆、盘碟、砧板、抹布。

扫一扫在线观看“鱼香肉丝”视频

【原料配备】

主料：猪里脊肉200 g；辅料：莴笋60 g，水发木耳50 g，胡萝卜50 g，香葱20 g，泡椒2条，蒜、姜各10 g；调料：盐1 g，白糖15 g，陈醋10 ml，生抽6 ml、鲜汤30 ml、鸡精、味精各1 g、红油30 ml（见图4–3–9）。

【制作流程】

原料切配成型→腌制肉丝→兑汁→初熟处理→炒制→调味→盛菜装盘。

【训练要求】

动作要求：按照刀工和勺工的基本要求训练；难点和重点：原料的码味上浆和滑油油温识别。

【基本步骤】

1．将猪肉切二粗丝，莴笋、水发木耳、胡萝卜也切成丝，香葱切成葱花，蒜、姜分别剁成末，泡椒切碎后剁成末（见图4–3–10）。

2．将肉丝用少许盐、料酒、生抽抓拌均匀后用湿淀粉将肉丝码味上浆（见图4–3–11）。

图 4–3–9　原料合集

3．将湿淀粉、盐、白糖、醋、酱油、鲜汤、鸡精、味精兑成汁（见图4–3–12）。

4．锅中烧热水，加入少许油，水沸腾后将莴笋丝、木耳丝、胡萝卜丝入锅中焯水至熟捞出备用（见图4–3–13）。

5．锅中下油2L左右食用油烧至四成热，把肉丝滑散至刚熟捞出（见图4–3–14）。

6．起锅放少许油，下泡红辣椒末、蒜末、姜末炒香，加配菜及肉丝翻炒几下，倒入芡汁翻炒均匀，加入葱花，淋入红油稍翻炒即可出锅装盘（见图4–3–15）。

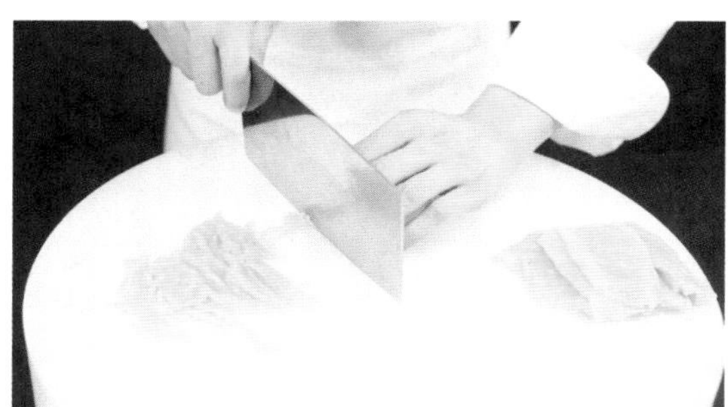

图 4–3–10 切猪肉丝

图 4–3–11 腌制肉丝

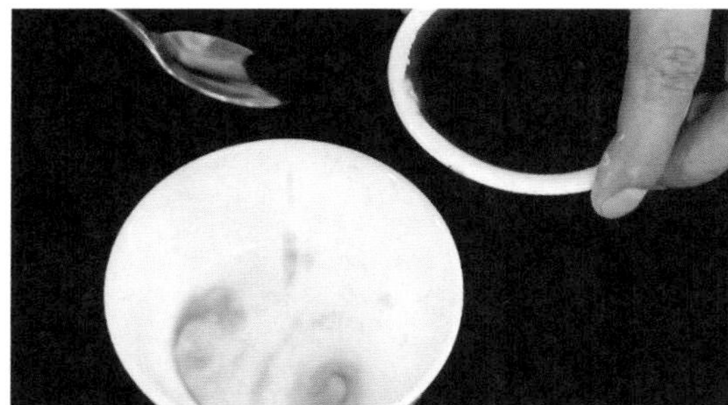

图 4–3–12 碗芡调制

图 4–3–13 蔬菜焯水

图 4–3–14 肉丝滑油

图 4–3–15 鱼香肉丝成品

【制作要领】

1．泡辣椒末要炒香炒红。

2．注意掌握加热时间，保持原料质感。

【运用拓展】

运用此烹调技法可以制作宫保鸡丁、滑炒鱼片、滑炒虾仁、滑炒鸡片、五彩鱼丝等。

思政小结——珍惜粮食，杜绝浪费

【小结导入】食为政首，粮安天下，粮食安全始终是习近平总书记高度重视、时刻关心的问题。习近平总书记一直提倡“厉行节约、反对浪费”的社会风尚，多次强调要制止餐饮浪费行为。

——《浪费可耻节约为荣，习近平关切“小米粒”里的“大民生”》（人民网，2020年8月13日）

【思考讨论】烹调训练需要各类食品原料，在训练中如何杜绝原料浪费？

【分析强调】加强对杜绝浪费的宣传教育，树立正确的世界观、人生观、价值观，使学生认识到节约粮食的重要性。从思想深处树立节约意识，进而养成节约的行为习惯，做到从实际需要出发，合理购买，规范使用，提升烹调技术降低烹调失误率。

任务三　软炸里脊

知识储备

◎ 知识点一：菜肴简介

软炸里脊是一道著名的北京特色美食，属于京菜，主料有猪里脊肉和鸡蛋，采用软炸技法烹制而成。京菜是以北方菜为基础，兼收各地风味后形成的。北京凭借首都的特殊地位，集全国烹饪技术之大成，不断吸收各地饮食精华。京菜不仅吸收了汉满等民族饮食精华的宫廷风味，还融合了在广东菜的基础上兼采各地风味之长形成的谭家菜。

◎ 知识点二：烹调特色

此菜运用软炸技法进行烹调。软炸里脊表皮香酥，肉香不腻，可佐餐食，也可作下酒佳肴，是一款老少皆宜的菜品。运用软炸技法制作菜肴时，需要选用新鲜无异味、富有质感的原料，刀工处理成条、片或花刀状等易于成熟的形状。挂糊前需要对原料进行码味处理，糊得干稀得当，挂好糊的原料应立马放进油锅中炸制。软炸也需要复炸，但复炸的时间较短，大约在20秒以内为宜。

实训案例——软炸里脊

扫一扫在线观看
"软炸里脊"视频

【所需器具】

炉灶、炒锅、手勺、切刀、钢盆、漏勺、盘碟、砧板、抹布。

【原料配备】

主料：猪里脊肉200 g（见图4-3-16）；辅料：鸡蛋100 g，面粉75 g，姜10 g，香葱20 g；调料：精盐3 g，料酒 10 ml，味精、鸡精各1 g，椒盐末4 g（见图4-3-17）。

图 4-3-16　猪里脊肉

图 4-3-17　辅料、调料合集

【制作流程】

原料刀工处理→码味→制浆→浆和肉条混合→入油锅炸制→复炸→装盘。

【训练要求】

动作要求：按照刀工和勺工的基本要求训练；难点和重点：全蛋糊的调制、油温控制。

【基本步骤】

1. 猪里脊肉剞十字花刀，切成小一字条；姜切片，香葱切段（见图4-3-18）。

2. 切好的里脊肉用姜片、葱段、精盐、料酒拌匀，码味 5分钟（见图4-3-19）。

图 4-3-18　切猪里脊

图 4-3-19　腌制里脊条

3．鸡蛋和面粉调成全蛋浆加入少许调和油搅拌均匀（见图4–3–20）。

4．将里脊肉条与全蛋淀粉浆拌匀，再将肉条分散逐一放入五成热的中温油锅中炸至断生呈浅黄色捞出（见图4–3–21），待油温回升至七成热时复炸至皮酥呈金黄色捞出装盘，配椒盐味碟成菜（见图4–3–22）。

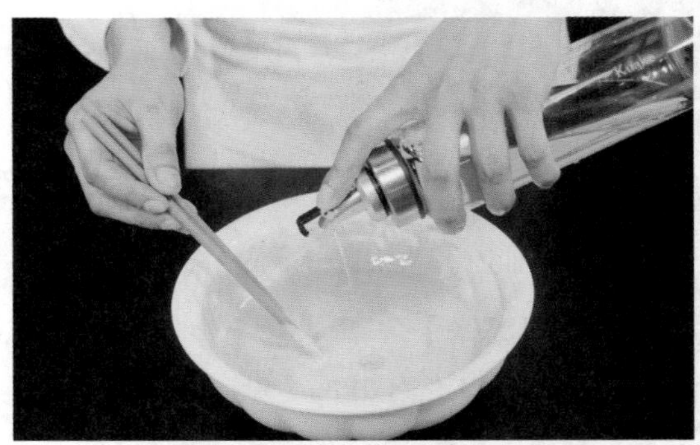
图 4-3-20　调制全蛋浆

图 4-3-21　炸里脊条

图 4-3-22　软炸里脊成品

【制作要领】

1．初炸时要防止粘连。

2．炸制时要掌握好油温。

【运用拓展】

运用此烹调技法可以制作软炸大虾、软炸腰子、软炸鸡柳、软炸蘑菇等。

思政小结——练就过硬本领、锤炼品德修为

【小结导入】千锤百炼才能造就英才，珍惜韶华方能不负青春。在纪念五四运动100周年大会上，习近平总书记勉励广大青年练就过硬本领、锤炼品德修为。

——《四论学习贯彻习近平总书记在纪念五四运动100周年大会重要讲话精神》（新华网，2019年5月4日）

【思考讨论】请结合烹调技术的学习，谈谈如何练就过硬本领、锤炼品德修为。

【分析强调】烹调是一门艺术，是一门学问，更是一门技术。掌握一门技术第一需要对其感兴趣，从一点一滴学起，持之以恒，循序渐进；第二要理论联系实际，不断探索，不断提高技术水平；第三要不耻下问，不断向技术好的师傅学习，努力掌握核心技术，向更深更广的技术领域前进。

任务四　糖醋菊花鱼

知识储备

◎ 知识点一：菜肴简介

糖醋菊花鱼是川菜中的一道传统名菜，粤菜、湘菜、闽菜、浙菜中皆有此菜。糖醋菊花鱼不是菊花做的鱼，而是把鱼做成菊花的样子，一瓣一瓣、一朵一朵地盛在盘中。多年来，此菜一直长兴不衰，深受各地食客的喜爱，尤其是妇女及儿童。其制作过程并不复杂，将带皮鱼肉剞上菊花形花刀后，拍粉入油锅中炸制定型捞出装盘，锅中调汁浇在鱼上面即成。但技术上却有很大的难度，它集原料选择、刀工处理、糊粉处理、火候掌握、油温控制、调味勾芡等技巧为一体，能够充分体现厨师的基本功。

◎ 知识点二：烹调特色

此菜运用炸熘技法进行烹调。采用这种方法烹调出来的菜外焦里嫩，色泽金黄或殷红，清油抱芡。运用炸熘技法制作菜肴时需要注意几点：第一，应将原料加工成大小基本一致，确保原料在炸制时受热均匀、形态美观；第二，根据原料的性质选择吗味的调味料；第三，挂糊或拍粉的方式应根据菜肴的风味特色而定，选用适合的糊、浆或粉，并掌握好其干稀厚薄；第四，炸制时需要分两次进行，初炸用旺火中油温，主要是将原料炸定型、炸成熟，复炸用旺火高油温，将原料炸至表面金黄、酥脆。

实训案例——糖醋菊花鱼

【所需器具】

炉灶、炒锅、手勺、切刀、钢盆、盘碟、砧板、抹布。

扫一扫在线观看“糖醋菊花鱼”视频

【原料配备】

主料：草鱼1条（约1000 g）；辅料：姜片30 g，葱段30 g；调料：番茄汁150 ml，白糖25 g，白醋25 ml（见图4-3-23）。

【制作流程】

取鱼肉→切菊花花刀→腌制→裹粉→炸制（过油）→装盘→炒糖醋汁→淋明油→淋汁撒青红椒丁成菜。

【训练要求】

动作要求：按照刀工和勺工的基本要求训练；难点和重点：糖醋汁炒制的浓稠度及炸鱼的火候控制。

【基本步骤】

1．将宰杀好的草鱼鱼头、鱼尾剁下，将鱼身的鱼肉与骨头分离（见图4–3–24）。

2．将鱼骨剁成小块，鱼尾中心的骨取出2 cm长；将鱼平放在砧板上，用斜刀剞的方法片鱼片，保持鱼片与鱼皮相连，4刀一断（见图4–3–25），然后将切下的连刀鱼片用直刀法切，保持鱼肉与鱼皮相连（见图4–3–26）。

3．将鱼骨头与鱼肉用料酒、盐、姜、葱一起腌制15分钟左右，然后用厨房纸将鱼肉上的水分吸干（见图4–3–27）。

4．将生粉与吉士粉混合，将腌制好的鱼放入粉中沾裹均匀，然后抖掉多余的粉，竖放在盘中（见图4–3–28）。

5．锅中加入2升左右的油，烧至六成热时，将鱼头、鱼骨、鱼尾放入锅中炸至熟透后捞出。依次将鱼肉竖放入油锅中，待炸至外表酥脆后捞出（见图4–3–29），将青椒丁、红椒丁过油捞出备用，将鱼头、鱼尾、鱼肉摆入盘中（见图4–3–30）。

6．锅中加入少许油、番茄汁、白糖、白醋、少许鲜汤炒至浓稠，加入少许食用油出锅（见图4–3–31）淋在鱼肉上，撒上青红椒丁即成（见图4–3–32）。

图 4–3–23　原料合集

图 4–3–24　分档取料

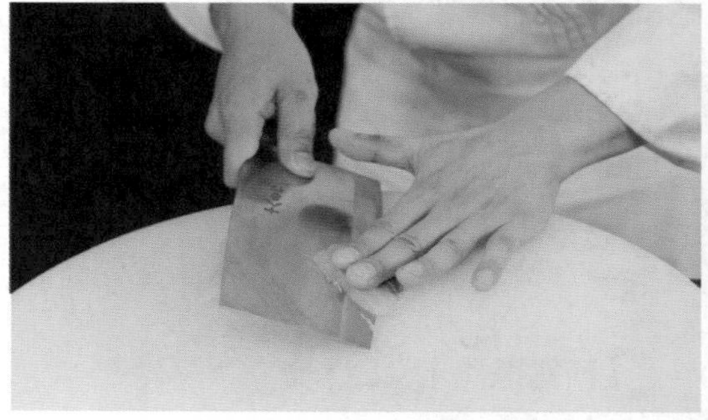
图 4–3–25　剞鱼片

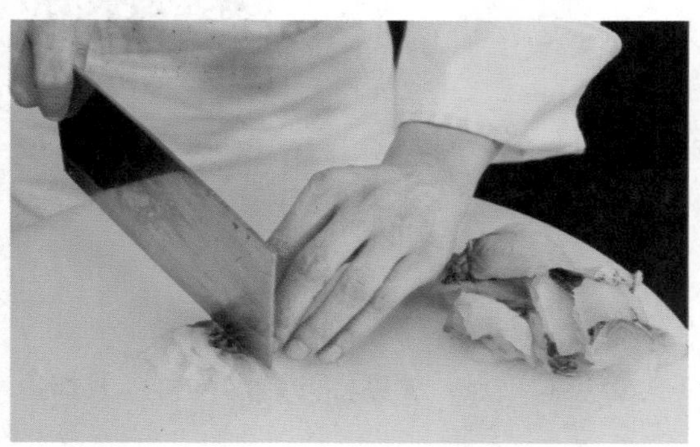
图 4–3–26　剞鱼丝

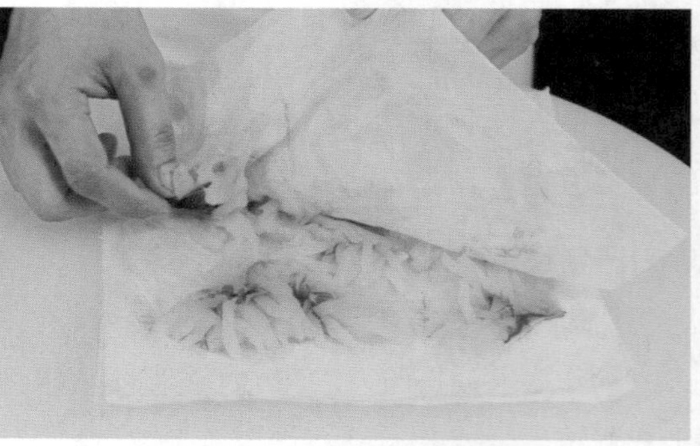
图 4–3–27　吸干表面水分

图 4-3-28　拍粉

图 4-3-29　炸制鱼肉

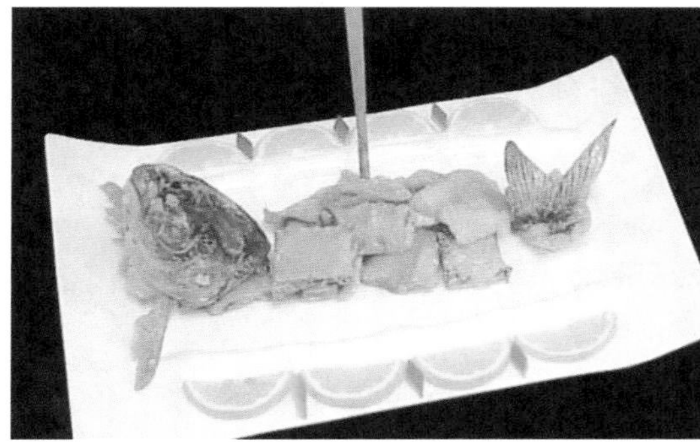

图 4-3-30　摆盘

图 4-3-31　炒制糖醋汁

图 4-3-32　糖醋菊花鱼成品

【制作要领】

1. 取鱼肉时，要做到干净利落，骨不带肉，肉不带骨。

2. 切菊花花刀时下刀要稳、准、狠。

3. 拍后要将原料上多余的余粉抖干净。

【运用拓展】

运用此烹调技法可以制作松鼠鱼、炸熘鱼片、炸熘里脊、鱼香鹅黄肉、菊花茄子等。

思政小结——增长知识、练就本领才能更好地服务人民

【小结导入】青年时期是苦练本领、增长才干的黄金时期，青年时代打下的学习基础可以让人受益终身。广大青年要增强学习的紧迫感，努力学习马克思主义理论，努力掌握科学文化知识和专业技能，努力提高人文素养。

【思考讨论】请谈谈为什么青年时代打下的学习基础可以让人受益终身。

【分析强调】“青春虚度无所成，白首衔悲亦何及。”广大青年只有在学习中增长知识，在工作中练就本领，才能以真才实学服务人民。

任务五　香煎豆腐

知识储备

◎ 知识点一：菜肴简介

香煎豆腐是一道独具地方风味特色的小吃。豆腐是汉族传统豆制品，是由汉朝炼丹家淮南王刘安发明的绿色健康食品，诞生于安徽六安市寿县与淮南市之间的八公山上，因此寿县又被称为豆腐的故乡。豆腐的诞生彻底改变了大豆的命运，它让人体对大豆蛋白的吸收和利用变得更加容易。豆腐被制作成品类繁多的菜肴，以适应不同地区人们的口味和喜好。

◎ 知识点二：烹调特色

此菜运用煎制技法进行烹调。采用这种方法烹调出来的菜具有外酥香，里软嫩，口味醇，干香不腻的特点。运用煎制技法制作菜肴时需要注意几点：第一，要根据原料的性质和成菜的要求对原料进行加工；第二，煎制前根据原料的性质和成菜要求合理进行码味、挂糊、拍粉等；第三，煎制时可以轻轻转动锅或晃动原料，使其受热一致、火候均匀；第四，煎制技法可与烧法、蒸法、焖法、烹法等配合。

实训案例——香煎豆腐

扫一扫在线观看“香煎豆腐”视频

【所需器具】

炉灶、炒锅、手勺、切刀、钢盆、盘碟、砧板、抹布。

【原料配备】

主料：板豆腐500 g；辅料：香葱30 g；调料：辣椒油20 ml，生抽6 ml，蚝油15 g，孜然粉4 g（见图4–3–33）。

【制作流程】

原料切配成型→煎制→调味→成菜装盘。

4–3–33　原料合集

【训练要求】

动作要求：按照刀工和勺工的基本要求训练；难点和重点：煎制火候的掌握

【基本步骤】

1．将豆腐切成方块，香葱切成葱花（见图4–3–34）。

2．将豆腐放入平底锅中，中火煎到底部焦黄，翻面煎另一面，待第二面煎至焦黄后（见图4–3–35）加入油辣椒、生抽、蚝油、孜然粉（见图4–3–36），翻炒均匀后加入葱花成菜装盘即可（见图4–3–37）。

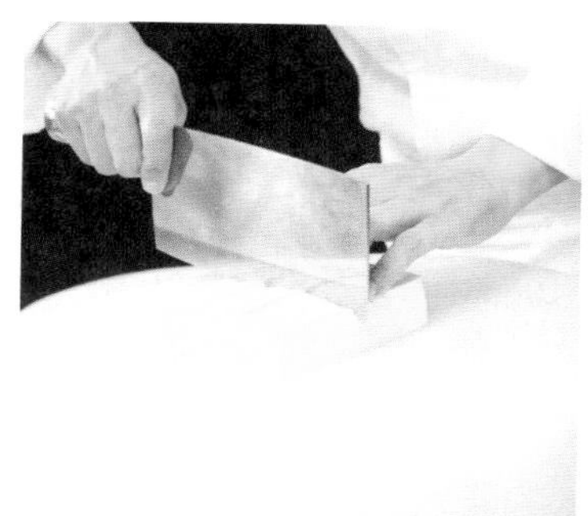

图 4–3–34　切制豆腐

图 4–3–35　煎制豆腐

图 4–3–36　调味

图 4–3–37　香煎豆腐成品

【制作要领】

1. 煎豆腐时不要乱翻动，一定要用中小火慢慢煎，煎好一边再翻不会粘锅。煎豆腐的油不需要太多，薄薄一层即可。

2. 香煎豆腐不需要放盐，因为生抽和蚝油都有咸味，豆腐又比较吸味。

【运用拓展】

运用此烹调技法可以制作香煎鸡块、香煎鸡翅、香煎鱼段、香煎虾段、香煎年糕等。

思政小结——顺境逆境皆为人生财富

【小结导入】“要像海绵汲水一样汲取知识。”对于处于人生积累阶段的青年人，习近平提出建议。抓学习既要惜时如金、孜孜不倦，又要突出主干、择其精要。

——《青年人要尝尽三味苦药，方能不负青春 》（搜狐网，2019年5月8日）

【思考讨论】请结合烹调技术的学习体会，谈谈你是如何理解这段话的内涵。

【分析强调】学习要克服浮躁之气，静下心来。要充分发挥青年的创造精神，勇于开拓实践，勇于探索，持之以恒。烹调技术学习过程是艰辛的，学习效率有高有低，学习成果有好有坏，要正确对待一时的成败得失，树立“顺境逆境皆为人生财富”的理念。

任务六　干烧大黄鱼

知识储备

◎ 知识点一：菜肴简介

干烧大黄鱼是四川地区一道极具地方特色的风味菜肴。川菜起源于春秋战国时的蜀国，秦汉时期初现端倪，汉晋时期古典川菜成型，以“尚滋味”“好辛香”为特点。唐宋时期的古典川菜进一步发展，以其“物无定味，适口者珍”的风味特色赢得众多食客的青睐，川菜作为一个独立的菜系在两宋时期形成。明清时期，川菜进一步发展，直至民国时期，由于明清时期辣椒的传入，近代川菜最终形成“一菜一格，百菜百味”“清鲜醇浓，麻辣辛香”的特点，并发展成为中国菜的第一菜系。

◎ 知识点二：烹调特色

此菜运用干烧技法进行烹调。采用这种方法烹调出来的菜原料外表色黄味浓，内部鲜嫩入味，油汁较多，油味香浓，有良好浓醇的成菜风味。运用干烧技法制作菜肴时需要注意几点：第一，刀成形多为较大的块、条、状，鱼虾可整只形态。第二，为使入味充分，往往需码味处理，使原料在烹制时迅速入味，并可达到除异增香之效果。第三，不可用大火急烧，要用中小火慢烧，并使其自然收汁，否则原料不易入味且极易焦煳。

实训案例——干烧大黄鱼

扫一扫在线观看“干烧大黄鱼”视频

【所需器具】

炉灶、炒锅、手勺、切刀、钢盆、盘碟、砧板、抹布。

【原料配备】

主料：大黄鱼1条（约600 g）；

辅料：肥膘肉50 g，芹菜50 g，姜20 g，蒜粒15 g，葱15 g，泡红辣椒3个约40 g（见图4-3-38）；调料：郫县豆瓣酱20 g，精盐2 g，料酒15 ml，鸡精、味精各1 g，白糖3 g，鲜汤 200 ml、香醋3 ml、生抽3 ml、蚝油3 g（见图4-3-39）。

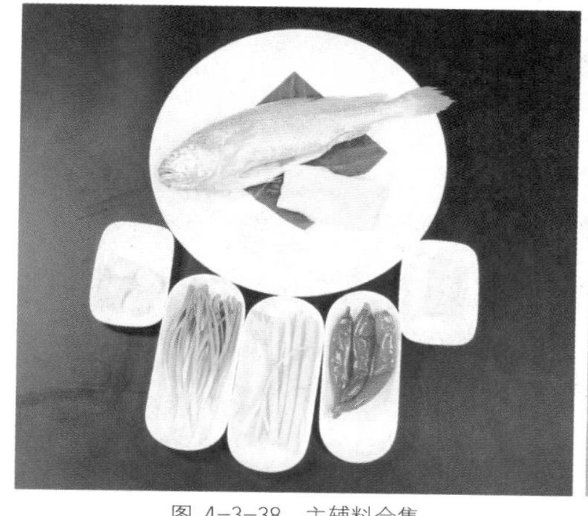

图 4-3-38　主辅料合集

图 4-3-39　调味料合集

【训练流程】

原料切配成型→腌制（吸水）→炸鱼→烧鱼→成菜装盘。

【训练要求】

动作要求：按照刀工和勺工的基本要求训练；难点和重点：干烧菜肴质量标准及烧制火候的控制。

【基本步骤】

1. 在鱼身两侧各剞3刀，破皮即可（见图4-3-40）；猪肥膘肉切成花生米大小的粒；芹菜切丁；姜10 g切丝，其余的切成姜末；蒜粒切成蒜末；泡红辣椒剁碎；葱切葱段；郫县豆瓣酱剁碎。

2．精盐2 g、料酒8 ml、姜丝、葱段腌制10分钟，然后用干净的手布将表面的水吸干（见图4–3–41）。

3．锅置旺火上，加入2 L油烧至七成热，下鱼炸至鱼皮呈金黄色捞出（见图4–3–42）。

4．锅内放少许油，放入猪肥肉粒炒至干香后，放入泡红辣椒、豆瓣酱、姜蒜末炒出香味（见图4–3–43），加入鲜汤、精盐、生抽、料酒、白糖、鸡精、味精、黄鱼，加热至沸腾后改用小火烧4分钟，将鱼翻面再烧至汁干亮油时加入香醋及芹菜丁稍加热，最后将鱼装入碟中即成（见图4–3–44）。

图 4–3–40　剞一字花刀

图 4–3–41　腌制黄鱼

图 4–3–42　炸制黄鱼

图 4–3–43　炒制酱料

图 4–3–44　干烧大黄鱼成品

【制作要领】

1. 炸鱼油温不可过低，炸制时间不可过长，鱼皮上色即可。

2. 烧制时注意掌握火候，成菜后应汁干亮油。

【运用拓展】

运用此烹调技法可以制作干烧鳝鱼、干烧鸡翅、干烧鸭腿等。

思政小结——树立勤俭节约观

【小结导入】在生态文明建设的时代语境中，勤俭节约意味着珍爱生态环境、珍惜自然资源，意味着营造人与自然和谐共生的良好关系，追求绿色低碳、文明健康的生活方式和消费模式。从这个意义上说，勤俭节约之路，蕴含着现代文明理念，引领着绿色消费潮流。

【思考讨论】结合烹调技术实训谈谈如何做到勤俭节约。

【分析强调】“俭，德之共也；侈，恶之大也。”古往今来，节俭作为一种生活方式，体现了中华民族的价值取向和道德风尚，留下了“历览前贤国与家，成由勤俭破由奢”的历史警思。在烹调实训过程中，应优化实训安排，规范采购，综合利用，用心训练，制止耗材浪费。

任务七　三鲜烩豆腐

知识储备

◎ 知识点一：菜肴简介

三鲜烩豆腐是一道色泽明快，卤汁鲜美，质感软嫩，老幼皆宜的菜品，属于粤菜系。粤菜集顺德、南海、东莞、香山等地方风味的特色，兼京、苏、淮、杭等外省菜以及西菜之所长，融为一体，自成一家。粤菜取百家之长，用料广博，选料珍奇，配料精巧，善于在模仿中创新，依食客喜好而烹制。烹调技艺多样善变，用料奇异广博。在烹调上以炒、爆为主，兼有烩、煎、烤，讲究清而不淡，鲜而不俗，嫩而不生，油而不腻，有“五滋”“六味”之说。时令性强，夏秋尚清淡，冬春求浓郁。

◎ 知识点二：烹调特色

此菜运用烩技法进行烹调。采用这种方法烹调出来的菜汤宽汁醇，料质脆嫩软滑，口味咸鲜清淡。运用烩技法制作菜肴时需要注意几点：第一，所有原料加工得细小、薄、整齐、均匀、美观；第二，不宜在汤内久煮，多经焯水或过油（鲜嫩易熟的原料也可生用），有的原料还需上浆后再进行初步熟处理，一般以汤沸即勾芡为宜，以保证成菜的鲜嫩；第三，烩菜的味主要由汤决定，所以要高度重视汤的运用，清汤一般用于口味清咸，汤汁清白的烩菜，奶汤用于口感厚实，汤汁浓白的菜；第四，勾芡时火力要旺，汤要沸，下芡后要迅速搅匀，使汤菜通过芡的作用而融合。

实训案例——三鲜烩豆腐

扫一扫在线观看"三鲜烩豆腐"视频

【所需器具】

炉灶、炒锅、手勺、切刀、钢盆、盘碟、砧板、抹布。

【原料配备】

主料：水豆腐500 g；辅料：鲜香菇30 g，虾仁50 g，苦瓜50 g，鱿鱼60 g，姜蒜片各8 g；调料：料酒8 ml，精盐2 g，南瓜汁50 ml，鸡汁20 ml，胡椒粉2 g，鲜汤200 ml（见图4-3-45）。

图 4-3-45　原料合集

【制作流程】

原料切配成型→腌制苦瓜→配菜焯水→烩制→勾芡→成菜装盘。

【训练要求】

动作要求：按照刀工和勺工的基本要求训练；难点和重点：汤汁量的掌握、烩制菜肴的质量把握。

【基本步骤】

1. 将豆腐切成 3 cm见方的块；香菇去蒂切块；虾仁从背部开一刀，取出虾线；鱿鱼切花刀；苦瓜去瓤切菱形块（见图4-3-46）。

图 4-3-46　加工虾仁

2．苦瓜用盐腌制10分钟焯水，鱿鱼和虾仁焯水备用（见图4-3-47）。

3．锅内放适量的油，烧热后下姜蒜片，加鲜汤烧开，用盐、鸡汁调味，放入豆腐、香菇用小火烩约 5分钟后再放入苦瓜、虾仁、鱿鱼，烩片刻（见图4-3-48），加入南瓜汁，勾米汤芡盛入汤盆即成（见图4-3-49）。

图 4-3-47　鱿鱼虾仁焯水

图 4-3-48　烩制

图 4-3-49　三鲜烩豆腐成品

【制作要领】

1．虾、鱿鱼腥味较重，正式烹调前需要焯水去腥。

2．苦瓜用盐腌制，以降低苦瓜的苦味。

3．勾芡的浓稠度以米汤的浓稠度为标准。

【运用拓展】

运用此烹调技法可以制作烩乌鱼蛋、什锦烩菜、三宝烩乌鸡、烩五彩肉丝等。

思政小结——用奋斗谱写华丽篇章

【小结导入】古有“吃得苦中苦，方为人上人”，今有“奋斗是青春最亮丽的底色”，激励人们不断奋斗。

【思考讨论】结合烹调实训谈谈我们应如何正确面对实训中一时的成败。

【分析强调】为了自己的幸福生活，年轻时就必须吃苦耐劳，用奋斗为自己、为家人、为国家谱写华丽篇章。我们要直面奋斗中的困难，要正确对待一时的成败得失，处优而不养尊，受挫而不短志。

任务八　川香回锅肉

知识储备

◎ 知识点一：菜肴简介

川香回锅肉是四川传统菜式中家常味型菜肴的典型代表菜肴之一，属于川菜系列，四川地区大部分家庭都会制作。所谓回锅，就是再次烹调的意思。此菜在川菜中的地位非常重要，一直被认为是川菜之首、川菜之化身，提到川菜必然会想到川香回锅肉。

川香回锅肉起源于四川农村地区，古时称为“油爆肉”，味道偏向咸鲜，到了明清时期，辣椒的传入使川香回锅肉基本定型。清末豆瓣酱的创制，大大提升了川香回锅肉的口感和品质，使川香回锅肉一跃成为川菜中最著名的一道菜。

◎ 知识点二：烹调特色

此菜运用熟炒技法进行烹调。采用此方法烹调出来的菜肴具有鲜香入味，质地柔韧香软，卤汁少的特点。运用熟炒技法制作菜肴时需要注意几点：第一，应选用质地新鲜、柔软或带韧性、脆嫩的动植物性原料；其次，动物性原料经初步熟处理，根据菜肴需要达到所要的成熟度；第三，原料要加工成较小的形状，如片、条、块等，不经挂糊和上浆处理。第四，菜肴的烹制一般要用旺火或中火，即炝锅后投入主料迅速翻炒，适时投入配料、调料，要求配料成熟一致。

实训案例——川香回锅肉

扫一扫在线观看
“川香回锅肉”视频

【所需器具】

炉灶、炒锅、手勺、切刀、钢盆、盘碟、砧板、抹布。

【原料配备】

主料：猪后臀肉400 g；辅料：青蒜200 g；焯水料：料酒20 ml，干辣椒8 g，姜片5 g，葱20 g；调料：精盐1 g，郫县豆瓣酱25 g，花椒4 g，酱油3 ml，白糖5 g，甜面酱 5 g，味精1 g（见图4-3-50）。

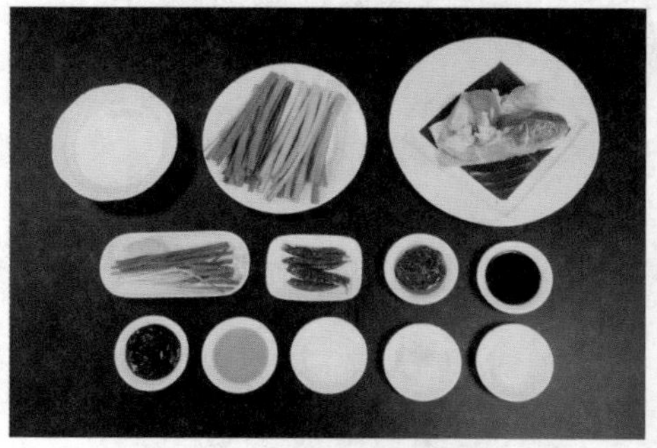

图 4-3-50　原料合集

【制作流程】

猪肉初熟处理→原料切配成型→炒制→调

味→盛菜装盘。

【训练要求】

动作要求：按照刀工和勺工的基本要求训练。难点和重点：烹饪原料的选择和火候的运用。

【基本步骤】

1. 锅中加入能没过猪肉的水量，加入料酒、姜片、干辣椒、葱，放入猪肉煮至熟透，捞出晾凉待用（见图4-3-51）。

图 4-3-51 煮猪肉

2. 将猪肉切成6 cm长、4 cm宽、0.15 cm厚的片，青蒜切成马耳朵形， 郫县豆瓣酱剁细（见图4-3-52）。

3. 锅内放油，用旺火加热至150℃时，放入肉片炒至油变清亮、出香味时，盛出多余的油，加入郫县豆瓣酱，花椒炒香炒红，再加入甜面酱、白糖、酱油炒香（见图4-3-53），放入蒜苗炒断生（见图4-3-54），加入精盐、味精翻炒均匀，起锅装盘成菜（见图4-3-55）。

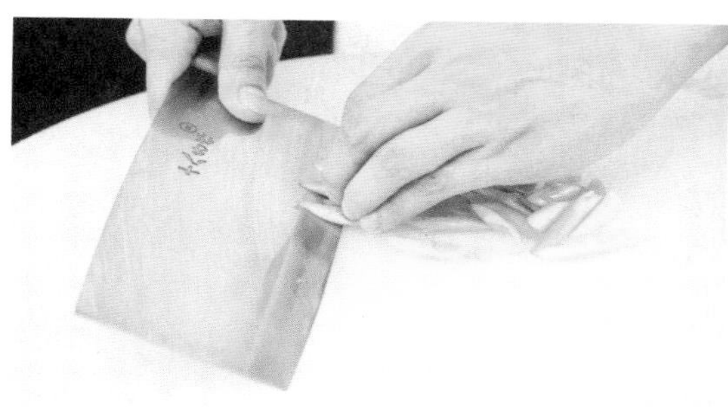

图 4-3-52 切青蒜段

图 4-3-53 甜面酱调味

图 4-3-54 加入青蒜段

图 4-3-55 川香回锅肉成品

【制作要领】

1. 煮制猪肉的火候要适中，刚熟即可。

2．郫县豆瓣酱要剁细使用才符合成菜需要。

3．注意成菜的咸度，掌握好郫县豆瓣、酱油、甜面酱、盐的用量。

【运用拓展】

运用此烹调技法可以制作土豆回锅、熟炒猪头皮、熟炒猪猁钱、熟炒牛腩、熟炒腊肠等。

思政小结——崇尚劳动，礼赞创造

【小结导入】1988年，陈康从技校烹调班毕业进入厨师行业，至今已32载。从懵懂青春到不惑之年，从一名普通员工成长为全国劳模，他做一行，爱一行，始终不忘初心，即便在最平凡的岗位上也从未心存懈怠。

【思考讨论】我们敬业是为了功成名就，还是为了在从事的领域大展手脚，不出名但有一番作为呢？请大家围绕这些开展讨论。

【分析强调】敬业精神是事业成功的关键之一，如果没有敬业精神，一切都无从谈起。敬业，应该从每一件事认真做起，落实在平时的工作中。

任务九　爆炒虾仁

知识储备

◎ 知识点一：菜肴简介

爆炒虾仁是中国家常菜之一，以虾仁为制作主料。虾仁因其清淡爽口，易于消化，老幼皆宜而深受食客欢迎。虾仁含有丰富的钾、碘、镁、磷等矿物质及多种维生素。虾仁中富含的虾青素是一种很强的抗氧化剂，有助于消除因时差反应而产生的“时差症”，因而是一种对人体十分有益的食材。

◎ 知识点二：烹调特色

此菜运用爆炒技法进行烹调。采用这种方法烹调出来的菜具有脆嫩爽口的特点，爆炒技法适用于韧性和脆嫩的动物性食材。运用爆炒技法时需要注意以下几个问题：第一，食材一般都经过剞花刀处理，剞花刀处理除了使原料成熟后外形漂亮以外，还很好地适应了爆炒的加热特点；第二，原料下锅后不断翻动，尽量使原料受热均匀，放辅料、烹芡汁、翻锅、起锅等动作要准确而迅速；第三，爆炒一气呵成的操作特点要求调味阶段越快越好，“对汁调味”无疑最合适；第四，要掌握好烹制与食用时间，成菜后迅速上桌，趁热食用，才能良好的质感。

实训案例——爆炒虾仁

扫一扫在线观看“爆炒虾仁”视频

【所需器具】

炉灶、炒锅、手勺、切刀、钢盆、盘碟、砧板、抹布。

【原料配备】

主料：虾仁260 g；辅料：冬笋50 g，大葱 80 g，黄瓜50 g，蒜10 g，湿淀粉30 g，蛋清15 g；调料：盐2 g，料酒 10 g，鸡精、味精各1 g，清汤 50 g（见图4-3-56）。

【制作流程】

原料切配成型→兑汁→初熟处理→炒制→调味→淋明油→盛菜装盘。

【训练要求】

动作要求：按照刀工和勺工的基本要求训练。难点和重点：油温的掌握、味汁的调兑和手勺的运用。

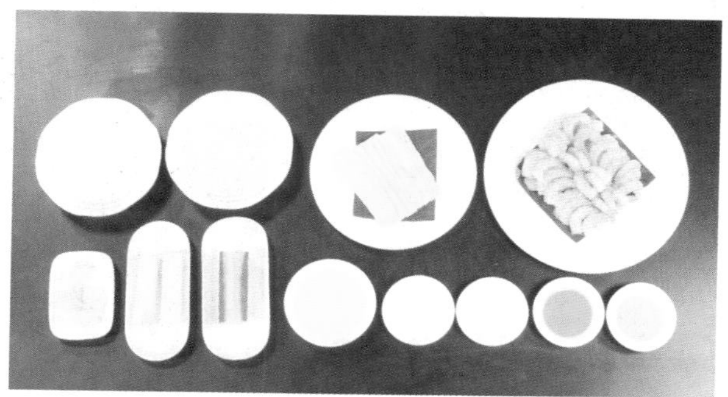

图 4-3-56 原料集合

【基本步骤】

1. 冬笋、黄瓜分别切成1 cm方丁，大葱切丁，大蒜切小丁（见图4-3-57）。

2. 虾仁从背部割一刀，取出虾线，放入碗内加盐、蛋清，湿淀粉抓匀（见图4-3-58）。

3. 清汤、料酒、味精、鸡精、精盐和湿淀粉盛碗内兑成调味汁（见图4-3-59）。

4. 炒锅内加花生油烧至四成热，将虾仁入锅用筷子划开，倒入漏勺内控净油（见图4-3-60）。炒锅内留30 ml油，加葱、蒜入锅炒出香味，接着加笋丁、黄瓜丁略炒，再加滑好油的虾仁，随即把兑好的汁倒入锅内颠翻均匀，淋上明油（见图4-3-61），盛入盘内即成（见图4-3-62）。

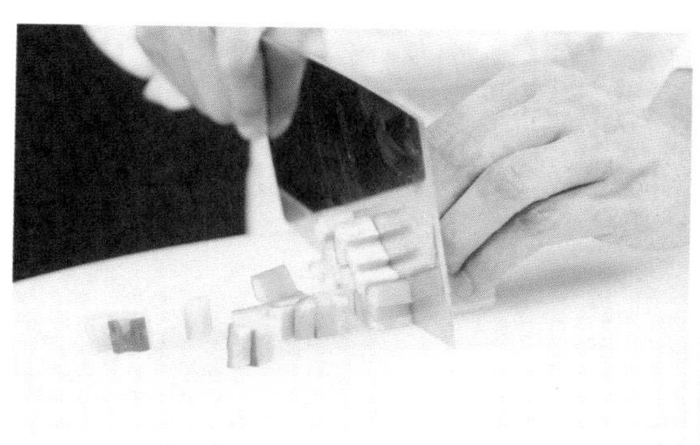

图 4-3-57 切黄瓜丁

图 4-3-58 腌制虾仁

图 4-3-59 兑味汁

图 4-3-60 虾仁滑油

图 4-3-61 淋明油

图 4-3-62 爆炒虾仁成品

【制作要领】

1. 给虾仁上浆时，淀粉用量不宜过多。
2. 碗内兑汁时，水和湿淀粉的用量不宜过多。
3. 虾仁滑油时间不宜过长。

【运用拓展】

运用此烹调技法可以制作爆炒鸡丁、爆炒茄子、爆炒猪舌、爆炒羊肉等。

思政小结——产品质量与“工匠精神”

【小结导入】日常生活中，人们对在某些领域有高超技艺的人往往不直接称呼其名，而是在姓氏前加上职业，以显示对其的高度认同，如“刷子李”“泥人张”等。这就是人们通常所说的“口碑”，口碑就是对“质量”的保障。

【思考讨论】请谈谈如何才能拥有高质量的产品。

【分析强调】高质量的产品并不是凭包装得到的，而是相关人员长期刻苦训练与钻研、孜孜以求的结果，这正体现了今天大力倡导的“工匠精神”。应该大力弘扬“工匠精神”，在学习中一丝不苟，刻苦专研，追求卓越。

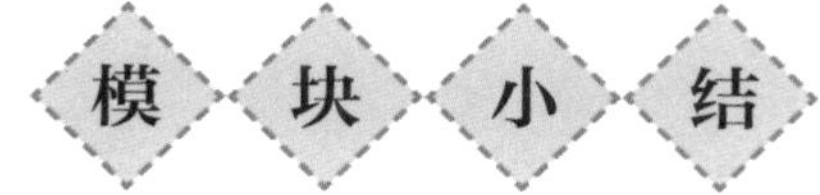

模块小结

本模块主要介绍了火力识别、油温识别、勺工操作姿势训练、推勺晃锅训练、翻锅训练、出锅装盘训练、勺工综合技能训练等内容。掌握勺工技术，识别火力的大小非常必要。电子式加热设备一般都有表示温度或火力大小的开关，操作起来也极为方便，但是识别以天然气、煤气等为热源的火力，就需要判断燃烧时火焰的高低、火光的明暗及颜色、热辐射及热气的强弱等。火力一般分为微火、小火、中火和旺火四类。

懂得如何鉴别油温后，还应注意火力的大小、原料性质以及原料多少等三个与油温有着密切关系的变量，并正确运用。勺工是菜肴工艺流程的最后一个核心环节，也是制作菜肴最基本的手段，推勺、晃锅、翻锅、出锅技术的熟练程度直接影响菜肴烹调的质量与效率。娴熟的勺工可使原料在炒锅中受热均匀、成熟一致、入味均匀、着色均匀、挂浆均匀。作为初学者要勤加练习，可以使用非食品原料进行练习，体会勺工的一招一式，在熟练掌握勺工技巧后，再上灶“真枪实弹”练习，实现灵活运用勺工的基本目标。

练习题

扫描下方二维码进行线上答题。

练习题

参考文献

[1] 刘彤．旅游烹饪职业道德[M]．成都：四川人民出版社，2003.

[2] 王东，堵巍峰．烹饪基本功操作训练[M]．南京：江苏凤凰教育出版社，2015.

[3] 段仕洪．中餐烹饪原料加工工艺[M]．大连：东北财经大学出版社，2006.

[4] 李长茂，任京华．中餐烹调技术与工艺[M]．北京：中国商业出版社，2014.

[5] 刘致良．烹饪基础[M]．北京：机械工业出版社，2008.

[6] 刘致良．烹调工艺实训[M]．北京：机械工业出版社，2008.

[7] 袁新宇．烹饪基础功训练[M]．北京：旅游教育出版社，2007.

[8] 王劲．烹饪基本功[M]．北京：科学出版社，2012.